深度学习遥感图像处理及应用

陈磊 刘颖 李洋 赵爽 著

国防工业出版社
·北京·

内 容 简 介

随着遥感技术的不断进步和深度学习算法的快速发展，深度学习在遥感图像处理中的应用正变得越来越广泛。本书从深度学习与遥感图像处理的相关背景开始，系统地介绍了深度学习在遥感图像处理和分析中的最新进展和应用。本书共分为六章，以遥感图像飞机目标检测、舰船目标检测、遥感图像建筑物提取及遥感图像土地语义分割为例，详细介绍了遥感数据集的增强方法、数据预处理方法、特征提取方法和模型评估方法等，并在通用遥感数据集上对几种遥感图像处理方法进行了设计、验证和评估。

本书旨在为遥感图像处理和深度学习算法的初学者和高级研究者提供一个全面的学习指南，同时也为深度学习在遥感图像处理和应用领域的研究和应用提供重要的参考和技术支持。

图书在版编目(CIP)数据

深度学习遥感图像处理及应用 / 陈磊等著. -- 北京：国防工业出版社，2023. 12

ISBN 978-7-118-13114-7

Ⅰ. ①深… Ⅱ. ①陈… Ⅲ. ①遥感图像-图像处理 Ⅳ. ①TP751

中国国家版本馆 CIP 数据核字(2023)第 246443 号

※

国防工业出版社出版发行

(北京市海淀区紫竹院南路 23 号 邮政编码 100048)

天津嘉恒印务有限公司印刷

新华书店经售

*

开本 710×1000 1/16 **插页** 6 **印张** 13¾ **字数** 245 千字

2023 年 12 月第 1 版第 1 次印刷 **印数** 1-1500 册 **定价** 88.00 元

国防书店：(010)88540777 书店传真：(010)88540776

发行业务：(010)88540717 发行传真：(010)88540762

前言

近年来,随着航天遥感技术的迅速发展和大规模遥感图像数据的获取,利用深度学习技术处理遥感图像已成为一个热门的研究领域,它以出色的特征学习和表征能力,为遥感图像处理带来了革命性的突破。深度学习网络能够从遥感图像中自动学习和提取高层次的语义信息,实现更准确、高效的图像分类、目标检测和场景理解。

深度学习在遥感领域的应用主要表现出以下特点:

(1)性能不断提升。随着模型和算法的不断优化,深度学习在各类遥感任务中的性能指标如准确率、召回率等都有明显提升。

(2)模型规模不断增大。从早期的AlexNet到后来的ResNet、VGG等深层网络,模型结构不断加深、加宽,参数和计算量大幅增加。

(3)数据驱动能力增强。深度学习依赖大量数据训练,随着遥感数据规模和类别的扩大,模型学习能力不断增强。

(4)预训练技术成熟。利用ImageNet和其他大规模数据集预训练权值,有效提升了小样本遥感任务的效果。

(5)多模态数据融合。不仅利用单模态遥感数据,而且开始结合多源数据如光学、雷达等进行深度学习。

(6)应用场景扩展。从农业监测扩展到城市规划、资源环境监测等多个垂直领域。

(7)工业化进程加速。深度学习算法在国内外多个遥感应用产品中得到广泛应用,推动了遥感大数据处理工业化。

(8)开源库和平台成熟。Caffe、TensorFlow等开源框架支持遥感深度学习应用,国内也出现了专注遥感的深度学习平台。

总之,深度学习技术在遥感图像处理方面的应用,不仅可以提高图像处理的效率和精度,而且可以为城市规划、土地利用、军事目标检测和识别等领域提供新的思路和方法。因此,深度学习技术是未来遥感图像处理中必不可少的一部分。

本书共分为六章,第1章为深度学习遥感图像处理技术的研究意义,主要介绍我国高清遥感卫星的发展情况,深度学习在遥感领域的应用优势,以及深度学习方法在遥感目标检测与识别、建筑物提取和土地语义分割等方面的研究现状;第2章为深度学习基础理论,分别从卷积神经网络、典型深度学习算法及网络轻量化相关理论三个方面对深度学习的基础理论和原理进行介绍和说明;第3章为遥感飞机目标检测与识别技术;第4章为遥感舰船目标检测与识别技术;第5章为遥感图像建筑物提取技术;第6章为遥感图像土地提取技术。

深度学习在遥感领域的应用及发展方兴未艾,其在军事、民用等多个领域有着广阔的应用前景,人工智能技术、卫星技术及芯片技术的发展必将加快推进深度学习技术在遥感领域的应用。受作者水平限制,对一些问题的阐述可能不够全面,书中难免出现不足和疏漏之处,敬请广大读者批评指正。

作者

2023年10月

目录

第1章
深度学习遥感图像处理技术的研究目的和意义

1.1 研究目的和意义

近几年,我国航天遥感技术迅速发展,“资源”“高分”和“天绘”系列卫星相继发射。截止到2020年,高分系列卫星已经从“高分”一号发展到了“高分”十三号,覆盖了从全色、多光谱到高光谱,从光学到雷达,从太阳同步轨道到地球同步轨道等多种类型,构成了一个具有高空间、高时间和高光谱分辨率能力的对地观测系统,这标志着我国初步具备了以空间遥感为主要手段的测绘能力。计划到2030年,满足全球框架基础测绘、重点地区详细测绘和突发事件应急测绘需要的航天测绘卫星体系将全面建成[1]。国外高分辨率遥感卫星研究起步的时间比我国要早,相比之下国外在卫星数量、观测能力、研究水平上领先。国外的卫星主要有Worldview系列、Quickbird系列、GeoEye系列、Planet系列等。当下军用卫星的精度已经达到厘米级,高分辨率遥感图像有着更清晰的内部结构、更短的访问周期以及更多的光谱信息等。如何利用好高分辨率遥感影像中包含的信息,精准快速地识别特定的目标成为目前的研究热点。

然而,遥感图像通常具有较高的分辨率和复杂的特征,需要大量的人力和时间进行处理和分析。近年来,深度学习技术的出现为遥感图像的自动分析提供了新的解决方案。深度学习的发展对遥感图像处理产生了巨大的影响,主要表现在以下几个方面。

自动特征提取:传统的遥感图像处理方法需要人工设计和提取特征,而深度学习可以通过多层神经网络自动学习特征,从而免去了烦琐的手工特征提取过程,大大提高了处理效率。

鲁棒性提升:对比传统的基于手工特征提取的方法,深度学习方法具有更强的鲁棒性,能够针对图像中的噪声、光照变化、遮挡等情况进行自适应调整,从而提高了遥感图像处理的精度和可靠性。

语义信息提取:深度学习技术可以对遥感图像进行语义信息提取,例如可以区分建筑物、道路、水体等不同种类的地物,从而为城市规划、土地利用等提供更加精确和详细的信息。

大数据处理:随着遥感技术的不断发展,采集到的遥感图像数据量越来越大,传统的图像处理方法难以满足处理需求,而深度学习可以通过分布式计算来处理海量数据,从而提高数据处理的效率和准确性。

总之,深度学习技术在遥感图像处理方面的应用,不仅可以提高图像处理的效率和精度,还可以为城市规划、土地利用、军事目标检测和识别等领域提供新的思路和方法。因此,深度学习技术是未来遥感图像处理中必不可少的一部分。本书主要阐述深度学习方法在遥感目标检测与识别、建筑物提取和土地语义分割等方面的研究内容。

在民用领域,遥感影像飞机目标检测技术广泛应用于民航安全、航空交通管理、机场建设和规划等领域。通过对飞机目标的实时检测和定位,可以为民航管理部门提供准确信息,确保飞机安全飞行和航空交通的顺畅。此外,还可以为机场建设和规划提供关键数据,有助于优化机场布局,提高运行效率[2]。

在现代战争中,高分辨率遥感影像飞机目标识别检测在军事领域同样具有重要意义,如掌握情报收集、敌方飞机部署分布的监测以及军事行动的策划和实施等信息优势是影响战略全局的关键因素。通过自动识别和定位飞机目标,军队能更加快速准确地获取信息,从而判定军事决策,克敌制胜[3]。

高分辨率遥感影像飞机目标检测与识别技术在环境监测[4]、科学研究[5]以及人工智能发展[6]等技术创新领域也具有重要的研究意义。因此,需要不断完善和发展这一技术,以实现更高的检测准确率、更快的识别速度和更低的误检、漏检率,使检测飞机动态变化更加精准,提高飞行安全与空域管理水平[7](图 1.1)。

(a) 遥感飞机目标密集分布特性图

(b) 遥感飞机目标特定区域分布特性图

图 1.1　遥感影像飞机目标分布特性图

遥感场景下舰船目标检测技术在民用领域和军事领域都有着广泛的应用前景,具体应用如图 1.2 所示。在民用领域,舰船目标检测技术监测海上交通情况,为舰船提供实时的交通状况,避免海上交通事故的发生;同时,也可以通过对海上船只的监测,及时发现和定位遇险船只。在军事领域,舰船目标检测技术可以监测敌方海域舰船部署情况,为作战指挥提供关键情报;同时,也可以用于海上巡逻,及时发现并击退入侵船只,保障国家海洋安全。因此,开展遥感场景下舰船目标检测技术研究具有极其重要的现实意义。

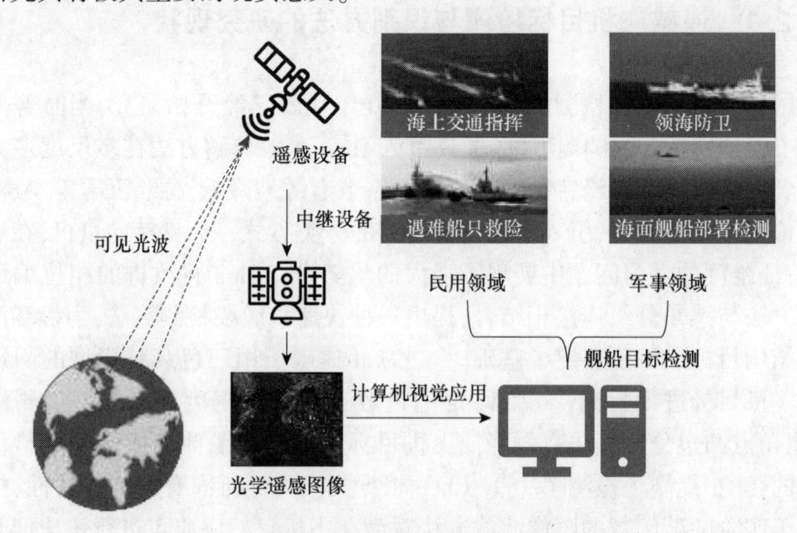

图 1.2　遥感影像舰船目标检测技术应用领域

作为城市中最重要的地理标识,建筑物是人类活动区域的重要特征,在复杂自然场景中实现对建筑精准的识别可为城市规划、城市动态检测、地形图更新等领域提供重要的支撑[8]。高分辨率遥感影像提供的建筑物信息十分丰富,利用好这些信息,针对高分辨率遥感影像建筑物进行自动化检测和提取,能够更精确地了解建筑物的分布与变化情况,在电子地图更新、发展智慧城市建设、自动驾驶、检测生态环境、及时侦察军事目标等生产生活中具有实质的应用价值和研究意义。

遥感土地语义分割的研究具有重要的意义和广泛的应用价值,遥感土地语义分割可以对遥感图像中的土地覆盖类型进行精确的识别和分割,帮助人们进行土地资源的调查、监测和管理,这对于土地规划、土地利用优化和资源保护有重要意义;并且可以对环境中的自然和人工地物进行精确识别和分类,从而用于环境质量监测和环境保护,有助于监测植被变化、水体污染、土地退化等环境问题。遥感土地语义分割对灾害评估和应急响应具有较大指导意义。通过分割遥感图像,可以迅速了解灾害区域的受损程度和人口密集区的分布,指导灾害应急和救援工作。根据遥感图像土地分割结果,可以对城市区域的土地利用情况进行详细划分,为城市规划和交通管理提供数据支持。它不仅有助于识别道路网络、交通流量等信息，优化城市交通布局，而且可以帮助农民进行土地利用决策和农作物种植规划。此外，它也有助于农村发展和完成农村土地整治工作。

1.2 国内外研究现状

1.2.1 遥感飞机目标检测与识别方法的研究现状

遥感影像飞机目标检测早在20世纪80年代就已经开始研究，当时普遍使用的是人工设计特征。2004年，Mei通过引入Haar小波分解方法在多尺度多方向上快速得到飞机目标的边缘特征。利用小波系数有效地降低光照、云雾等噪声影响，提高了检测速度。同时，引入了机器学习新的分类方式——支持向量机，在小样本量、高特征维度的学习问题中展现了强大的优势[9]。Han将改进的相位编组直线段提取方法与感知分组连接相结合，提出一种快速直线段检测算法，为机场飞机等直线性结构目标的识别奠定了基础[10]。Tian提出了用三色衰减模型的阴影检测方法对飞机目标进行检测[11]。Wang通过改进直线段密度显著模型检测机场目标，提出角点凸包分割算法有效降低飞机目标不规则以及侧摆成像畸变给目标检测带来的影响，提高了检测率[12]。Chen根据飞机目标所固有的结构特性，提出了一种基于四阶圆谐函数的图像滤波方法对潜在飞机目标中心点进行快速搜索。该算法以飞机中心为圆心，通过卷积模板识别圆周亮暗交替的灰度值波形变化。该算法虽然检测效果较好，但对于图形的形状特征和边缘特征依赖程度高，难以应对背景复杂、噪声大的图像，抗干扰能力差[13]。

基于传统方法的目标检测算法只适合处理简单单一的图像，其鲁棒性不强且缺乏普适性。对于背景复杂多样的遥感影像，使用传统目标检测算法效果不佳。随着深度学习的崛起，传统目标检测算法已经式微，基于深度学习的遥感图像飞机目标检测成为主流研究方向。

Yao等重点研究将卷积神经网络应用于遥感影像目标检测。通过改变卷积神经网络(CNN)卷积核尺寸数量以及网络层数构建多结构卷积神经网络(MSCNN)模型进行飞机目标检测。同时，提出了机场检测算法CNN-BOW，将CNN提取到的特征存放在BOW模型中构建视觉词典，从而构建图像特征向量[14]。Feng等利用深度学习模型，自主学习飞机目标特征，标定经过显著性检测和直线检测的遥感图像中的飞机目标，标志着深度学习目标检测算法进入实际应用的重要进步[15]。Liu等将深度学习目标检测算法与传统图像的显著分割相结合，实现了光学遥感图像中飞机目标的弱监督分割[16]。Yang提出了一种依赖小数据的检测模型M-

FCN,将马尔可夫随机场加入全卷积网络中,以达到大量减少网络对于标注数据的需求,使得模型在少量标注数据下仍可以达到较好的检测效果[17]。Yan 为了解决遥感图像飞机目标小、人工标注代价过高的问题,提出了一种基于弱监督学习的遥感图像飞机检测方法,利用卷积神经网络训练含有飞机目标的图像标签[18]。Ren 以 Faster R-CNN 为基础,添加特征金字塔网络结合多尺度信息以提升检测精度,并且使用反卷积突破内存限制,实现大幅面遥感图像高效快速地检测[19]。

随着深度学习在目标检测领域大放异彩,近 5 年内提出了越来越多的基于深度学习的飞机目标检测算法。2019 年,上海交通大学联合旷视科技推出了 R^3Det[20],这是一个基于 RetinaNet 的单级旋转目标检测器;提出了 Focal Loss 来解决类别不平衡引起的问题,提高了单级目标检测器的精度;设计了旋转精炼模块(Feature Refinenment Module,FRM),通过特征插值将当前精炼的边界框信息重新编码到对应的特征点上,以实现特征的重构对齐以及对飞机目标旋转框的标定。2020 年,谭振宇在 YOLOv3 的基础上,精简优化特征提取骨干网络并添加 Dense-Block 结构,在不降低检测精度的前提下提升了检测器性能。毛嘉兴采用层次化网络结构设计,提出了端到端的飞机目标检测与细粒度识别框架,利用空间注意力与非局部运算更好地结合上下文信息,实现飞机目标的细分类[21]。2021 年,曹旭通过级联多层分割分支和包围框分支提出了基于旋转混合任务级联网络的目标检测算法,解决了复杂背景下遥感图像中多方向密集排布的飞机目标检测问题[22]。周育榕提出了一种基于深度可分离卷积和简化恒等映射方法的恒等可分离主干网络 ISN,实现卷积神经网络的轻量化,其较少的参数量和较低计算成本使该方法可以简单地移植于小负载平台[23]。2022 年,彭娜以单阶段目标检测 YOLOv4 为基础,通过压缩骨干网络以及添加特征融合网络、空洞卷积和残差网络构建新的目标检测网络 MOHA-YOLO,达到了较高的检测精度以及召回率;但追求高精度的同时导致参数量的增加,对计算资源配置有较高的要求[24]。李冠典针对传统二阶段目标检测算法 Faster R-CNN 网络输入图像尺寸固定的弊端提出了 A^2RNet,通过对滑窗切片分类得到只含有飞机目标的切片,同时输出的注意力掩码增强了上下文信息,提高了网络检测速度以及针对飞机小目标的检测质量[25]。

在基于深度学习的目标检测算法中,双阶段目标检测算法的优势是检测精度高,但受限于参数数量过多,检测速度慢。因此本书的研究重点为减少参数数量,在保证检测精度的同时提升双阶段目标检测网络的速度,选择双阶段目标检测算法 Faster R-CNN 作为高分辨率遥感影像飞机目标检测与识别的基础框架进行改进研究。

1.2.2 遥感舰船目标检测与识别方法的研究现状

基于深度学习技术的舰船目标检测研究历程如图 1.3 所示。AlexNet[26] 在 2012 年获得了 ImageNet[27] 视觉识别竞赛图像分类赛道的第一名,它的成功证明了深度学习在图像分类和识别方面的强大能力,这也为遥感图像海面舰船目标的检测和识别提供了新的思路与方法。Girshick 于 2014 年提出的 R-CNN 算法标志着深度学习技术在计算机视觉领域的应用迈出了重要的一步。它通过选择性搜索算法提取目标候选区域,并对每个候选区域进行卷积特征提取和分类。由于 R-CNN 在 VOC2007 和 COCO 数据集上都取得了突破性的成果,许多研究者将其引入舰船检测中。例如,2017 年,Liu 等提出了 RRCNN 舰船目标检测算法。相比传统的 R-CNN 算法,RRCNN 算法采用了三个新结构,分别是旋转兴趣池化层、旋转边框回归模型和用于正确分类各类的多任务范式。虽然 R-CNN 极大提高了目标检测精度,但对于每个候选区域都需要在原始图像上进行候选区域生成、卷积计算和特征提取等操作,这些操作需要耗费大量的计算资源,导致计算冗余。为了解决这些问题,一些学者提出了一系列改进算法。R. Girshick 等于 2015 年提出了 Fast R-CNN[29] 算法,该算法通过使用 ROI(region of interest)池化层来处理候选区域,避免 R-CNN 算法对整张图像进行多次卷积计算,从而提高特征提取的速度。虽然 Fast R-CNN 让研究员看到了候选区域配合 CNN 这一框架实现实时检测的希望,但是该算法的所有候选区域需要使用选择性搜索算法(selective search)来定位,仍然需要较长的时间才能完成对一张图像的目标检测。为了进一步提升目标检测速度,同年 Ren 提出了 Faster R-CNN[30] 算法,相对于 Fast R-CNN 算法,该算法的主要优势在于引入了区域建议网络(region proposal network, RPN)。该网络能够在特征图上直接生成候选区域,避免了选择性搜索算法需要对整张图像进行多次计算的问题,从而显著降低了计算负载。由于 Faster R-CNN 检测速度的提升,许多学者通过迁移学习的方法,将该网络引入遥感图像舰船目标检测领域。例

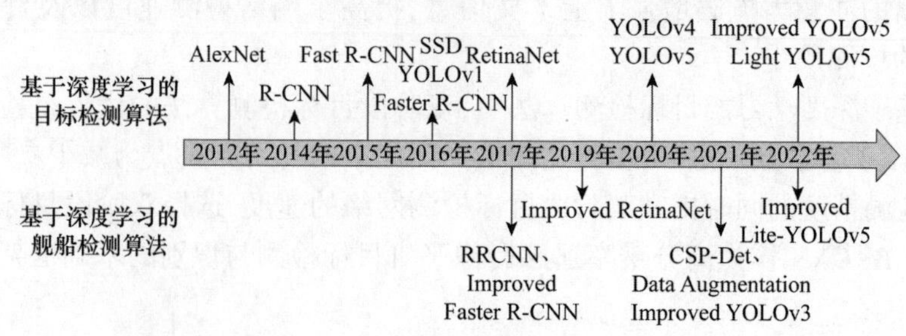

图 1.3 基于深度学习技术的舰船目标检测研究历程

如,Li 等于 2017 年,分析了 Faster R-CNN 检测器的优势和在特定遥感舰船探测领域的局限性,通过迁移学习、特征融合等实现方法,提出了一种改进的 Faster R-CNN 算法[31]。

虽然上述基于深度学习的目标检测算法已经取得了成功,但是这些算法需要经过双网络才能输出检测结果,因此它们的检测效率较低无法满足实时性需求。为了提高网络的检测速度,Redmon 等于 2016 年提出了 YOLO[32] 目标检测网络,该网络创新性地采用了单阶段处理思想,直接对原图生成密集的预测框,相较于原来的两阶段思路,大大简化了网络结构,为深度学习目标检测算法在工业领域应用部署提供了可能性。同年,Liu 等提出了 SSD 算法,该算法主要针对 YOLOv1 对尺度变化较大的目标、小目标以及密集目标检测效果不佳等缺点进行了改进[33]。在 YOLO 和 SSD 之后,为了解决目标检测任务中正负样本数量不平衡的问题,Lin 等于 2017 年提出的 RetinaNet 模型引入 Focal Loss 损失函数[34]。这些改进在一定程度上缩小了单阶段检测算法和双阶段检测算法之间的目标检测精度差距。后续的目标检测算法着眼于优化训练策略、改进特征融合结构以及完善数据增强算法等方面,而对于特征提取网络的改动相对较少。在这些算法中,2020 年 4 月 Bochkovskiy 等发布的 YOLOv4[35] 是最具代表性的。该算法在 YOLOv3 的基础上融合了一些当时目标检测领域中最新的技术和成果[36],并通过大量的消融对比实验确定了最优组合,进一步提升了 YOLO 系列算法的检测效果。同年 6 月,Ultralytics 开源了 YOLOv5 目标检测模型代码,其相对于 YOLOv4 有更好的代码结构和更方便的模型训练和部署过程。随后,国内外各研究者在 YOLOv5 的基础上结合其他技术相继进行改进,比如:2022 年 Wang 等结合注意力机制以及 SPP-NET 网络对 YOLOv5 进行改进[37];2022 年 Hao 等提出了 Light-YOLOv5[38],该网络在保持检测速度和精度的同时,对网络进行轻量化处理,与原算法相比,Light-YOLOv5 算法的平均精度提高了 3.3%,参数数量减少了 27.1%,浮点运算量减少了 19.1%。

随着单阶段目标检测模型的精度不断提高,单阶段目标检测模型已经在遥感场景下的舰船目标检测领域得到广泛使用。2019 年,Wang 等通过迁移学习的方法,采用 RetinaNet 作为遥感舰船检测网络[39]。为了进一步提高舰船目标检测的准确性,研究者还将单阶段目标检测与其他技术相结合,如多尺度特征融合、图像增强等。Chen 等在 2021 年提出了一种基于注意机制的改进 YOLOv3,旨在提高舰船目标检测的准确性。他们设计了轻量级扩展注意模块来提取舰船目标的鉴别特征,并将其集成到 YOLOv3 中[40]。同年,Liu 等提出了一种生成综合退化图像的灵活数据增强策略,提高了舰船目标检测模型在恶劣天气条件下(如下雨、雾霾和低照度)的性能表现。尽管这些改进措施都提高了检测精度,但他们并没有考虑到遥感影像中舰船方向任意的特点[41]。因此,Yi 等在 2021 年提出了一种名为

CPS-Det[42]的舰船检测方法,提出了一种旋转矩形框回归方法,并解决了周期角和有界坐标结合回归计算会导致损失异常的问题。在模型检测精度满足实际需求时,研究者将目光投向了舰船目标模型轻量化。2022 年,Xu 等提出了一种轻量级舰船检测网络 Lite-YOLOv5[43],该网络采用轻量级跨级模块减少计算量,集成基于直方图的纯背景分类模块、形状距离聚类模块、通道和空间注意力模块以及混合空间金字塔池化模块以保证检测性能。实验结果表明,Lite-YOLOv5 可以实现网络参数量为 2.38M 的轻量化架构,并且计算成本低和检测精度更高。

针对遥感图像舰船目标检测任务,传统方法虽能完成检测任务,但算法存在计算量大、学习能力较弱等问题,无法满足大规模数据处理和自动化目标检测的需求。近年来深度学习技术的发展使遥感影像舰船目标检测的精度和速度有了显著提升,但舰船目标在遥感图像中的大小、形状、纹理、方向等特征都非常多样化,这可能会给模型的泛化能力带来挑战,导致检测精度和速度下降。因此,尽管深度学习技术在遥感图像舰船目标检测方面取得了进展,但仍需进一步探索和解决相关问题。

1.2.3 遥感建筑物提取方法的研究现状

近年来,各类遥感人工智能(AI)竞赛的举办促进了遥感图像分割领域的发展,如国家自然科学基金委员会信息科学部举办的“航天宏图杯”遥感影像智能处理算法大赛,中国科学院空天信息创新研究院举办的“中科星图杯”国际高分大赛等。研究者的遥感图像分割研究成果逐渐丰富,高分辨率遥感图像信息提取得到了十足的发展。

2021 年,武汉大学在 CVPR 2020 提出了 Far Seg 网络。本章针对遥感图像语义分割缺少前景建模的问题,从基于关系和基于优化的前景建模的角度提出了前景感知关系网络,重点关注前景样本和训练背景中的困难样本。Far Seg 网络如图 1.4 所示,实验表明,该方法优于常规语义分割方法,在速度和准确性上取得了较好的折中效果。

2021 年, 陈永等使用 U-Net++[44]作骨干提取网络,在编码区应用 Siam-diff 结构来提取前后两时序影像的变化特征,并在解码阶段的上采样和横向跳跃路径连接之后引入注意力机制,抑制网络对其他变化类别特征的学习,提升整体分割能力。

同年的 ICCV 计算机视觉会议中,武汉大学测绘遥感信息工程国家重点实验室 RSIDEA 团队[45]针对成对双时相变化检测训练样本标注耗时、收集困难问题,提出了一种新颖的弱监督学习算法 STAR (single-temporal supervised LeARning),利用非成对单时相遥感影像构造伪双时相监督信号,以学习变化特征。实验

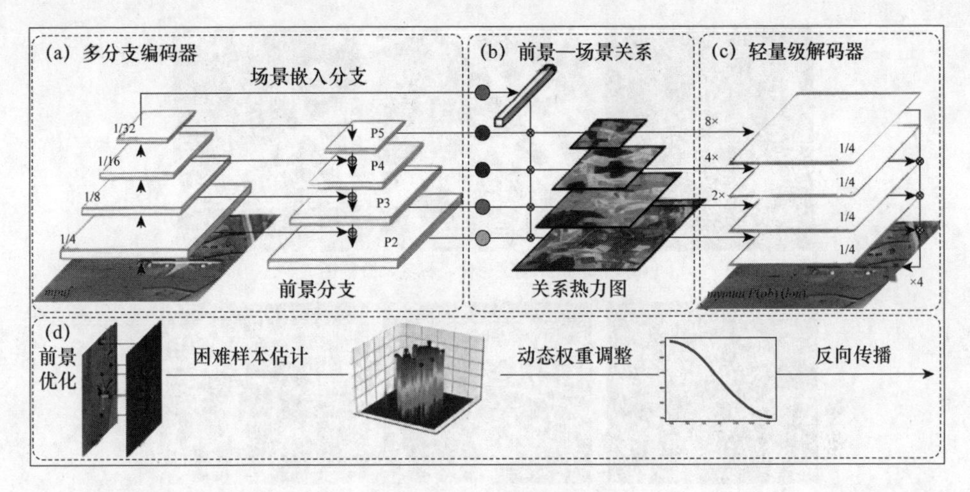

图 1.4　Far Seg 网络

表明,单时相监督下的 ChangeStar 较 Baseline 显著提升, 在 Zero-Shot 验证条件下,与强监督网络精度差距缩小到 10%以下;在强监督(双时相监督)的设定下,基于 FarSeg 的 ChangeStar 在 LEVIR-CD 数据集上实现了 state-of-the-art 的精度,分割效果如图 1.5 所示。

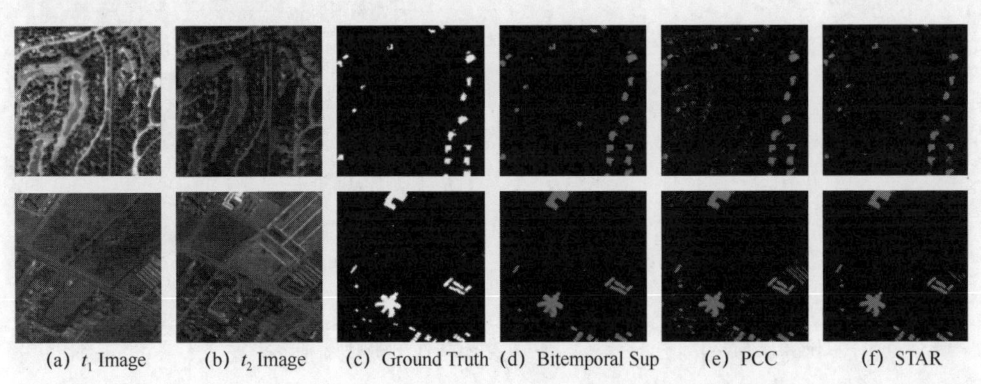

图 1.5　STAR 算法分割效果图

2022 年,杨军等[46] 提出 IFA-CNN 网络。针对多模态、多尺度的高分辨率遥感图像分割问题,他们提出了结合空洞卷积的 FuseNet 变体网络用于高分辨率遥感图像语义分割。在编码器和解码器中分别使用空洞卷积来增大卷积核感受野,在国际摄影测量与遥感学会提供的数据集上达到了优于目前主流算法的效果,如图 1.6 所示。

2020 年, Razieh 等[47] 在 ECCV2020 中提出了 RDOSR 框架,如图 1.7 所示。该论文研究了土地覆盖分类的问题,利用数据的代表性与鉴别性,将原始图像从空

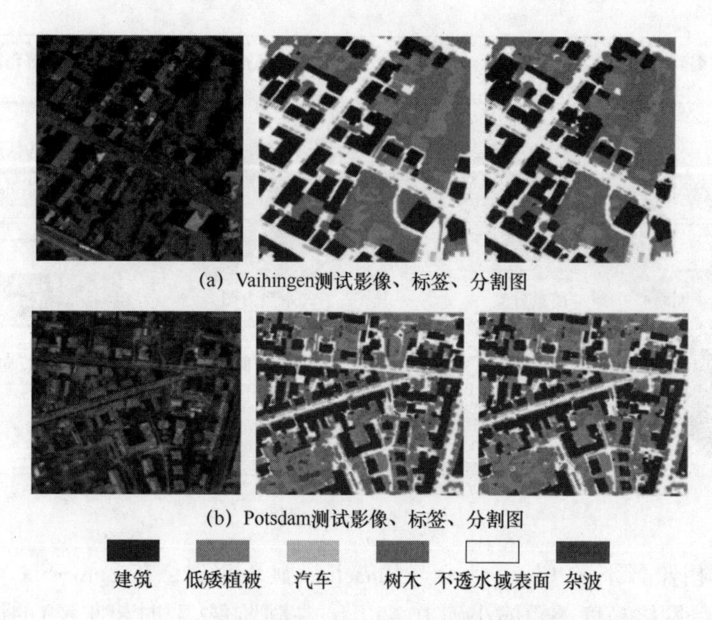

图 1.6 （见彩图）IFA-CNN 网络识别结果

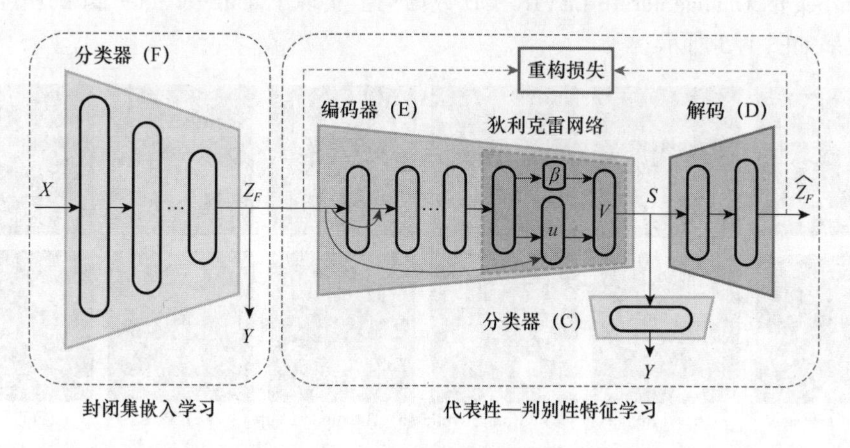

图 1.7 RDOSR 框架示意图

间投影到利于区分相似类的特征处理空间。这种方式增强了特征的代表性和判别能力，该论文在多个卫星基准上验证了所提出方法的有效性。

2021 年，Kyungsu Lee 等[48]在 ICCV 会议提出了一种新的基于 CNN 的自变异网络（SMN），开发了一种参数波动技术来随机调节参数。它可以自适应地调整参数，将卷积滤波器的值作为对域的响应，用于更好的域自适应分割。SMN 通过采用参数突变以及波动、自适应和微调为来自不同通道的图像实现参数调整，从而在域自适应中实现更好的预测分割。消融研究的结果表明 SMN 提供的 Intersecation over Union 值比其他最先进的方法高 11.19%，表明了其在域自适应方面的潜力，

SMN 预测结果如图 1.8 所示。

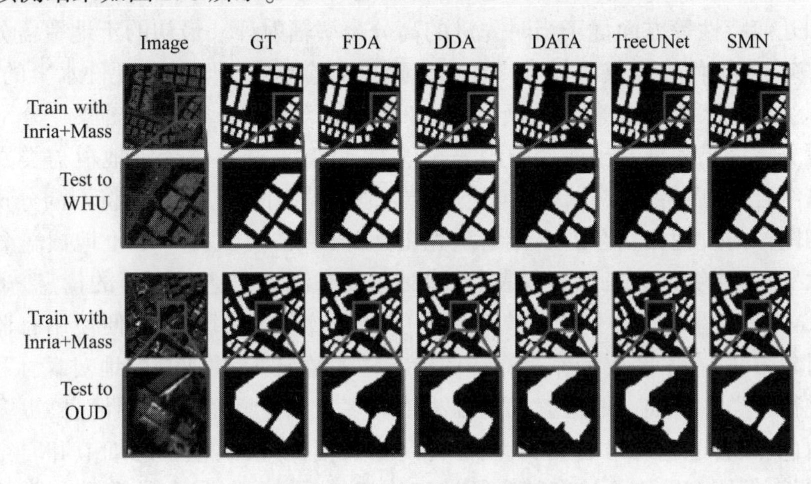

图 1.8　SMN 预测结果

1.2.4　遥感图像土地提取方法的研究现状

遥感影像土地语义分割得益于深度学习技术的不断进步和遥感数据的广泛应用,在近年来取得了显著发展。深度学习技术,特别是卷积神经网络,在遥感影像土地语义分割中发挥了关键作用。使用深度学习方法可以有效地学习到丰富的特征表示,从而实现高精度的土地类别分割。随着遥感数据获取技术的发展,越来越多的高分辨率遥感图像数据被收集和发布,这些数据对于训练深度学习模型至关重要。大规模的遥感图像数据集有助于提高模型的泛化能力和鲁棒性。ISPRS Potsdam Semantic Labeling Contest、Deep Globe Challenge 等许多国际竞赛和挑战活动国际视觉竞赛,推动了遥感图像土地语义分割领域的研究和进步。这些竞赛为研究人员提供了一个平台,共享最新的技术和算法。研究人员对深度学习网络结构进行了改进,如引入空洞卷积、多尺度融合、特征金字塔网络等,有助于提高分割结果的精度和细节保留能力。近年来,随着硬件加速技术的发展和优化,已经出现一些实时或接近实时的遥感影像土地语义分割方法,这对实际应用具有重要意义。

总体而言,遥感图像土地语义分割目前正处于蓬勃发展的阶段。深度学习技术和大规模数据集的使用为该领域带来了突破性进展。未来,随着技术的不断进步和数据的进一步积累,遥感图像土地语义分割有望在更多领域发挥更加重要的作用。

20 世纪 70 年代,自美国发射第一颗地球资源卫星完整地获得地表全貌,土地覆盖分类技术便应运而生。Justice、Townshend[49] 等利用地球观测系统(EOS)中分辨率成像光谱仪（MODIS）在大陆尺度上进行土地覆盖分类，其中在几个光谱、辐射和几何特性等方面优于当时先进的高分辨率辐射计。最初的土地覆盖分类方法，更多依靠硬件光谱仪的提升来提高土地覆盖检测水平。随着硬件水平的提升，软件算法的更替随之而来。吴薇、张源和李强子等[50]在多光谱图像上分别获得单阶段分类结果和推导出的变异函数纹理的基础上，选择每个土地覆盖类别的最佳数据组合，然后将分层迭代分类应用于土地覆盖制图上，该方法将不同分辨率的多时相图像与纹理相结合。多光谱激光雷达的出现，再次提升了土地覆盖分类的硬件水平，其能够创建三维高程表面，同时还具有激光雷达强度值的信息。而 Antonarakis 等[51]在研究中使用了高程和强度机载激光雷达数据，以便使用有监督的面向对象方法，在不需要操作多光谱图像文件的情况下，快速有效地对森林和地面类型进行分类。早期土地覆盖分类方法依靠多光谱空间解释遥感信息，更多扮演辅助角色；随着遥感技术的发展，图像分辨率大幅提升，其包含的细节和时空信息急剧增长，但原有网络无法有效表征地表信息，严重影响进度，故改善分类效果的新方向网络应运而生。机器学习的众多算法在一定程度上均能有效解决分类问题，故机器学习方法被引入遥感领域。Pradhan 等[52]尝试利用贝叶斯和混合分类方法开发遥感卫星数据分类算法。贝叶斯分类是一种概率模型，它能够对每个模式进行分类，直到没有模式保持未分类。混合分类包括使用非监督分类开发训练模式，然后使用监督分类对像素分类。Hansen 等[53]在分层树结构中使用了一组 3729 像素×4120 像素分辨率的图像，将高分辨率土地覆盖数据分为 12 类，其所采用的方法涉及成对类别树的层次结构，其中基于植被形式的逻辑应用，所有类别都被描绘。但此分层树结构算法对农业区内低生物量的温带牧场和高纬度阔叶林的描述相差较大，类别不一致。土地覆盖分类方法很多是基于 SVM 分类器，Liu 等[54]提出了一种基于自训练的半监督 SVM 模型。该方法的主要特点是：引入自适应变异粒子群优化算法来提高 SVM 分类器泛化性能的最优解；提出 Gustafson-Kessel 模糊聚类算法来选择未标记点，以减少无效标签的影响。该模型提高了准确率，减少了泛化误差。传统的机器学习 SVM、随机森林等方法，在高维、小样本场景下通过手动设置特征提取器参数能表现出非线性拟合特性。但缺点十分明显，对于提取高分辨率遥感图像所包含的复杂情景信息以及应对更多的土地覆盖类型，小样本场景、手动设置特征提取器参数、专注于特征工程中所需要找像素等均是机器学习的劣势。深度学习依靠硬件算力的飞速发展，突出了处理大数据、数据的其他高级特征、集中解决问题等优势，并且使深度神经网络自主学习提取特征、训练隐藏层参数，大幅降低了人力成本，故最近不同的深度学习模型已被用于处理遥感图像中众多挑战性的问题。2016 年，Santara 等[55]提出了端到端的深度学习网络 BASS-Net 来提取波段特定的光谱空间特征，并对土地覆盖进行分类。该体系结构具有较少的独立连接权重，只能训练相对较少的数据。当面临大维度、光谱特征的空间变异性和标记数据稀缺的挑战时,该深度方法精度并不优于传统机器学习方法。随着语义分割引入遥感领域,UImas 等[56]改进了 U-Net 网络在基于"哨兵"-2 卫星图像的数据集和 BigEarthNet 数据集中的噪声数据进行土地覆盖变化检测,总体得分 74.9%。Hu 等[57]提出的 TL-DenseNet 也是在编码器-解码器上进行改动,编码网络利用三波段图像提取多级语义信息,解码器子网络采用密集连接融合各层多尺度信息,增强特征表达能力。在 11 类地物遥感影像数据集上,以上方法在数据不足、类别不平衡的多目标语义分割上效果不错,但仅是在独立时间上,针对于单张图像的土地覆盖分类精度而提出的深度学习方法。Wang 等[58]对 1982—2015 年的中国土地覆盖分类产品在时间序列上对土地覆盖分类数据研究环境变化、城市变化、土地资源调查,提出双向长短记忆网络(双 LSTM)建立了长时间序列分类数据提取网络,其分类效果不错,为土地覆盖分类的研究提供了新思路。

第2章 深度学习基础理论

2.1 卷积神经网络

2.1.1 卷积神经网络结构

1. 人工神经元

人工神经元(简称神经元),是构成人工神经网络(artificial neural network, ANN)的基本单元[59]。神经元将自身接收的向量信号加权叠加,接着非线性激活后得到其活性值并输出。人工神经元是20世纪四五十年代科学家对自然界中的生物神经元的经典仿生案例。当生物神经元接收的神经信号的积累超过某个阈值时,它就处于兴奋状态并产生电脉冲,并将电脉冲信号传递给其他的神经元。最早的人工神经元模型——MP神经元正是基于生物神经元的结构构造出来的。

现代神经网络的神经元由输入、权重、净输入、激活函数和活性值组成,如图2.1所示。与MP神经元[60]相比,现代神经元的不同之处仅在于其激活函数可以是任何连续可导的非线性函数(可以存在可数个不可导点)而并非和MP神经元类似的阶跃函数。

令 $D+1$ 维向量 $\boldsymbol{x}=[x_1,x_2,x_3,\cdots,x_D]\in\mathbb{R}^D$ 作为神经元的输入,假设神经元的对应连接权重 $\boldsymbol{w}=[w_1,w_2,w_3,\cdots,w_D]\in\mathbb{R}^D$,对于一个神经元,定义净输入值为

$$z=\sum_{d=1}^{D}w_d x_d+b=\boldsymbol{w}^{\mathrm{T}}\boldsymbol{x}+b \tag{2.1}$$

式中:z 为净输入值;b 为偏置。

若 a 表示非线性激活函数 $f(\cdot)$ 对 z 在定义域内的一个单值映射,则活性值可写为

$$a=f(z)=f(\boldsymbol{w}^{\mathrm{T}}\boldsymbol{x}+b) \tag{2.2}$$

式(2.2)为一个简单神经元的数学模型,该公式描述了一个人工神经元的基

本结构和信号的变化。

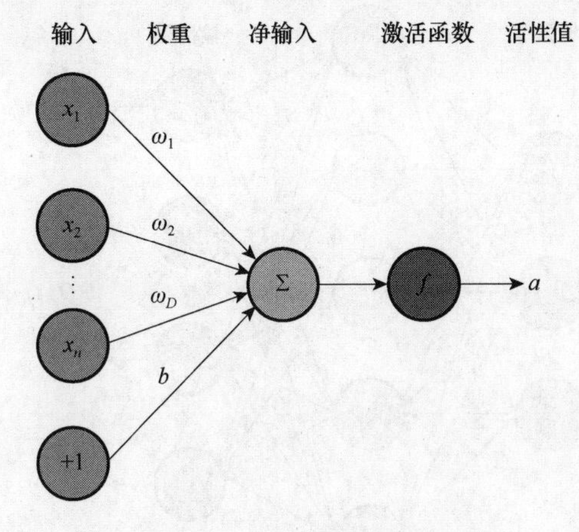

图 2.1　神经元的基本结构

ANN 模型的神经元一般由连接权重向量 $\boldsymbol{w}$ 以及激活函数 f 组成,与式(2.2)对应,其结构如图 2.1 所示。在神经元结构中,连接权重表征了输入信号对输出信号的"贡献",一般而言,神经网络的参数学习过程即更新网络中每个神经元的连接权重的过程。而非线性激活函数 $f(\cdot)$ 在神经网络的组成中是不可替代的,其是使神经元表现出强大的表示和学习能力的根本肇源。通常情况下,激活函数应当在某种程度上连续可导,工程实现简单且计算开销小,具有合适的上确界和下确界。常用的激活函数有 Sigmod 函数、Tanh 函数、ReLU 函数、Swish 函数、ELU 函数以及它们的各种改进变体。不同的神经元激活函数有各自的优势和缺陷,一般综合网络结构、训练条件等选取。

2. 人工神经网络

ANN 是一种大规模的对输入信号或序列进行一系列数学变换的并行计算单元。由于对信号的一系列加权叠加本质上是进行一系列连续相似匹配过程,ANN 对输入信号的响应过程是使用连接权重对输入进行的经验性筛选过程。ANN 的表示能力来源于组成自身的大量神经元中的非线性激活函数,因此 ANN 是高度非线性的。其结构如图 2.2 所示。

典型的 ANN 为三层组织结构,其中:输入层一般不算在网络层数中,只有线性输入;隐藏层一般有一层或多层,但也可以没有;输出层一般是线性输出。根据通用近似定理,只要两层或两层以上的神经网络宽度足够宽,且激活函数满足一定的性质,输出层呈线性,则 ANN 可以在实数空间中任意拟合有界闭集函数。因此,可以使用 ANN 来近似拟合常见的非线性函数。

ANN 参数学习时,一般使用反向传播方法的小批量随机梯度下降算法。给定训练集 $\mathbf{D}=\{(x^{(n)},y^{(n)})\}_{n=1}^{N}$ 和选定损失函数 $\mathcal{L}(y,\hat{y})$ 后,ANN 在数据集 $\mathbf{D}$ 上的

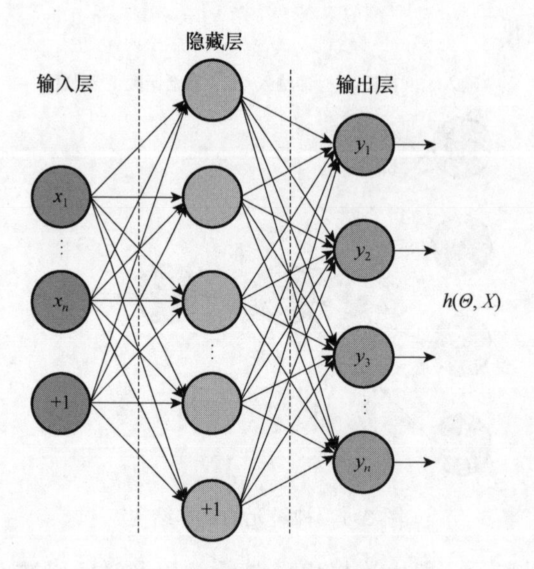

图 2.2　人工神经网络结构

结构化风险函数为

$$\mathcal{R}(\boldsymbol{W},\boldsymbol{b}) = \frac{1}{N}\sum_{n=1}^{N}\mathcal{L}(y^{(n)},\hat{y}^{(n)}) + \frac{1}{2}\lambda W_{F\leftarrow}^{2} \tag{2.3}$$

式中：$\boldsymbol{W}$ 为神经网络中的权重矩阵，一般是三维的数据张量；$\boldsymbol{b}$ 为网络中的偏置向量，通常情形下，在整个神经网络中是二维的；$\|\boldsymbol{W}\|_F^2$ 为损失函数的结构化风险项，也称正则化项，$\|\boldsymbol{W}\|_F^2$ 为权重矩阵 $\boldsymbol{W}$ 的 Frobenius 范数，其目的是防止网络在训练时因数据量小、网络参数庞大等导致的过拟合；$\lambda > 0$ 为正则化超参数，其值越大，防止过拟合的效果越好，而 $\boldsymbol{W}$ 则会因正则化项的损失在训练过程中逐渐逼近 0。

3. 卷积神经网络

卷积神经网络是结合了卷积计算过程的一种稀疏 ANN。与传统的 ANN 相比，CNN 神经元的连接权重是共享的，且后一层输出神经元与前一层输入神经元并非满连接。因此，CNN 具有稀疏共享的连接权重，这大大降低了其参数数量。一般而言，CNN 用来处理图像信息。与全连接的 ANN 相比，CNN 具有一定程度上的平移、缩放和旋转不变性，且参数更少，处理图像信息时性能更高。

与 ANN 不同，CNN 的结构组成更为复杂，如图 2.3 所示。除了基本的卷积层，CNN 的基本组成结构中还包含了池化层；在某些应用场景下，CNN 还添加全连接层以提高其特征提取能力。CNN 用卷积核替代 ANN 的连接权重，根据卷积核和卷积方式的不同，卷积操作有空洞卷积、跨步长卷积、变形卷积、转置卷积等变体；池化层仅仅包含下采样操作，目的是减少训练参数和防止过拟合，常用的池化操作有平均池化和最大池化。全连接层是一般的 ANN 连接结构,全连接层之后一般进行分类或回归。

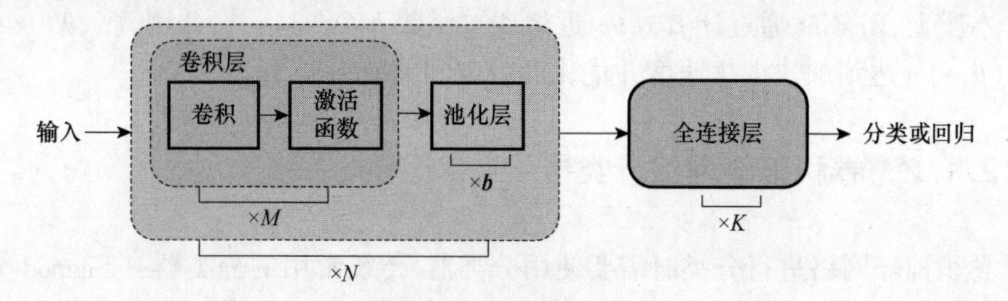

图 2.3　一般的 CNN 结构

4. 残差网络

残差网络(residual network,ResNet)是为了防止网络在训练过程中发生退化而提出的卷积神经网络框架。残差网络的基本结构为残差单元,其结构如图 2.4 所示[61]。

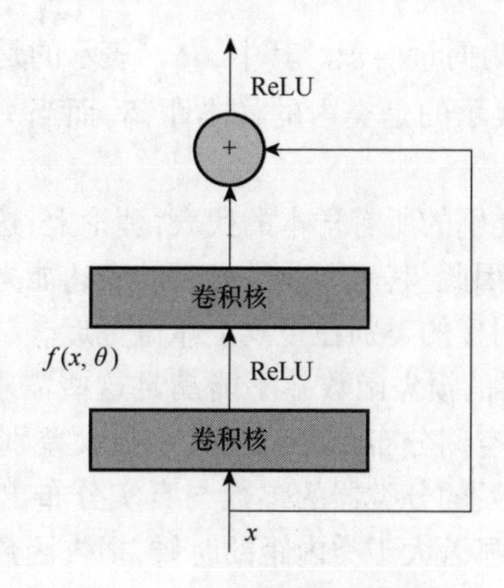

图 2.4　典型残差单元结构

在一个残差单元中,其信号的主要通路由多个卷积层级联形成卷积块,而卷积块的输入与输出在经过残差融合之后,经过 ReLu 激活后得到整个残差单元的输出信号。残差单元是非线性部件,其输入与输出的信号通道称为残差连接。由残差单元构建的卷积网络称为残差网络。

若期望非线性残差单元 $f(x,\theta)$ 逼近目标函数 $h(\theta,x)$,则目标函数可以表示为

$$h(\theta,x) = x + [h(\theta,x) - x] \tag{2.4}$$

式中: $h(\theta,x)$ 中的 x 为残差函数。

根据通用近似定理,通过简单的推导可知,只要非线性残差单元宽度和深度足

够大,且激活函数满足一定的性质,残差网络将有足够的能力来拟合任何残差函数;但与 ANN 的目标函数相比,残差函数由于空间流形更为光滑,因此更容易学习。本质上,ResNet 通过让 $f(x,\theta)$ 近似残差函数 $h(\theta,x)-x$,并用 $f(x,\theta)+x$ 逼近 $h(\theta,x)$,达到加快训练速度并优化参数空间的效果。

2.1.2 卷积神经网络分类器

卷积神经网络进行分类时需要使用分类器,传统常用的分类器有 Sigmod 分类器、SVM 分类器和 Softmax 分类器。在 Softmax 分类器中,损失函数和优化器对类内和类间的距离实行最大化约束,而无法直接优化类内距。

Softmax 的交叉熵损失计算公式为

$$\mathcal{L}_{\text{Softmax}}(x_i) = -\log P_{i,y_i} = -\log \frac{e^{f_{i,y_i}}}{\sum_{k=1}^{K} e^{f_{i,y_k}}} \tag{2.5}$$

Softmax 的距离度量为向量内积。其中, P_{i,y_i} 表示的是样本 x_i 与真实类别之间的相似度,当 $i=y_i$ 时,表示的是类内的样本距离,而当 $i\neq y_i$ 时,表示的是类间距离。

f_i,y_i 可以表征特定类别的所有样本的代表,理论上,这个样本应该在所有样本特征向量的几何中心上,因此,其需要非常显著的表达能力:类间距要大于类内距,相似的类别应该比差别明显的类别在距离上靠得更近。

但是,Softmax 分类器的损失函数并不能满足这些需求,由于训练前并不知道参数空间的分布,类内的空间分布距离可能具有很大差别,因此,数据上可能存在的先天缺陷,会导致训练后的分类器的参数与真实分布出现偏差,影响分类性能;另外,样本之间的类间距显著大于类内距的时候,损失函数会很小以致出现训练困难的情况。

2.1.3 理论感受野与有效感受野

感受野是卷积神经网络理论中的重要概念。卷积神经网络是有向无环图,其某个卷积层的感受野定义为从对应的输出神经元节点逆向出发到达的所有输入神经元节点的集合所能嵌入的最大二维线性空间的面积。但是,感受野仅仅是理论上图像输入像素区域对该输出神经元的影响,因此,该感受野又称为理论感受野。事实上,与理论感受野对应,某卷积层的有效感受野定义为在网络训练时卷积层输出神经元节点的梯度信息在理论感受野中的有效传播区域。在通过对输出神经元节点赋予损失并计算其反向传播的有效梯度信息,从理论上证明了有效感受野内输出神经元在输入节点处的反向传播梯度信息是不均匀的,而是以感受野中心为原点呈高斯分布特性;再证明输入神经元的信号对输出神经元的影响同样呈中心化高斯分布,最后通过实验也证明了这一点。这表明,某个卷积层对应的输出神经元,其理论感受野内的所有输入神经元节点对输出神经元的贡献存在高斯衰减的现象,即越是远离理论感受野中心的输入节点,其影响越低。

因此,卷积神经网络的有效感受野实际上远小于理论感受野。网络有效感受野和网络深度的关系如图 2.5 所示。从图中可知,尽管随着层数的增加,网络的理论感受野呈线性增长的状态,但有效感受野仅仅是略有增加,远比不上实际感受野的增加幅度。有效感受野远小于理论感受野为卷积神经网络的设计带来了巨大的挑战。这意味着网络的输出端的特征输出并没有有效地获取到图像的全局信息,而仅仅是图像的局部信息,从而可能导致网络在复杂的背景中无法正确地识别潜在目标。

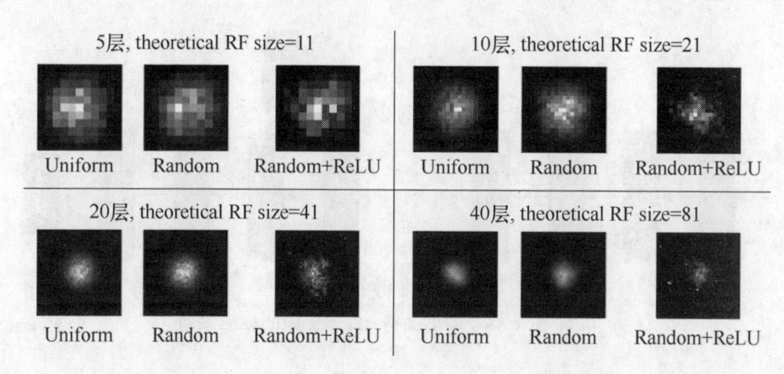

图 2.5　网络有效感受野和网络深度的关系

针对卷积神经网络存在的感受野缺陷,金字塔场景解析网络(pyramid scene parsing network, PSPNet)应运而生。在一幅需要进行语义分割的图像中,图像的上下文关系匹配对理解图像中的复杂场景起到至关重要的作用,为了处理图像中的不同尺度的信息并解析场景,PSPNet 提出了一种能够将全局信息和局部特征融合起来的金字塔解析模块,并在前人的工作基础上搭建出基于 ResNet 的 PSPNet[62]。PSPNet 结构如图 2.6 所示。

PSPNet 使用 ResNet-101 和空洞卷积提取特征图并送入场景解析模块,该模块将 ResNet-101 得到的特征图进行多尺度全局均值池化并得到四种尺度的金字塔特征,然后各个尺度的金字塔特征使用 I_q 卷积压缩通道维数,再经过双线性插值后,形成与输出特征图同样大小的特征,接着这些特征图与原特征图进行 Concatenation 操作后组成新的特征图,经卷积层再次融合最终输出结果。

另外,PSPNet 还对 ResNet 进行了改进。由于深层网络训练困难,其提出了双损失函数——主分支损失函数和辅助损失函数对 ResNet 进行训练。

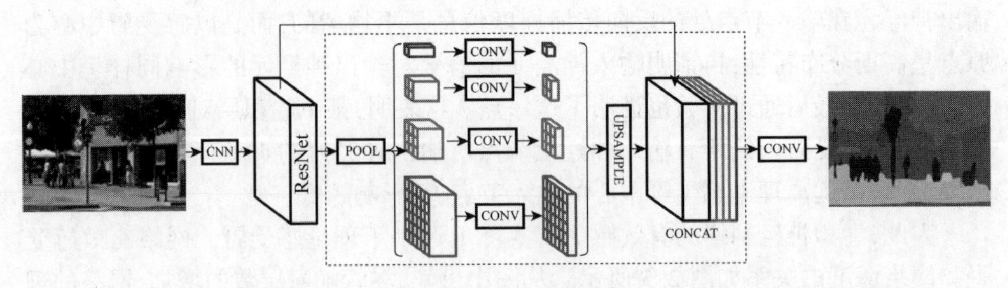

图 2.6 PSPNet 结构[62]

如图 2.7 所示,PSPNet 在主干上使用交叉熵损失函数训练主分类器,并在第四阶段的 res4b22 残差块之后增加了一个辅助分类器,该辅助分类器同样使用交叉熵损失函数。最后,通过添加权重的方式让两个损失函数在训练时共同优化参数,从而达到进一步加快网络收敛速度的目的。

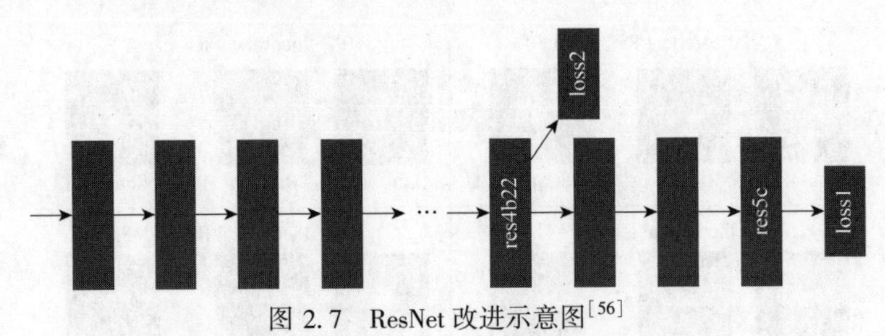

图 2.7 ResNet 改进示意图[56]

注:loss1 为主分支损失函数,loss2 为辅助分类函数。

2.1.4 跨尺度特征融合

在深度学习计算机视觉领域,将不同规模、不同尺度甚至不同维度的特征按照某种规律进行融合往往能够大幅提高网络在特定指标下的性能表现。一般而言,CNN 的低层特征具备更为详细的空间信息,但是语义往往不够抽象,而高层特征与之相反,其往往具备高级的抽象语义,但是其空间信息往往丢失。因此,如何对 CNN 的不同空间尺度下的特征进行融合并生成更为强大的特征表示,是特征融合时需要着重考虑的问题。常见的融合方式有通道拼接、像素单元乘点积、预测结果融合等。而利用金字塔结构进行跨尺度特征融合是各种特征融合方式中最经典的一种。其代表性的网络是特征金字塔网络。

目标检测任务存在物体多尺度变化、检测目标微小等难题。利用单个高层特征进行目标的识别和定位的检测算法会由于小物体包含像素信息少池化过程容易丢失,而多层检测的网络在跨尺度检测上则会出现困难。因此,经典方法是利用图像金字塔放缩的形式进行多尺度数据增强,但这带来了极大的计算量。有鉴于此,特征金字塔网络(feature pyramid networks, FPN)应运而生[63],其经典结构如图 2.8 所示。

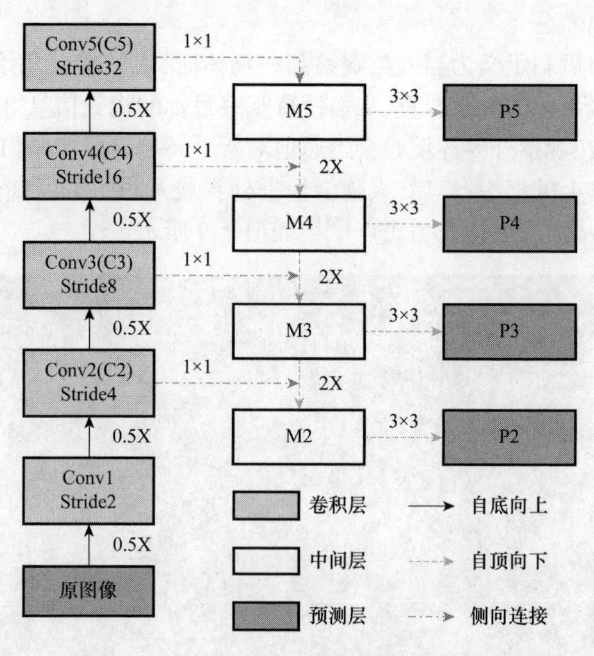

图 2.8 FPN 经典结构

与常规的特征融合不同,FPN 采用特征逐步融合和调整的方式来生成强大的特征表示,而且生成的各个尺度的新特征可以分别进行目标检测,并通过集成这些检测结果使网络的性能表现得到提高。

FPN 一般嵌入其他网络中使用。图 2.8 展示了 FPN 如何嵌入骨干网络中并工作的。在骨干网络得到最终的顶部特征图后,FPN 通过 1×1 卷积进行通道对齐操作,得到中间特征 M5,接着 M5 经过 3×3 卷积输出预测特征图 P5;与此同时,M5 经过 2 倍的上采样,与 C4 经过 1×1 卷积进行通道对齐后的输出特征图进行融合,从而得到中间特征层 M4,与 M5 类似,M4 同样经过 3×3 卷积输出预测特征图 P4;依次类推,从而分别得到 M3、P3,M2、P2。M5 到 M2 的中间特征组成了金字塔特征图。该方法性能优越,是提升目标检测性能的标准组件。图 2.8 中,与骨干网络不同的是,中间层采用自顶向下连接,并用最邻近上采样方式将特征图逐层恢复到原特征图池化前尺寸,中间层在横向连接时,各层采用 1×1 卷积核更改通道数使之与连接的相应中间层保持一致,从而实现特征的融合。预测层将各个中间层的输出特征图通过 3×3 卷积核卷积消除混叠效应之后,再使用两个 1024 通道的全连接层和感兴趣区域(region of interest,ROI)将感兴趣的特征图输入分类层和回归层中,最终实现识别和定位。

2.1.5 注意力机制

视觉注意力机制定义为当人类观察某一物体时,人脑将会赋予视野内待观察目标的视觉信号更多的观察权重,从而使待观察目标的视觉信息得到更好的处理。一般来说,人类在观察外界环境时会迅速地对所处环境进行快速扫描,以对外界环境形成一个整体上的把握;然后,人脑会根据外界或意识上的反馈信号,快速地锁定待观察目标,从而形成注意力焦点[64],如图 2.9 所示。

图 2.9 视觉注意力机制

在观察图 2.9 时,本文会快速地扫描整个图像,建立起整个图像的视觉印象,然后根据意识反馈的信号,快速地将目光聚焦于图像中目标生物的突出特征上。该机制可以帮助人类在有限的资源下,高效地处理视觉信息。

在计算机视觉领域,人们将这一生理现象背后的机制引入深度学习中,以期望在有效的算力资源下尽可能地提高网络的容量。一般而言,计算机视觉中的注意力机制大致可分为强注意力和软注意力两大类。强注意力是一种激励——变化的动态机制,其参数往往不可微,因此,在以梯度优化为主的 CNN 模型中,其优化只能通过强化学习的方式实现,在应用上受到了限制。而软注意力通过对所有的信号赋予权重的方式调整各个输入信号对输出信号的影响,因此,软注意力机制的调节参数是可微的,这使得软注意力机制可以直接结合到网络中,并直接使用同一个损失函数和优化器对注意力机制的参数进行更新。因此,软注意力机制相较于硬注意力机制应用范围更广。

目前,注意力机制方法大都基于网络不同的维度,利用有限的资源进行信息的充分利用,其本质是增强当前目标的有效特征,而对其他特征进行抑制。注意力机制的特点是参数少、速度快、效果好。常见的视觉软注意力机制有通道域注意力机制、空间域注意力机制和双注意力机制等。本章介绍其中的两种经典注意力机制，即 SENet（squeeze-and-excitation networks）[59]的通道域注意力机制和 DANet（dual attention networks）[60]的双注意力机制。

1. SENet

卷积层的核心卷积核本质上是对其窗口内的数据张量进行相似度匹配的匹配模板。其在数据张量的空间维度和通道维度上对数据的整体相似度进行了衡量聚合。因此，对卷积核参数施加的注意力可以转换为对张量施加注意力。SENet 是通过对数据张量，即卷积层的输出特征施加注意力实现的。

SENet 在数据的通道维度上施加了注意力，即其希望对在得到输出的特征图后，对每个特征图的通道赋予注意力参数，该参数为通道的重标定权值，并以此重新标定各个通道输出特征在整体特征图中的关注度。通道注意力参数本质上是显式地对各个通道的相互依赖进行建模，进而根据建模结果对通道权重重整化，从而达到提升有用特征在输出特征的占比并抑制无效特征的目的。SENet 使用的模块 SE 模块示意图如图 2.10 所示。

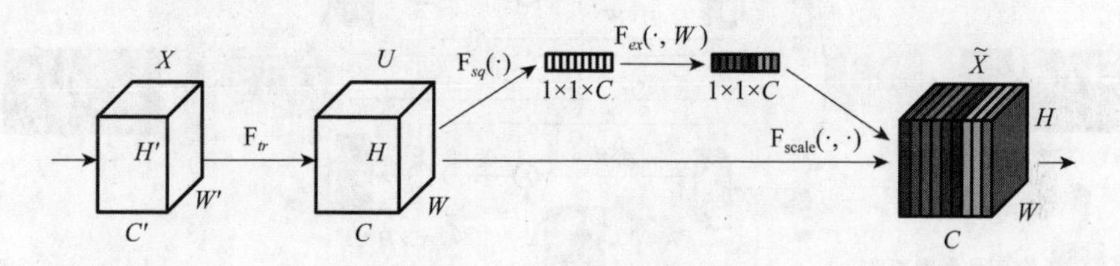

图 2.10 SE 模块示意图[65]

与残差单元组成 ResNet 类似，SE 模块以相同的方式组成 SENet。作为一个独立的模块，其同样可以与任何输入输出张量相匹配的其他模块进行替换。对于一个输出的数据张量，即卷积层的输出特征图，SENet 通过三个步骤来重新对特征图进行通道权重重标定：首先，SE 模块对特征图进行全局平均池化，提取每个通道维度上的主要特征，该特征是每个特征图的全局信息，这是一个与通道数维度一致的向量；接着，该向量使用一个三层的宽—窄—宽型全连接网络，从中提取有效的权重重标定信息，这些信息为注意力信息，另外，该全连接网络的参数与卷积层主体同步学习更新；在得到特征通道的重标定信息向量后，该向量与原来的输出特征图通过哈达玛乘积进行点乘操作，对每个通道的重要性进行重新标定，从而得到最终被施加了注意力的特征图。

2. DANet

在计算机视觉语义分割领域，深度学习网络在进行特征增强时往往使用多尺度融合或编解码结构，以期充分利用网络输出的空间信息与语义信息，但这仍然是有不足的,因为这并未考虑通道域与空间域不同的特征图的像素单元之间的相互依赖关系。因为 CNN 使用局部感受野进行特征的提取,这会产生即使是相同的像素标签在最终的特征图上的表达也可能不同,从而导致相同类却产生不同的特征表示,造成分割准确率下降。DANet 将注意力机制应用到语义分割中,主要是使用基于空间的注意力和基于通道的注意力来获取丰富的上下文信息,从而提高模型的分割精度。

DANet 结构示意图如图 2.11 所示。其在使用 ResNet 提取特征图后,使用了两路模块来分别建模空间相关性与通道相关性:通过空间注意力模块,DANet 捕捉到了特征图上任意两个像素单元之间的特征关系;通过通道注意力模块,DANet 建模了不同通道之间的关联性。最终,DANet 融合了两种注意力图,得到了双注意力特征表示。

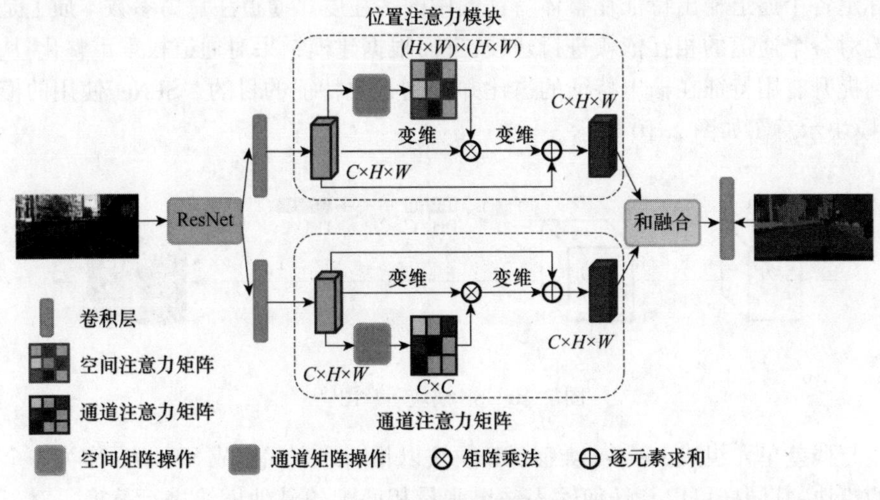

图 2.11　DANet 结构示意图[66]

DANet 空间注意力模块示意图如图 2.12 所示。空间注意模块通过加权和有选择地将每个位置的特征集合起来。具体操作:首先,将 $\boldsymbol{A}$($\boldsymbol{A}$ 为卷积网络提取的维数为 $C \times H \times W$ 的特征图)分别输入三个卷积层(途中灰色图形)中得到三个新的特征图 $\boldsymbol{B}$、$\boldsymbol{C}$、$\boldsymbol{D}$;然后,将 $\boldsymbol{B}$ 重塑成 $C \times N(N = H \times W)$ 维矩阵,再转置,得到 $\boldsymbol{B}'$。$\boldsymbol{B}'$的维数为 $N \times C$ 维;接着,将 $\boldsymbol{C}$ 也重塑成 $C \times N(N = H \times W)$ 维矩阵,命名为 $\boldsymbol{C}'$。然后把 $\boldsymbol{B}'$和 $\boldsymbol{C}'$两矩阵相乘,通过一个 Softmax 函数后,得到一个 $N \times N$ 维的矩阵 $\boldsymbol{S}$;$\boldsymbol{S}$ 的生成公式为

$$s_{ji} = \frac{\exp(B_i \cdot C_j)}{\sum_{i=1}^{N} \exp(B_i \cdot C_j)} \tag{2.6}$$

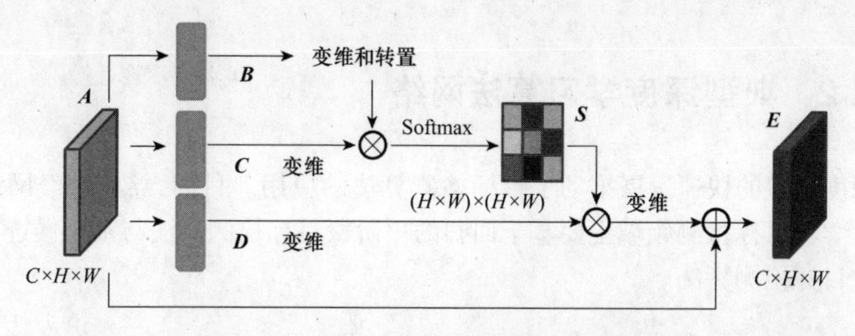

图 2.12　DANet 空间注意力模块示意图[66]

S_{ji} 衡量第 j 个位置对第 i 个位置的影响。接着,将 $\boldsymbol{D}$ 重新转化成 $C \times N$ 维矩阵,命名为 $\boldsymbol{D}'$,然后将之与 $\boldsymbol{S}$ 矩阵的转置后的矩阵 $\boldsymbol{S}'$ 相乘,已知 $\boldsymbol{D}'$ 维数为 $C \times N$,$\boldsymbol{S}'$ 维数为 $N \times N$。两矩阵相乘得到一个 $C \times N$ 维矩阵,命名为 $\boldsymbol{e}$。最后,再将矩阵 $\boldsymbol{e}$ 的维度进行重排,重新生成 $C \times H \times W$ 维的矩阵。接着,再与 $\boldsymbol{A}$ 进行元素点加操作,生成了带空间注意力的融合特征图,即 $\boldsymbol{E}$。$\boldsymbol{E}$ 的生成公式为

$$E_j = \alpha \sum_{i=1}^{N} (s_{ji} D_i) + A_j \tag{2.7}$$

这里的 α 类似于正则化项,初始值为 0,从式(2.7)可以得知,特征 $\boldsymbol{E}$ 是空间域内的空间注意力图与原始特征进行加权叠加融合形成的。

由于通常情况下对目标进行分类往往采用独热码分类,每个通道的输出特征图相当于每个类的类别响应图。相较于空间注意力网络强调位置关系,通道注意力网络更关注通道特征的语义,每个通道的语义都具有一定的关联性。因此,本节可以通过对通道的输出特征之间的关联性进行建模,得到每个通道在特定通道处的响应,并利用该响应提高在当前类别下的语义表示。DANet 建模了如图 2.13 所示的模块。

通道注意力模块建立特征通道之间的关系的步骤,除了将通道维度与重塑之后的空间维度转置,其他的步骤完全一致。在得到两种注意力图后,DANet 为了充分利用长程关系的前后信息,使用了元素点加的方式对这两种注意力图加以聚合,生成最终的预测图。

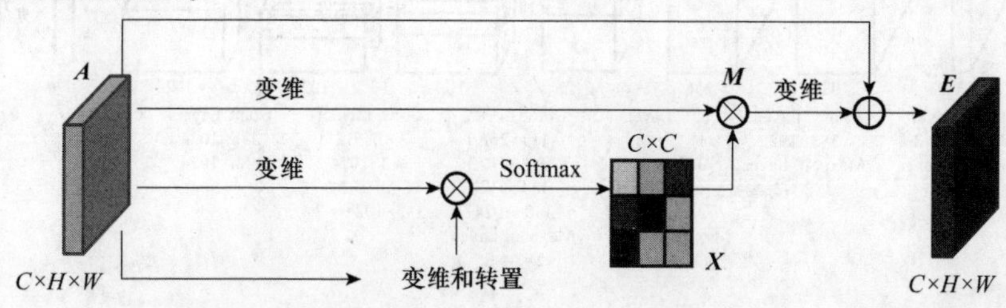

图 2.13　DANet 通道注意力模块示意图[66]

2.2 典型深度学习算法网络

深度学习的快速发展推动了目标检测算法的应用。目前,卷积神经网络应用于深度学习目标检测领域主要基于回归的单阶段目标检测算法与基于候选区域的双阶段目标检测算法。

2.2.1 单阶段目标检测算法

1. YOLOv1

YOLOv1 是单阶段目标检测的开创者,一经出现就打破了双阶段目标检测 R-CNN 的垄断地位,为目标检测领域带来了巨大的变革。YOLOv1 的检测精度相较于 Faster R-CNN 并没有提高,而是在速度与精度方面进行权衡,在保证精度的前提下提高了检测速度,尤其适用于实时检测。YOLOv1 的主要贡献是将目标检测问题变为回归问题去解决。

YOLOv1 将输入的图像分为 7×7 个网格单元,每个单元预测 30 个边界框和对应的目标置信度以及目标类别。YOLOv1 采用了单个全局损失函数,将所有的预测结果一起优化,在速度和准确性方面都有所提高。YOLOv1 网络结构如图 2.14 所示。其主要分为两部分:一是特征提取网络,采用 Darknet 网络架构,由多个卷积层和池化层组成,用于提取出图像的高级特征;二是检测网络,在特征提取网络基础上加以改进,加入了多个卷积层和全连接层,用于预测边界框、目标置信度和类别概率。

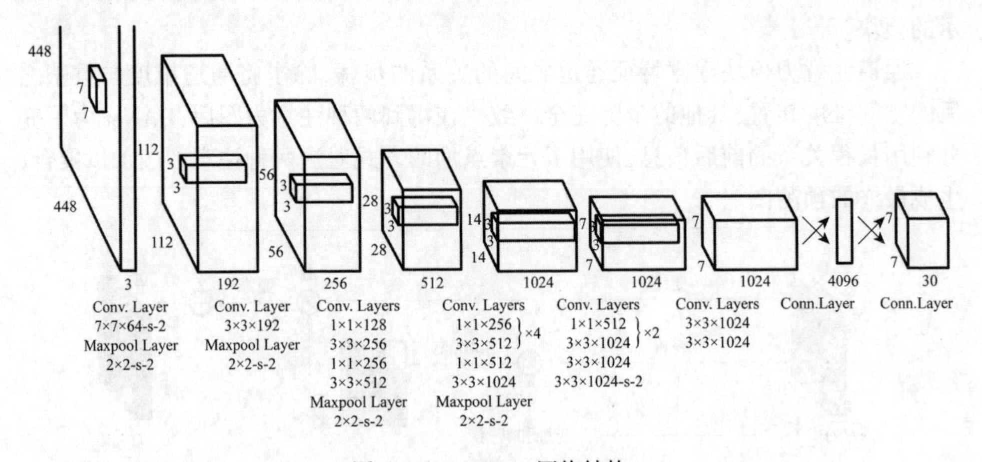

图 2.14 YOLOv1 网络结构

YOLOv1 的每个边界框包含五个预测值：中心点的 x、y 坐标，边界框的宽度和高度，以及目标置信度。目标置信度表示该边界框中是否存在目标，目标存在的概率通过一个 Logistic 回归函数计算得到。同时，每个网格单元还预测出 20 个类别的概率，表示该单元内目标属于每个类别的概率。YOLOv1 采用 Softmax 函数对类别概率进行归一化处理，得到最终的分类检测结果。

YOLOv1 的全局损失函数由边界框坐标预测误差、目标置信度误差和类别概率误差组成。边界框坐标预测误差使用均方误差（MSE）进行计算，目标置信度误差采用二元交叉熵（binary cross-entropy）损失函数进行计算，类别概率误差也采用交叉熵损失函数进行计算，将三个部分的误差加权求和，得到最终的全局损失函数，用以模型的训练。总之，YOLOv1 是一种端到端的高效的目标检测模型。

2. YOLOv2

相较于 YOLOv1，YOLOv2 在针对小目标的检测方面做了改进和优化。不仅对模型本身做了优化，还引入了由 Faster R-CNN 网络提出的 anchor box 机制，并且使用了 kmeans 聚类方法来获得更好的 anchor box，边界框的回归方法也因此进行了调整。YOLOv2 在准确度和速度上都有所提升，成为目标检测领域的重要里程碑。YOLOv2 网络结构如图 2.15 所示。

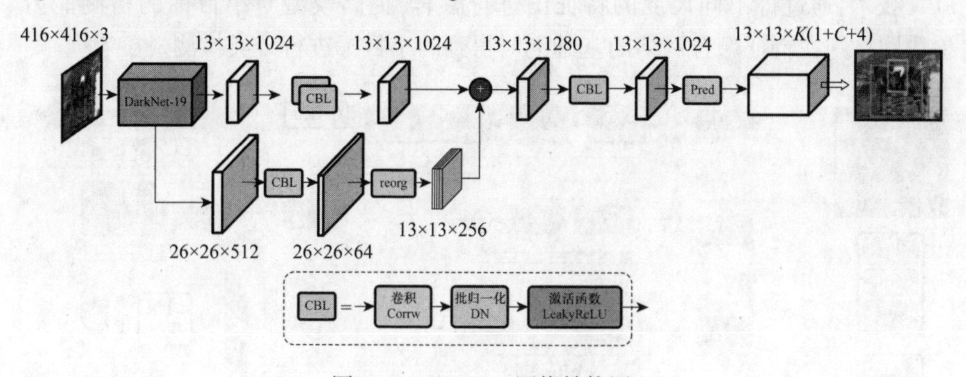

图 2.15　YOLOv2 网络结构图

YOLOv2 的网络结构同样分为特征提取网络和检测网络两部分，不同的是 YOLOv2 使用 Darknet-19 代替 GoogLeNet 成为新的特征提取骨干网络，包含了 19 个卷积层和 5 个池化层。

YOLOv2 相较于 YOLOv1 具体的优化如下：

（1）多尺度训练：YOLOv2 在训练时使用了多个尺度的图像来训练模型，可以使模型更好地适应不同大小的目标。

（2）卷积层替代池化层：传统的池化层会丢失一些细节信息，而 YOLOv2 使用卷积层来代替池化层，可以更好地保留图像的细节信息。

（3）锚定框（anchor box）的引入：YOLOv2 引入了锚定框的概念，用于提高模型的预测准确度。锚定框是预定义的一些边界框,用于表示不同形状和不同尺度的目标。模型可以根据锚定框来预测目标的形状和位置。

(4) 批标准化(batch normalization):YOLOv2 在卷积层之后加入了批标准化,可以加速模型的收敛并提高准确性。

YOLOv2 的全局损失函数与 YOLOv1 组成相同,YOLOv2 引入了一些调优技巧,如使用 Logistic 损失函数代替二元交叉熵损失函数,以及对目标置信度进行加权平衡处理,可以使模型更好地处理多个目标和背景。

3. YOLOv3

YOLOv3 是目标检测领域的一款高效而准确的深度学习模型,相较于 YOLOv1 和 YOLOv2 在准确性和速度方面都有所提高,并且引入了多尺度预测、FPN 特征融合、类别特定的锚定框等网络调优技术,成为当前目标检测领域的研究热点。

YOLOv3 的全局损失函数与 YOLOv2 相同。YOLOv3 网络结构如图 2.16 所示。

YOLOv3 的网络结构可以分为特征提取网络、特征融合网络和骨干网络三个部分。YOLOv3 使用了更深层次的 Darknet-53 作为特征提取骨干网络,包含了 53 个卷积层和 5 个池化层,可以提取输入图像的高层特征。特征融合模块引入了 FPN 技术,通过将不同尺度的特征图进行融合,提高模型对小目标的检测能力。检测网络则在特征融合网络的基础上对得到的小目标进行分类检测。

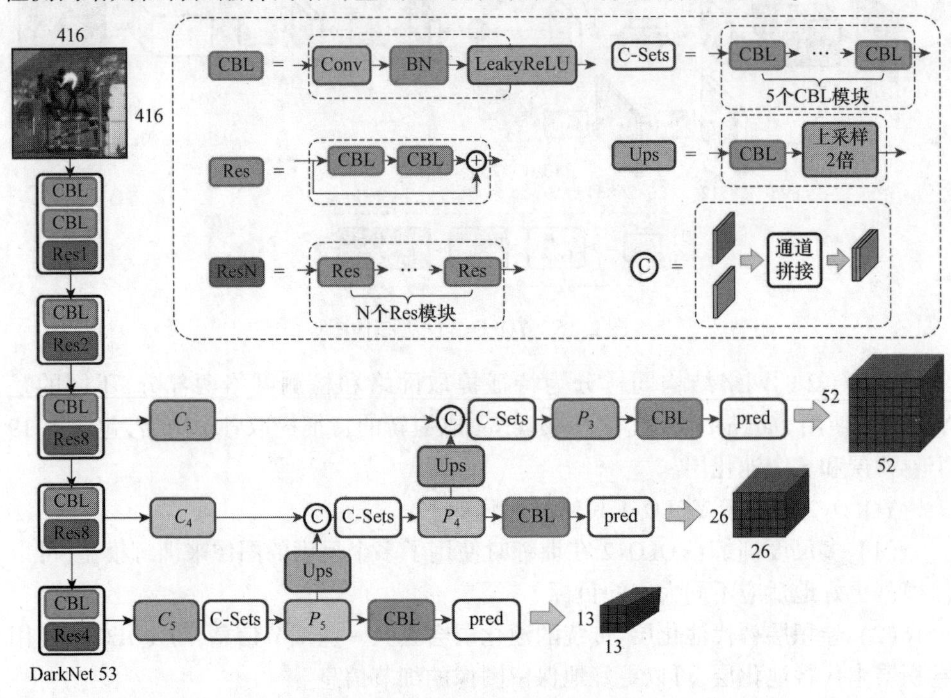

图 2.16　YOLOv3 网络结构

相较于 YOLOv2,YOLOv3 为提高检测精度和速度针对以下方面做了改进处理:

(1) 多尺度预测:YOLOv3 在预测时使用了多个尺度的特征图来预测目标,可以使模型更好地适应小目标的检测。

(2) FPN 特征融合:YOLOv3 使用了 FPN 技术,将不同尺度的特征图进行融合,可以提高模型对小目标的检测能力。

(3) 类别特定的锚定框:YOLOv3 引入了类别特定的锚定框的概念,可以根据目标类别来调整锚定框的形状和尺寸,从而提高模型的预测准确性。

(4) 三个检测尺度:YOLOv3 使用三个不同的检测尺度来预测目标,可以提高模型对不同尺寸目标的检测能力。

(5) 快速骨干网络(fast backbone network):YOLOv3 引入了"快速骨干网络"的结构,通过引入残差连接和跨层特征融合的方式减少计算量并保留高质量特征。

4. YOLOv4

2020 年,俄罗斯一位研究人员得到了 YOLO 作者的认可后,在 YOLOv3 项目的基础上开源了新一代的 YOLO 检测器 YOLOv4。和 YOLOv2 以及 YOLOv3 一样,YOLOv4 也对特征提取骨干网络进行了替换,采用了当时速度和精度综合性能极佳的 CSPDarknet-53 网络,采用 Cross Stage Partial Network 结构。其核心思想是将输入特征分为两部分:一部分通过 Residual Block 和 Dense Block 处理;另一部分通过跳跃连接。这样处理的合理性在于卷积神经网络的特征图具有冗余性,不同通道特征图包含相似的信息。可以在保持性能不变的前提下,处理部分通道信息,削减计算量,从而使网络更加高效地利用特征信息。

YOLOv4 相较于 YOLOv3 的改进之处如下:

(1) CSP 模块:YOLOv4 引入了 CSP(cross stage partial connections)模块,可以加速网络的训练和推理,同时减少计算和存储开销。

(2) 空间金字塔池化:YOLOv4 引入了空间金字塔池化技术,可以提高模型的检测能力。

(3) Mish 激活函数:YOLOv4 使用了 Mish 激活函数,可以提高模型的非线性表达能力,从而提高模型的准确性。

(4) 数据增强技术:YOLOv4 引入了 CutMix、Mosaic、DropBlock 等一系列的数据增强技术,可以增强模型的泛化能力和鲁棒性。

(5) 增强训练策略:YOLOv4 使用了多尺度训练、分布式训练、学习率调度策略等增强的训练策略,均可以加速模型的训练和提高模型的准确性。

YOLOv4 的全局损失函数和 YOLOv3 相同,相较于 YOLOv3 使用的自上而下的 FPN 网络结构,YOLOv4 在此基础上添加了 PAN 结构,将特征图自上而下、自下而上的融合两次。PAN 网络结构虽然会导致计算量以及耗时提高但显著提升了模型的性能。YOLOv4 最大的改动是使用了马赛克增强技术。核心是将 4 幅图像缩小拼接成 1 张图像,有效地提升了针对小目标检测的性能。

5. YOLOv5 和 YOLOv6

2020 年,研究人员提出了 YOLOv5 和 YOLOv6,在准确度以及检测速度方面均有所建树。YOLOv5 的改进点在于引入了 EfficientNet 和 PANet 网络来提高目标检测的准确度,引入了自适应训练数据增强技术,可以根据模型在训练过程中的表现自适应地调整数据增强策略。引入了模型蒸馏技术,将大模型的网络结构传递给小模型,从而提高小模型的检测准确性。YOLOv6 的改进点在于使用 CSPDarknet53 和 SPP-Block 网络作为特征提取骨干网络,引入 Mosaic 数据增强技术,通过将多张图像合并为一张图像,增加数据的丰富性和复杂性,提高模型的泛化能力。同时,引入了动态网络平衡模块,可以根据模型在测试集上的表现来动态平衡模型的精度和速度。另外,还使用剪枝技术减小模型的参数量和计算量。

2.2.2 双阶段目标检测算法

1. R-CNN

2014 年,研究人员提出了 R-CNN 算法,是将深度学习应用到目标检测领域的"开山之作",凭借卷积神经网络出色的特征提取能力,大幅提升了目标检测的效果。

R-CNN 在 PASCAL VOC 2012 数据集上将目标检测率由 35.1% 提升到 53.7%,使得 CNN 在目标检测领域成为常态,推动研究人员开始探索 CNN 在其他计算机视觉领域的巨大潜力。

R-CNN 继承了传统目标检测的思想,将目标检测当作分类问题进行处理,先提取一系列含有待检测目标的候选区域,再针对候选区域进行分类。其具体的算法流程如图 2.17 所示。

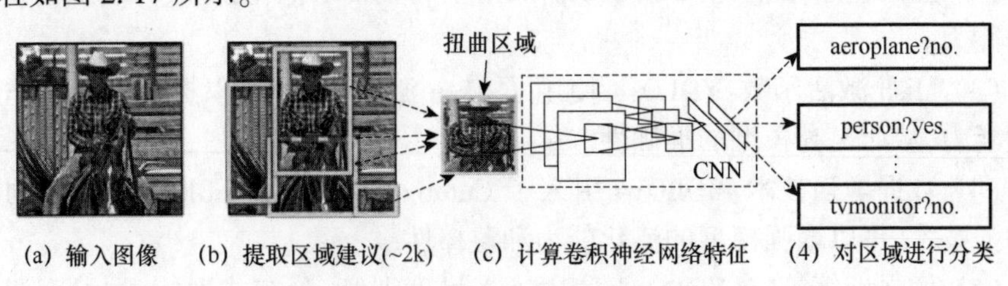

图 2.17 R-CNN 网络结构

其主要包含以下四步:

(1) 生成候选区域。采用选择性搜索或者滑窗等区域候选算法将图像分割成分辨率较低的小区域,如 R-CNN 要生成 1000~2000 个候选区域,之后对每个区域进行归一化,即缩放到固定尺寸大小(227×227),然后合并包含同一物体置信度较高的区域作为候选区域输出。

(2) 对每个候选区域使用CNN进行特征提取。首先利用fintune技术预训练一个神经网络(如AlexNet、VGG),并重新训练全连接层。将候选区域输入预训练好的卷积神经网络AlexNet中,每个候选框得到固定值为4096维的特征输出,2000个候选框得到2000×4096维的特征向量。

(3) 利用支持向量机(SVM)分类器对CNN输出的特征进行分类。以PASCAL VOC数据集为例,该数据集有20个类别,因此设置20个SVM分类器。将卷积神经网络得到的特征向量与支持向量机相乘,获得每个候选区域分属于这20个类别的概率。矩阵大小为2000×20,因为是概率,所以矩阵每行之和为1。

为减少计算资源的浪费,分别对概率矩阵中的每列(每类)进行非极大值抑制,筛剪掉IoU指数较高的重复建议框。得到针对该列或该类中概率值最大的候选区域。

利用非极大值抑制删除候选框的具体实现方法分为两个步骤:

首先,定义IoU指数,即平均交并比:$(A \cap B)/(A \cup B)$,即AB的重合区域与AB总面积之比。从公式的直观角度来说就是表示AB重合的比例,IoU越大说明AB的重合部分占比越高,即A与B越相似。

其次,针对每一类别找到2000个候选区域中概率最高的区域,计算该区域与其他区域的IoU值,删除所有IoU大于阈值的候选区域,只保留少数重合率较低的候选区域,去掉重复区域。

(4) 使用边框回归器精修候选区域位置。由于使用选择性搜索(selective search)算法得到的候选区域位置不一定准确,使用20个回归器对上述20个类别中剩余的建议框进行回归操作,最终得到每个类别修正后的目标区域。

R-CNN的优势是在候选区域中自下而上地使用大型卷积神经网络,用以定位和分割物体。当带标签的训练数据不足时,先针对辅助任务进行有监督预训练,再进行特定任务的调优,由此产生明显的性能提升。在200类ILSVRC 2013检测数据集上的性能明显优于OVerFeat。在VOC2012上的检测结果中mAP提升到了53.3%。尽管R-CNN已经把目标检测算法推向了神经网络的时代,但仍然存在很多缺点,不能满足实例场景下的使用。其具体表现:训练和测试速度慢,需要多步训练,非常烦琐,而且候选区域的大量生成,导致保存计算所占用的空间巨大,以VGG16为例,对VOC07训练集上的5000张图像进行特征提取需要数百GB字节的存储空间。R-CNN一经提出便成为当时目标检测领域的SOAT算法,尽管受限于时代发展,逐渐被新提出的目标检测网络所取代,但R-CNN的网络结构及思想仍然值得借鉴及学习。

2. Fast R-CNN

何凯明等提出的SPPnet解决了R-CNN存在的重复卷积计算以及固定尺寸

输入这两个问题,SPPnet 的主要贡献是在整张图片上计算全局特征图,对于特定的建议候选框,只需在全局特征图上取出对应坐标框选的特征区域即可。SPPnet 网络结构如图 2.18 所示。

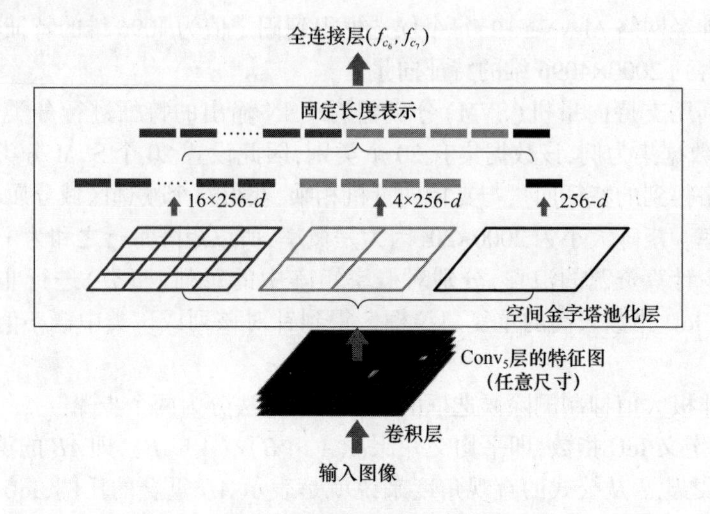

图 2.18　SPPnet 网络结构

SPPnet 网络结构使用了三个金字塔最大池化层,大小分别为 3×3、2×2、1×1。金字塔池化层的输入图像是卷积层的输出特征图。同时,为了使全连接层参数匹配,需要进行参数调整:首先确定每层的特征图需要提取的参数个数,从而确定金字塔层数,计算每层金字塔所需要的卷积核尺寸和步长,卷积核尺寸[a/n]向上取整,步长大小[a/n]向下取整。

SPPnet 解决了 R-CNN 重复提取候选区域特征的问题,同时允许各种尺寸图像作为输入,解决了图像畸变的问题,但 R-CNN 的训练步骤烦琐、磁盘空间开销大等问题依然有待解决。

Faster R-CNN 是在 R-CNN 和 SPPnet 的基础上进行了改进。相较于 R-CNN,Faster R-CNN 检测速度更快,检测能力更强,真正意义上实现了端到端的训练检测步骤。同时基于 VGG16 的特征提取网络,使其训练速度相较于 R-CNN 提升了 9 倍,测试速度提升了 13 倍,在 PASCAL VOC 2012 数据集上达到了 68.4%的准确率。

Fast R-CNN 的算法框架如图 2.19 所示。算法流程如下:

(1) 利用选择性搜索算法遍历一幅图像,生成 1000~2000 个候选区域,此候选区域称为感兴趣区域。

(2) 利用 VGG16 提取图像的特征图,将 SS 算法生成的候选框投影到特征图上获得相应的特征向量。R-CNN 依次将 2000 个候选框输入卷积神经网络中得到特征,在这个过程中存在大量冗余计算,导致提取时间很长。而 Fast R-CNN 是将整幅图像送入网络,一次性计算整幅图像的特征,这样可以根据特征图的坐标获得候选区域对应的特征图,减少了重复计算。

(3) Fast R-CNN 不必像 R-CNN 那样将候选区域归一化到固定尺寸大小(227×227),Fast R-CNN 将映射得到的特征向量通过 ROI 池化层缩放到 7×7 尺寸大小的特征图。

(4) 将特征图展平为特征向量,通过全连接层和 Softmax 得到最终的分类预测结果。

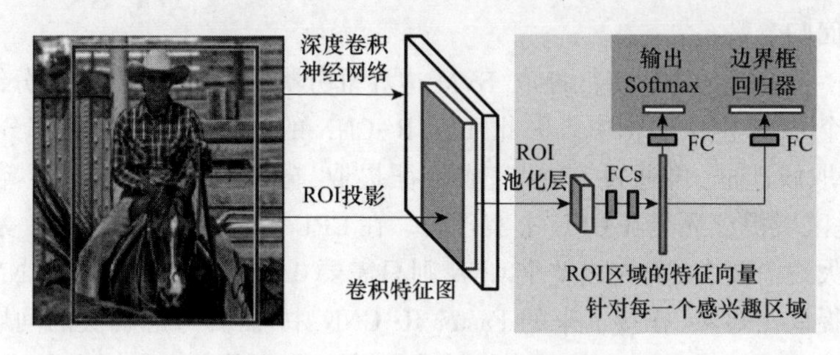

图 2.19　Fast R-CNN 算法框架

如图 2.19 所示,将一幅图像输入深度卷积神经网络中得到图像的特征图,根据 ROI 与整体图像的坐标映射关系进行特征映射,得到每个 ROI 的特征向量,再将每个特征向量通过 ROI 池化层池化到固定尺寸(7×7),展平为特征向量,最终经由两个全连接层得到 ROI 特征向量。在分类检测时,卷积神经网络并联了两个全连接层,一个用于目标概率预测,另一个用于边界框参数的回归。

Fast R-CNN 的主要创新点是将最后一个卷积层的 SSP 层改为 ROI 池化层。此外提出了多任务损失(multi-task Loss)函数,将边框回归直接加入 CNN 网络中进行训练,同时包含了候选区域分类损失和位置回归损失。

Softmax 分类器输出 $N+1$ 个类别的概率,以 PASCAL VOC 2012 数据集为例,共有 20 种分类,因此会输出 21 个类别概率。第一个为背景概率,其余 20 个为每个类别的概率,所以 Softmax 的全连接层有 $N+1$ 个节点。边界框回归器的输出对应 $N+1$ 个类别的候选边界框回归参数 (d_x, d_y, d_w, d_h),共有 $(N+1)\times 4$ 个节点。边界框参数回归的计算公式如下:

$$\begin{cases} \hat{G}_x = P_w d_x(P) + P_x \\ \hat{G}_y = P_h d_y(P) + P_y \\ \hat{G}_w = P_w \exp(d_w(P)) \\ \hat{G}_h = P_h \exp(d_h(P)) \end{cases} \tag{2.8}$$

式中:P_x、P_y、P_w、P_h 分别为候选框的中心 x、y 坐标以及宽、高;$\hat{G}_x$、$\hat{G}_y$、$\hat{G}_w$、$\hat{G}_h$ 分别

为最终预测的边界框中心的 x、y 坐标以及宽、高。

由于 Fast R-CNN 中需要预测 $N+1$ 个类别的概率以及边界框的回归参数，Fast R-CNN 定义了分类损失函数和边界框回归损失函数。损失函数的表达式如下：

$$L(p,u,t^u,v)=L_{cls}(p,u)+\lambda[u\geqslant 1]L_{loc}(t^u,v) \tag{2.9}$$

式中：p 为分类器预测的 Softmax 概率分布，$p=(p_0,p_1,\cdots,p_k)$；u 为目标真实类别标签；t^u 为边界框回归器预测的对应类别 u 的回归参数（t_x^u,t_y^u,t_w^u,t_h^u）；v 为真实目标的边界框回归参数（v_x,v_y,v_w,v_h）。

Fast R-CNN 将 CNN 特征提取、SVM 边界框分类、边界框回归三部分结合在一起融入一个 CNN 网络结构中。因此，Fast R-CNN 的网络框架只有两部分：先通过 SS 算法获取候选框，再通过 CNN 完成特征提取、分类和边框回归。尽管用到了 GPU，但是区域提议还是在 CPU 上实现的。在 CPU 上，用 SS 算法提取一张图像的候选区域大约需要 2s，而完成整个 CNN 则只需要 0.32s，因此 Fast R-CNN 计算瓶颈是区域提议。显然，在接下来的 Faster R-CNN 中，需要考虑解决的问题是如何将区域提议也融入 CNN 中，将整个算法合并为一个网络，真正实现端到端的目标检测。

3. Faster R-CNN

Faster R-CNN 最突出的贡献是用 RPN 代替 Fast R-CNN 算法中的选择性搜索。Faster R-CNN 网络结构如图 2.20 所示。

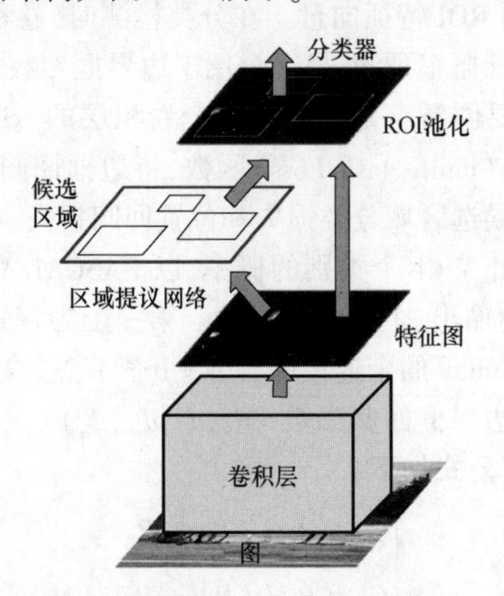

图 2.20 Faster R-CNN 网络结构

Faster R-CNN 的算法流程：首先将图像输入特征提取网络中得到相应的特征图；其次使用 RPN 网络生成候选框，将 RPN 生成的候选框投影到特征图上获得 ROI 的特征向量；再次将每个 ROI 生成的特征向量通过 ROI 池化层缩放为 7×7

大小的特征图;最后将特征图展平为特征向量,通过后续的全连接层得到预测结果。

RPN 网络结构如图 2.21 所示,其中输入图像是由原始图像通过卷积神经网络得到的相应特征图。通过滑窗处理得到通道数 256 的一维特征向量。特征向量通过两个全连接层,分别输出分类概率以及边框回归参数。图中 k 表示生成 k 个先验框(anchor boxes)。$2k$ 个概率得分是每个先验框分别为前景和背景的概率。每个先验框含有 4 个参数共产生 $4k$ 个位置坐标。

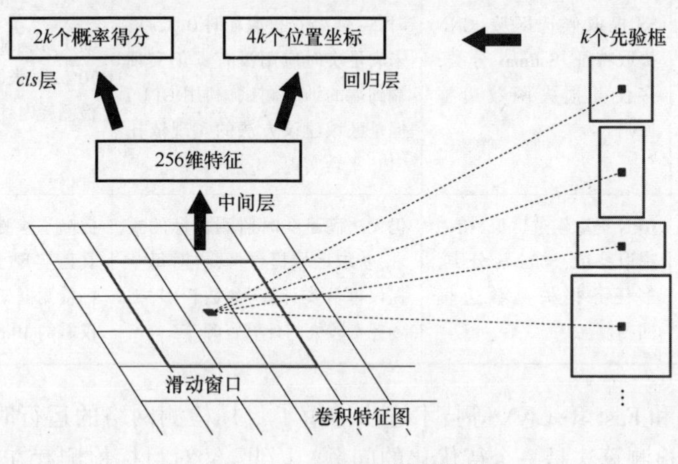

图 2.21 RPN 网络结构

先验框与候选框不同,特征图中的每个特征值映射到原图都是一个像素单元,以该像素单元为中心画出 9 个不同尺寸以及长宽比的框,称为先验框,这些先验框可能存在目标,也可能不存在目标。因为一张图片中的目标大小与长宽比并不是固定的,Faster R-CNN 采用 9 个不同尺寸和长宽比的先验框进行预测。

对于一张 1000×600×3 的三通道图像,用 3×3 的卷积核进行特征提取会得到 60×40 的特征图,则一共会产生 60×40×9 个先验框。忽略超过图像边界的 anchor 后,大约还会产生 6000 个 anchor。对于这 6000 个先验框,通过 RPN 生成的边界框回归参数将每个先验框调整为提议框。这个过程就是 RPN 生成候选框的过程。RPN 生成的候选框之间存在大量重叠,基于候选框的分类概率得分,采用非极大值抑制,通常将 IoU 设置为 0.7,这样每张图片只剩下 2000 个候选框。

Faster R-CNN 是在 Fast R-CNN 的基础上更进一步,将候选框的生成也融入 CNN 网络中,使得候选框生成、特征提取、候选框分类以及边框回归四部分结合成一个 CNN 网络结构,避免了分步训练,真正意义上实现了端到端的目标检测。表 2.1 为 R-CNN、Fast R-CNN、Faster R-CNN 的优缺点比较。

表 2.1 R-CNN、Fast R-CNN 和 Faster R-CNN 优、缺点比较

网络	框架步骤	缺点	改进
R-CNN	SS 提取候选区域,CNN 提取特征,SVM 分类,BB 边框回归	训练步骤烦琐(微调网络+训练 SVM+训练 BBOX),训练、测试速度较慢,训练需要大量计算资源	mAP 从 DPM HSC 的 34.3%提升到 66%;引入 RP+CNN
Fast R-CNN	SS 提取候选区域,CNN 提取特征,Softmax 分类,多任务损失函数边框回归	依旧使用 SS 提取候选区域(耗时 2~3s,特征提取耗时 0.32s),未满足实时应用没有真正实现端到端的训练测试,利用 GPU,但是区域建议方法的实现依托 CPU 平台实现	mAP 由 66.9% 提升到 70%,每张图片进行目标检测耗时约为 3s
Faster R-CNN	RPN 提取候选区域,CNN 提取特征,Softmax 分类,多任务损失函数边框回归	仍无法满足实时监测目标的要求,获取区域提议框,再对每个提议框分类计算,参数较多,需要耗费较大的计算资源	提高了检测精度和速度,真正实现了端到端的目标检测框架,生成建议框仅需约 10ms

SPPnet 和 Fast R-CNN 等技术进步缩短了目标检测网络的运行时间,但是也暴露出区域检测算法是一个待优化的问题。因此,针对目标检测存在的瓶颈引入候选区域生成网络(RPN)。RPN 经过端到端的训练,生成高质量的候选框,Fast R-CNN 通过使用这些生成的候选框进行检测。Faster R-CNN 通过共享卷积特征进一步将 RPN 和 Fast R-CNN 合并成一个单一的网络。RPN 标定待检测目标候选框,Fast R-CNN 进行后续的分类检测。对于深层特征提取骨干网络 VGG-16,Faster R-CNN 目标检测网络在 GPU 上的帧率为 5 帧/s(包括所有步骤),同时在 PASCAL VOC 2007、PASCAL VOC 2012 和 MS COCO 数据集上实现了最先进的目标检测精度,每幅图像只有 300 个候选框。在 ILSVRC 和 COCO 2015 比赛中,第一名的获奖作品都采用了以 R-CNN 和 RPN 的结合作为目标检测的基础。

2.2.3 DeepLab 语义分割算法

1. DeepLab 系列发展历程

DeepLab 系列是谷歌团队提出的一系列语义分割算法。DeepLabV1 于 2014 年推出,并在 PASCAL VOC 2012 数据集上取得了分割任务第二名的成绩。2017—2018 年谷歌团队又相继推出了 DeepLabV2、DeepLabV3 以及 DeepLabV3+。DeepLab 系列具体介绍如下:

因为 DCNN 的平移不变性和池化层的下采样导致最后一层的输出并不适合 low-level 任务，如语义分割和姿态估计，DeepLabV1 提出了使用空洞卷积（atros convolution）以及基于全连接条件随机场（CRF）两个创新点。空洞卷积的引入增大了网络的感受野，但不增加模型参数数量。空洞卷积示意图如图 2.22 所示。

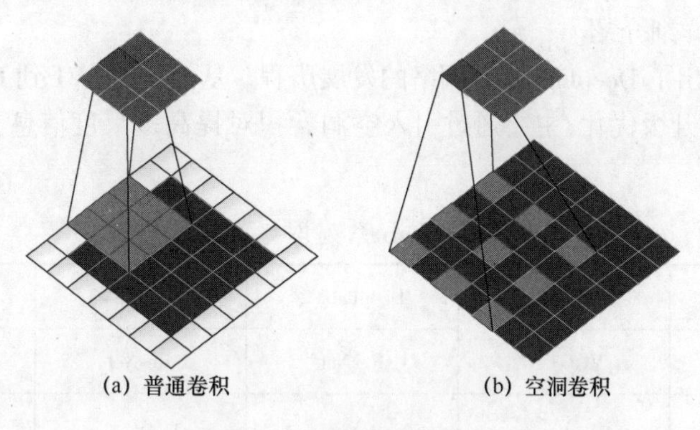

图 2.22　空洞卷积示意图

在条件随机场中，图像中的像素单元作为节点，两个像素单元之间的连接作为边。使用二进制势函数表示像素间的关系，当出现相似的像素单元时，优先将其设为相同的标签，避免为差异较大的像素分配一样的标签。条件随机场可以使图像在目标物体的分割边界处获得更好的结果。

DeepLabV2 的不同之处是在 DeepLabV1 的基础上提出了空洞空间金字塔池化模块，该模块利用空洞卷积对输入的特征图进行卷积操作，在网络输出前使用条件随机场提高最终分割图像的精确度。DeepLabV2 将基础层由 VGG16 改为 ResNet，并且在训练中使用了不同的学习率。DeepLabV2 网络结构改动的核心是引入空洞空间金字塔池化模块，利用不同空洞率空洞卷积的并联组合提取图像特征，再将其进行融合。该模块在一定程度上解决了目标多尺度的问题，增强模型识别不同尺寸的同一物体的能力，即图像中的同一目标存在尺寸上的差别，例如，图像中建筑物大小本身存在差异，且受拍摄空间分辨率的影响。

DeepLabV3 提出了一种更通用的框架，适合任何网络。该模型延续了 DeepLabV2 中提出的深层空洞卷积网络和空洞卷积空间金字塔，去掉了 DeepLabV1 中提出的全连接条件随机场操作，重新讨论了空洞卷积的应用，将空洞卷积改空洞率分别为 6、12、18，尺寸大小为 3×3 的卷积操作，在卷积操作后进行全局平均池化。下采样的过程会导致信息丢失，这对语义分割任务不利。ASPP 模块的作用就是增加感受野，减少下采样过程中信息的丢失。

从 DeepLabV1 发展到 DeepLabV3，该系列都是在下采样至$\frac{1}{8}$的尺度上进行预测的，导致了边界效果不甚理想。考虑到卷积网络的特征，DeepLabV3 的网络的特征并没有包含过多的浅层特征，为了解决这个问题，DeepLabV3+借鉴了 FPN 等网络的 Encoder-decoder 架构，实现了特征图跨 block 的融合。在原有的结构上引入编码器-解码器结构，对编码后的图像进行一次上采样，与低层特征图融合后再进行一次上采样。DeepLabV3+的另一个改进点是使用了分组卷积来加速，将在 2.2.4 节进行详细介绍。

表 2.2 列出了 DeepLab 系列网络的发展历程。从 DeepLabV1 到 DeepLabV3+网络结构不断地升级优化，主要通过引入空洞卷积对提高多尺度信息分割精度进行改进调整。

表 2.2　DeepLab 系列网络的发展历程

网络	DeepLabV1	DeepLabV2	DeepLabV3	DeepLabV3+
Backbone	VGG-16	ResNet	ResNet	Xception
Astous Conv	√	√	√	√
CRF	√	√		
ASPP		√	√	√
Encoder-Decoder				√

2. DeepLabV3+模型结构

DeepLabV3+模型网络属于卷积神经网络，其整体网络架构如图 2.23 所示，网络结构可以划分为编码器和解码器。

1）编码阶段

图 2.24 展示了编码阶段使用的 Xception_71 的网络结构，包括输入流、中间流和输出流三个部分。该结构使用了深度可分离卷积，用 Sep Conv 表示。Xception_71 在输入流部分，利用步长为 2 的卷积层代替池化层进行降维操作，这种方法不会导致模型的性能下降。该图中的⊕表示其输入的两个特征图按照位置的点加操作。

Xception_71 输入流部分共有 4 个步长为 2 的卷积层，中间流部分的重复次数为 16 次，最终得到的深度特征图为原图尺寸的 1/16。

本节输入网络中的遥感图像数据集为三维 RGB 彩色图像，像素尺寸为 512×512，在 Xception_71 的网络结构各网络层运算时特征图维度与尺寸如表 2.3 所列。对 Xception_71 网络进行特征提取输出的深度特征图像素尺寸为 2048×66×66。

空间金字塔池化（ASPP）可构建多尺度卷积，它能有效改善小尺寸物体被网络忽略的问题，其结构如图 2.25 所示。

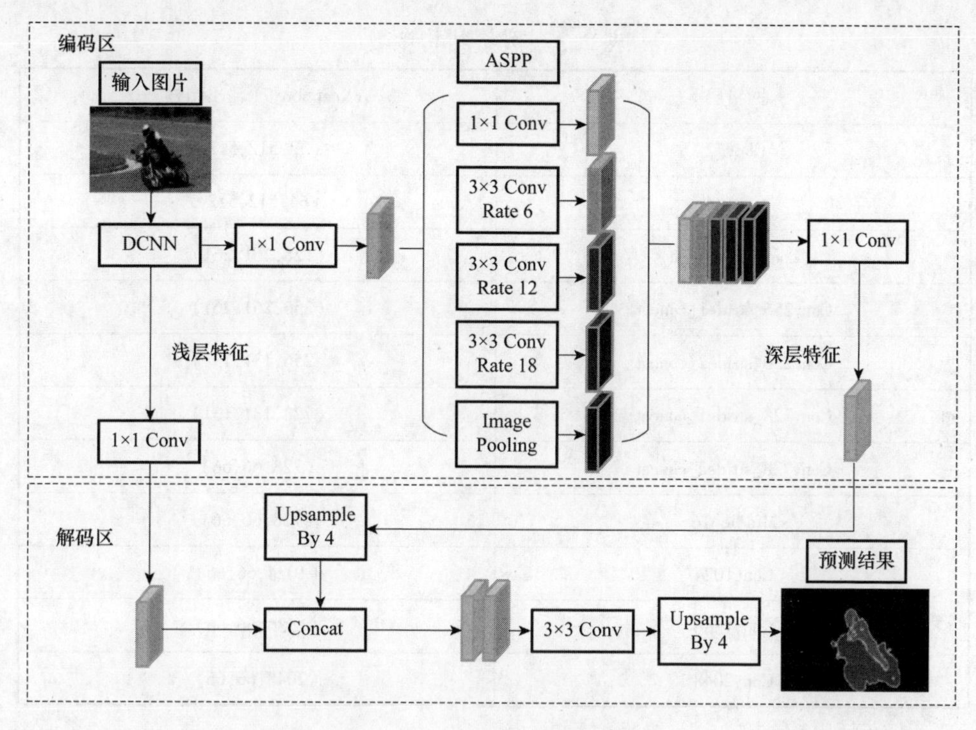

图 2.23　DeepLabV3+网络架构

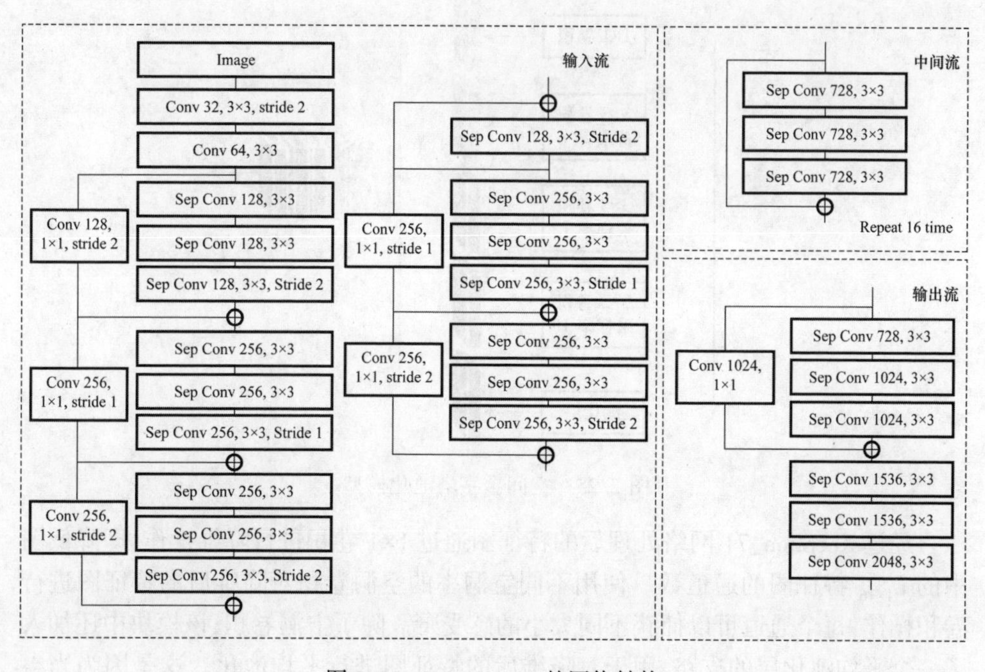

图 2.24　Xception_71 的网络结构

表 2.3　网络结构参数

网络层	Xception_71 输出结构
Conv32	(32,512,512)
Conv64	(64,512,512)
Conv128_concat	(128,261,261)
Conv256_stride1_concat	(256,261,261)
Conv256_stride2_concat	(256,131,131)
Conv728_stride1_concat	(728,131,131)
Conv728_stride2_concat	(728,66,66)
Middle_16	(728,66,66)
Conv1024	(1024,66,66)
Conv1536	(1536,66,66)
Conv2048	(2048,66,66)

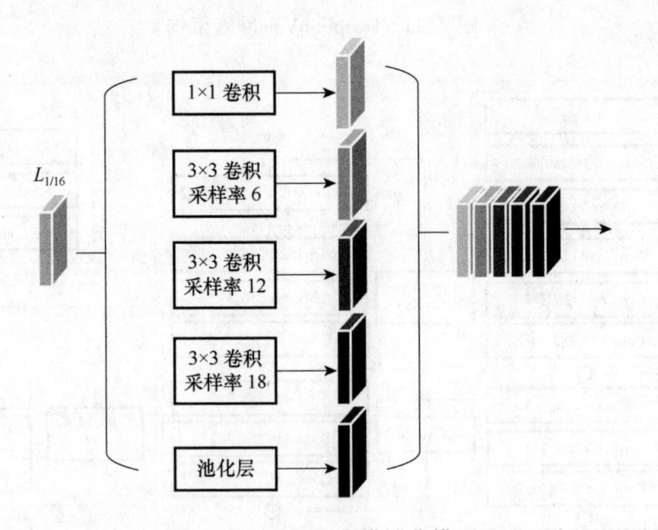

图 2.25　空间金字塔池化模型

经过 Xception_71 网络处理后的特征图通过 1×1 卷积进行降维操作，即降低图中的 $L_{1/16}$ 特征图的通道数。使用不同空洞率的空洞卷积对降维后的特征图进行卷积操作，每个通道可以捕获不同大小的感受野。除了空洞卷积，该模块中还加入了一个平均池化层的支路，用于对降维后的特征图进行平均池化。这是因为当空洞卷积的空洞率过大时,卷积核的提取能力会相应衰减。极端地说,若空洞卷积的尺寸与深度特征图的尺寸相等,该卷积操作等同于使用 1×1 卷积进行卷积操作,平均池化的引入有助于缓解这种现象对网络训练的不利。此外,ASPP 模块中还有一个 1×1 卷积支路,相当于对提取后的特征图进行降维再与其他支路直接融合,来增加特征的表达能力。

2)解码阶段

随着网络深度的变化,网络层提取的特征表达的信息也是不同的。浅层特征图中主要包含物体的空间位置信息,适用于物体的位置形状等信息的识别;深层特征图主要包含物体的语义信息,适用于物体分类等信息的识别。语义分割模型一般将二者进行融合,充分考虑不同的特征信息,以提升分割任务的精度。在 DeepLabV3+中,解码器部分首先将编码器部分输出的特征图进行 4 倍的采样,然后采样后的特征图与来自特征提取基干网络中相应层次的特征图在通道维度上进行拼接,然后再进行一次 4 倍上采样,得到最终结果。

本节实验阶段采用双线性插值的方法,双线性插值原理简单、操作简易快捷。其原理介绍如下:

在图 2.26 中,已知点 $a_1(x_1,y_1)$、$a_2(x_2,y_1)$、$a_3(x_1,y_2)$ 和 $a_4(x_2,y_2)$ 在某一函数 $f(x)$ 的取值,目的是求出 $f(x)$ 函数在点 $Q(x,y)$ 处的取值。首先对 x 轴方向进行线性插值,求出点 $b_1(x,y_1)$ 和 $b_2(x,y_2)$ 处的估计值 $f(b_1)$、$f(b_2)$,如式(2.10)、式(2.11)所示;然后对 y 轴方向进行线性插值,最终得到点 Q 的预测值 $f(Q)$:

$$f(b_1)=\frac{x_2-x}{x_2-x_1}f(a_1)+\frac{x-x_1}{x_2-x_1}f(a_2) \tag{2.10}$$

$$f(b_2)=\frac{x_2-x}{x_2-x_1}f(a_3)+\frac{x-x_1}{x_2-x_1}f(a_4) \tag{2.11}$$

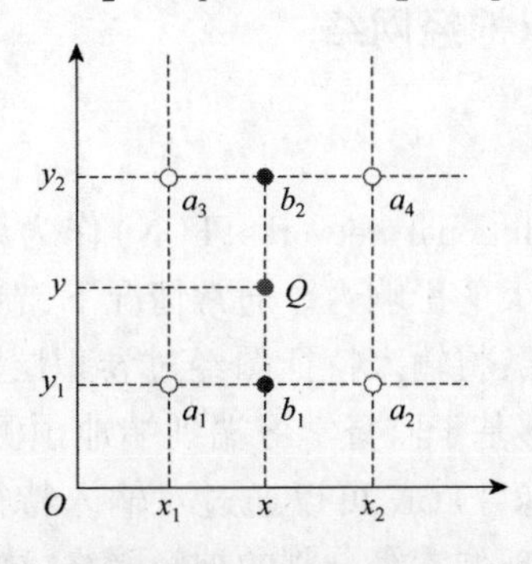

图 2.26　双线性插值

在线性插值后,解码器将深层特征图与浅层特征图进行融合。深层特征与浅层特征主要有叠加和合并两种融合方式,如图 2. 27 所示。

叠加操作是直接将多个深度特征图的对应通道的对应位置加起来,相加过程中特征图的通道数没有发生变化,但每个特征通道所表示的信息内容增加。合并操作是根据维度方向对特征图进行合并。合并过程提升了特征图的通道数数量,每个通道所包含的特征信息量不会增多,一般使用 3×3 的卷积核对合并操作后的特征图进行降维调整。

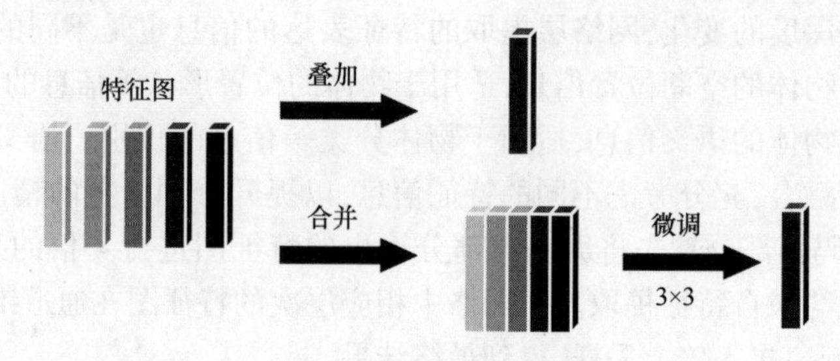

图 2. 27　特征图融合方式

在 DeepLabV3+模型中,Xception_71 网络中的特征融合采取了叠加的方式,空洞空间金字塔池化模块中将特征图按通道进行合并。

DeepLabV3+使用了两个 4 倍上采样完成深度特征图和浅层特征图的特征融合过程。如果浅层特征图的通道数比例过大,相当于语义信息所占比例减少,会降低语义分割的精度。所以,DeepLabV3+模型在特征图融合前使用 1×1 卷积层将浅层特征的通道数降低,再进行特征融合操作,以权衡浅层特征与深层特征的权重分配,减少浅层特征权重比例过大导致的网络训练难收敛、精度低问题。最终,解码器结构输出的图像尺寸与输入图像一致,图像中每个像素单元的输出值代表了这个像素的预测类别。

2. 2. 4　U-Net 卷积神经网络

1. 全卷积网络

全卷积网络(full convolutional networks,FCN)作为第一个用在图像分割的深层网络之一,其展现出了强大的影响力。通常情况下,卷积神经网络中在若干卷积层之后将跟上若干全连接层,将输入特征图经过卷积层产生的输出特征图映射成一个固定的长度。FCN 能够基于监督学习端到端地预测每个点的分类,任意输入并输出与之对应的分割图像。FCN 可以通过对输入特征进行识别并预测每个像素单元的分类,它是最早实现像素级分割的神经网络,这一概念的提出是医学图像分割领域的“引路人”,FCN 网络结构如图 2. 28 所示。

FCN 的主要贡献如下:

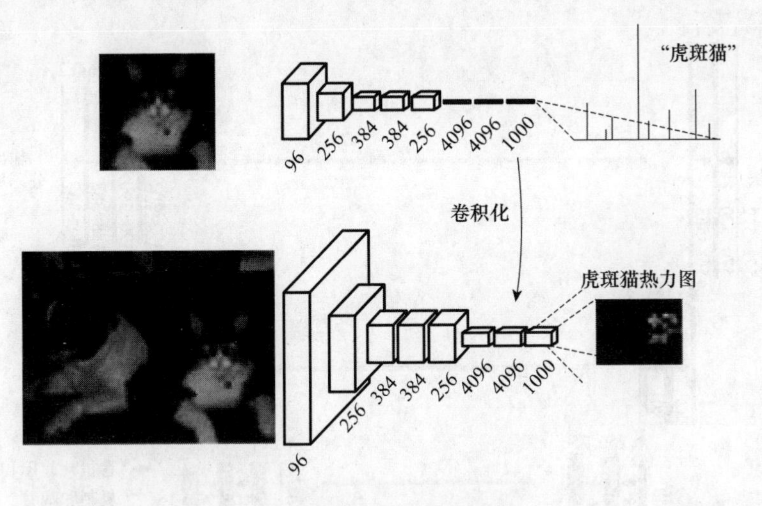

图 2.28 FCN 网络结构

(1)使用了卷积层替换全连接层,将全连接层的权重重塑成卷积层的滤波器,改变传统卷积网络结构。

(2)采用了 1×1 的卷积层,使卷积神经网络不像以前神经网络一样需要特定输入格式,而可以适应任意大小图像的输入特征。

2. U-Net 架构及原理

U-Net 是在医学图像分割中最受欢迎的网络,其网络结构完全由卷积层组成,即"完全卷积网络"。相对于其他医学图像分割网络,U-Net 可以在很少的训练样本的情况下很好地工作,并且网络能够同时利用全局位置和上下文信息。

U-Net 中的解码器结构与编码器结构类似,分为四个阶段,在每个阶段中,解码路径需要上采样操作后的输出同编码路径中对应的级别的输出特征图进行结合,该网络可以尽量保留从编码到解码过程中丢失的空间特征。在所有阶段的最后都有一个用于校正的线性单元(ReLU),最后的 1×1 卷积层使用 Sigmoid 激活函数。U-Net 网络结构如图 2.29 所示。

3. Attention U-Net

Attention U-Net 于 2018 年提出,该网络采用注意力机制,并使用了注意力机制中提出的注意方法。其与基于尺寸特征向量的门控比例,使性能最大化,因为不执行自适应池,方法可用于密集预测。

Attention U-Net 模型中提出了注意门(attention gate)的概念,该概念在模型训练时会学会忽略不相关的区域,该方法在医学图像分割领域中非常重要,在医学图像分割领域中,除了需分割的特定领域,其他领域都是不相关的领域。注意门概念的提出可以降低错误分割的范围,提高分割的准确性和鲁棒性。注意门在模型训练时学会忽略不想管区域的同时,还可以注重更有用的特征,如分割的器官等,该

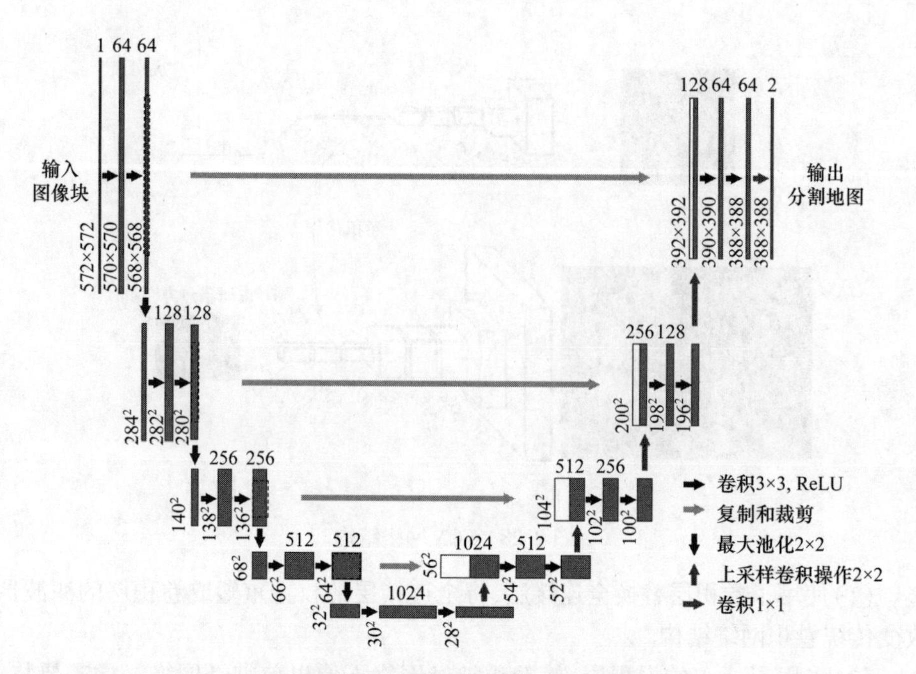

图 2.29 （见彩图）U-Net 网络结构

操作能够以极少的额外计算量来大大提高模型敏感度和准确率。Attention U-Net 网络结构如图 2.30 所示。

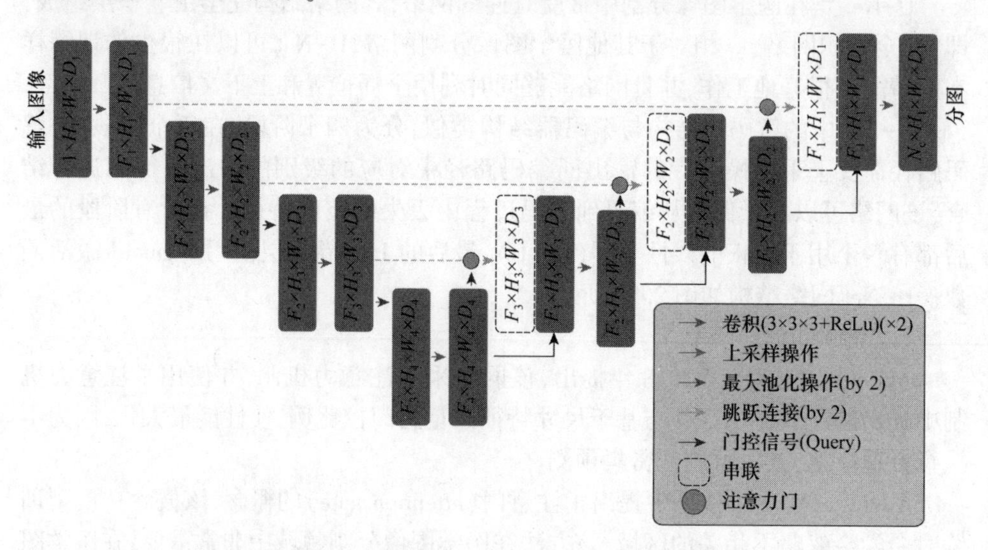

图 2.30 （见彩图）Attention U-Net 网络结构

Attention U-Net 的贡献有以下几点：

(1) Attention U-Net 网络结构中的注意力机制目标在于捕获足够大的接收场，

并因此捕获语义上下文信息,特征映射网格在标准 CNN 架构中逐渐下采样,通过这种方式加强粗糙空间网格水平模型的位置和全球范围内组织之间的关系。

(2)本文提出了一种应用于医学成像任务的前馈 CNN 模型中软注意技术的用例之一。提出的注意力门可以取代图像分类中使用的硬注意方法和图像分割框架中的外部器官定位模型。

(3)建议对标准 U-Net 模型进行扩展,以提高模型对前景像素的灵敏度,而无须复杂的启发式算法。

4. V-Net

在医学图像分割领域中,临床诊断中常见的肺部分割、肝部分割等常用 3D 图像,因此应该考虑整个分割区域的体积,并在考虑到体积后来执行 3D 图像的分割任务,这对医学图像分割来说有特别大的意义。Milletari 等在 3D U-Net 的基础上提出了 V-Net,V-Net 不仅含有 3D U-Net 的基础,还考虑到了残差连接块。V-Net 将下采样层中最大池化全部替换成了卷积核为 2×2×2、步长 2 的卷积层,用卷积替换池化操作也会导致网络根据具体的实现在训练期间可以占用更小的内存。这是因为将汇集层的输出映射回其输入的开关不需要存储用于反向传播。V-Net 在训练期间根据 Dice 系数进行优化,通过这种方式,V-Net 可以更好地分辨出前景体素和背景体素。V-Net 网络结构如图 2.31 所示。

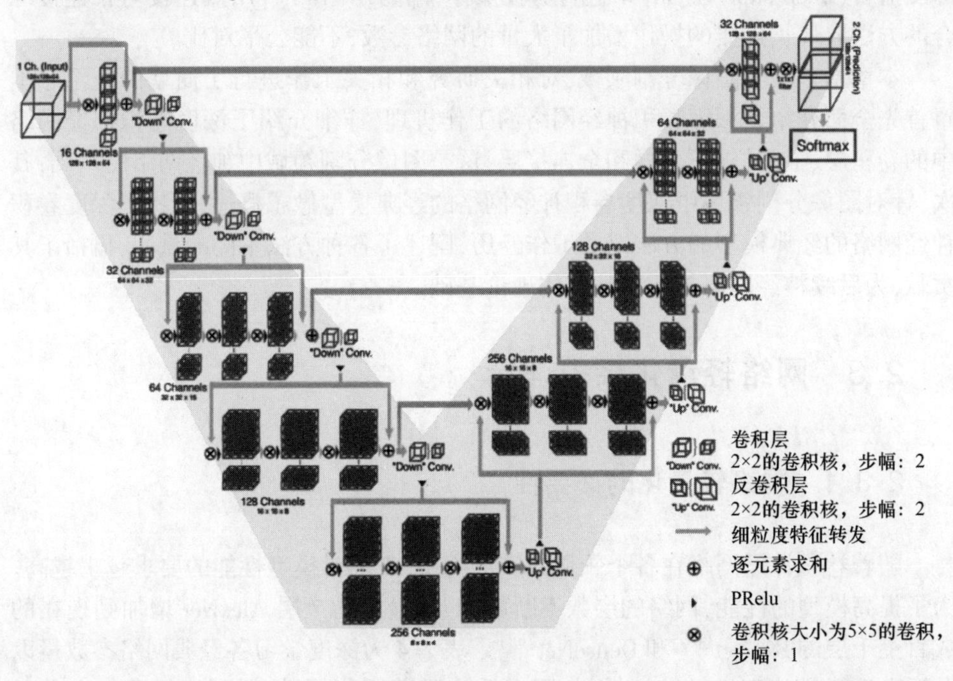

图 2.31　V-Net 网络结构

5. U-Net++

U-Net 成功之处是使用了浅层和深层的特征。针对提取浅层特征和深层特征的问题,Zhuo 等提出了 U-Net++,其结构如图 2.32 所示。

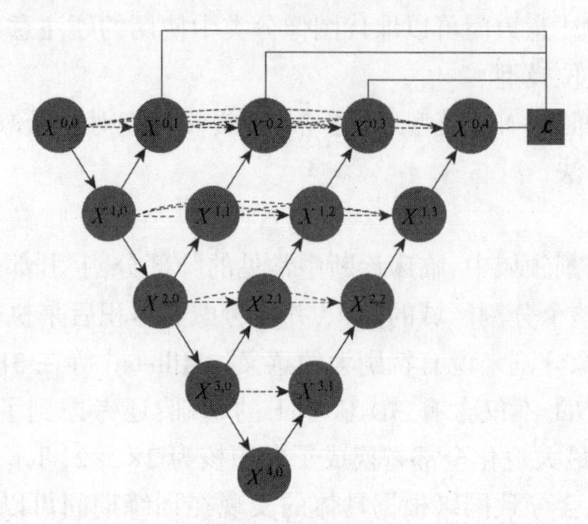

图 2.32 U-Net++网络结构

该网络在跳跃连接中加入了许多短连接来取代只有长连接的 U-Net,并通过深度监督(deep supervision)来进行剪枝操作,因为 U-Net++用短连接与长连接综合的方法取代长连接的操作增加了大量的网络参数,不能公平对比。

本章基于医学图像分割领域,对相关研究和相关工作进行了简单的介绍。本章首先全面介绍了深度卷积神经网络的工作机理,详细介绍了深度卷积神经网络中的卷积层、上采样、下采样和全连接层,这是图像分割领域中神经网络的基础;其次,针对图像分割领域中深度卷积神经网络的经典模型做了概述,分析了深度卷积神经网络的经典模型的方法以及工作经历,阐述了各种方法不同的重心,概括了其贡献,为后续神经网络打下了扎实的理论基础。

2.3 网络轻量化相关理论

2.3.1 网络轻量化的必要性

随着卷积神经网络在各个领域的广泛应用,人们对模型性能的要求越来越高。为了提高模型的性能,网络的层数不断增加,从最早的 7 层 AlexNet 增加到现在的成百上千层的 ResNet[67] 和 DenseNet[68]。表 2.4 为深度学习各经典网络参数量以及浮点运算量(GFLOP)统计结果,可以看出随着网络层数的增加,模型的参数量和计算量不断提高。虽然网络性能得到了大幅提升,但是随之而来的效率问题也越发突出。效率问题主要表现在以下两个方面：

(1)随着网络的加深,网络的计算量和参数数量呈指数级增长,导致模型的训练和推理过程变得缓慢,无法满足实时性要求。

(2)在工程应用中,模型的计算量和速度是需要重点考虑的因素。为了提高目标检测的速度和准确性,既可以提高处理器性能,也可以简化模型结构;而提高处理器性能的成本较高并且不易实现,因此对网络进行轻量化势在必行。

表 2.4 经典网络参数统计

模型	层数/层	参数量/$\times10^6$	浮点运算量/10^9 浮点/s
AlexNet	8	61.10	0.71
VGG16	16	138.336	15.62
GoogLeNet	22	60.95	0.72
ResNet-101	101	44.55	7.26
DenseNet-201	201	8.61	20.01

目前,为了解决目标检测效率较低的问题,主要采用两种常用的解决方案,即模型压缩和轻量化网络结构设计。模型压缩是指在已经训练好的深度学习模型上,采用一系列技术减小模型的参数量和计算量。常用的模型压缩技术包括知识蒸馏、模型剪枝、权重量化和低秩分解等。轻量化网络结构设计是指在保证模型准确性的前提下,通过重新设计网络结构、改进计算方式等,减少深度学习模型的参数量和计算量[69]。模型轻量化方式如图 2.33 所示。

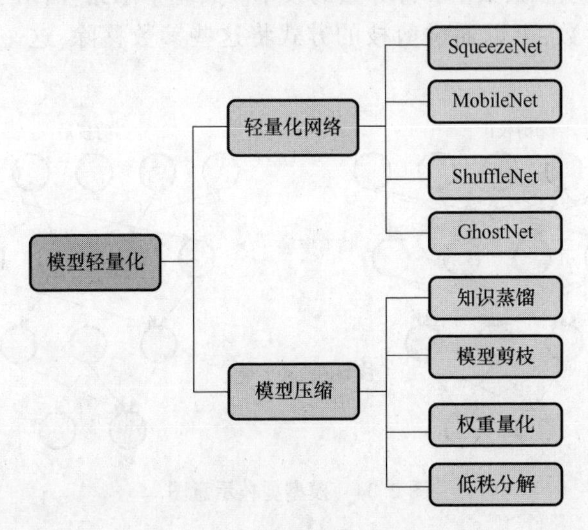

图 2.33 模型轻量化方式

2.3.2 轻量化网络结构设计

随着便携式设备的广泛普及和应用,人们对图像和视频数据的实时处理需求日益增长。然而,由于这些设备的存储空间和功耗限制,传统的深度神经网络在这些设备上的应用面临着很大的挑战。近年来,轻量级神经网络架构的设计取得一定的成果:MobileNetV1[70]是由谷歌团队在 2017 年提出的一种轻量级深度神经网络架构,它采用了计算量和参数量更少的深度可分离卷积[71]来代替传统的标准卷积,大幅提高了模型推理速度;ShuffleNetV1[72]采用了逐点群卷积和通道混洗技术来减少模型的计算量和参数量;SqueezeNet[73]在 ILSVRC 2016 比赛中获得了较好的成绩,SqueezeNet 在保证精度的前提下,在参数量和计算量方面都远小于 VGG[74]和 ResNet[67];华为诺亚方舟实验室提出一种新型的轻量化卷积神经网络 GhostNet[75],该网络在结构上采用了 Ghost 模块,通过采用低秩分解和通道分组的方式来减少模型参数和计算量,从而在保持模型精度的同时,大大降低了模型的参数量和计算复杂度。GhostNet 在 ImageNet 上的表现相比其他轻量化网络,如 MobileNet、ShuffleNet、SqueezeNet 等,有着更高的精度和更快的推理速度。

2.3.3 网络压缩

模型剪枝是一种压缩网络的方法,它是一种通过删除神经网络中的冗余连接或节点来减少模型参数数量和计算量的技术。其基本思路:网络中存在许多不必要或不重要的参数,可以通过剪枝的方式将这些参数移除,这一过程如图 2.34 所示。

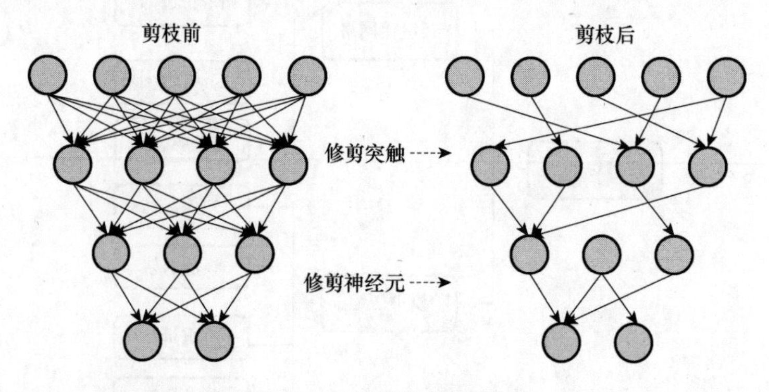

图 2.34　模型剪枝示意图

权重量化是一种神经网络压缩方法,它通过降低网络中权重的精度来减少模型的存储空间和计算量。在神经网络中权重通常使用 32 位浮点数进行表示,但在权重量化中这些权重被转换为比特数更少的整数或浮点数，如 8 位整数或 16 位浮点数。这种转换虽然会降低权重的精度，但通常不会对模型的精度产生明显的影响。因此，权重量化可以在不显著降低模型精度的情况下大大降低了模型的参数量和计算复杂度，但是这种方法需要专门的运算策略来实现。

低秩分解是一种神经网络压缩方法，它通过将网络中的权重矩阵分解为较小的两个矩阵的乘积形式，减少模型的存储空间和计算量。该方法的基本思路：原始的权重矩阵可以用较小的矩阵近似表示，而这些较小的矩阵的乘积可以近似等于原始的权重矩阵。

知识蒸馏是一种不同于其他压缩和加速方法的技术，其基本思路：创建一个"学生"网络，并让它拟合"教师"网络的分布，使轻量级的网络能够学习到大型网络的知识。通过这种方式，学生网络可以更好地学习到教师网络的知识，从而提高网络的性能和精度。在此过程中，教师网络可以是一个参数量较大的、精度较高的模型，而学生网络则可以是一个轻量级的、精度稍低的模型。知识蒸馏过程如图 2.35 所示。

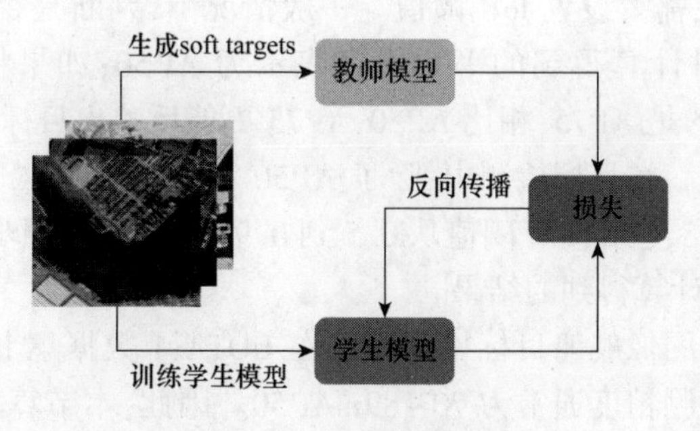

图 2.35 知识蒸馏过程

2.3.4 评价指标

在目标检测任务中，为了评估和分析模型的性能表现，需要使用一些指标。本节采用平均精度(mean average precision, mAP)指标来度量模型的性能表现，并采用参数量(parameters, Param)和计算量(floating point operations, FLOP)指标来评估目标检测算法的轻量化程度，此外，帧率(帧/s)(frames per second, FPS)也是一项重要指标，用于衡量目标检测算法的实时性表现，即模型能够每秒处理的图像帧数。

(1)精度评估指标 mAP，是目标检测中常用的一种评价指标，它是所有类别的平均精确度(average precision, AP)的平均值，由于本节中仅对舰船目标单类别进行检测，因此舰船类别的 AP 和目标检测模型的 mAP 值是一样的；AP 是一种常用衡量算法精度的指标，它的计算方法是将检测结果按照置信度进行排序，然后计算每个阈值下的准确率(precision)和召回率(recall),最后对所有阈值下的 precision 和 recall 的面积进行平均,即 AP。precision 与 recall 的计算如下:

$$\text{precision} = \frac{\text{TP}}{\text{TP} + \text{FP}} = \frac{\text{TP}}{N} \tag{2.12}$$

$$\text{recall} = \frac{\text{TP}}{\text{TP} + \text{FN}} = \frac{\text{TP}}{P} \tag{2.13}$$

式中:假负例(FN)为错误检测出来的负样本数量;真正例(TP)是指被正确检测出来的正样本数量;假正例(FP)表示模型错误地将某个物体标记为该类别,但实际上该物体并不属于该类别; P 表示图像实际上包含的目标总数;N 表示检测出来的预测边框的数量。精准率反映检测结果中检测正确的比例。召回率反映检测算法能够检测出来的目标的比例。AP 的表达式为

$$\text{AP} = \int_0^1 p(r)\,\mathrm{d}r \tag{2.14}$$

式中: r 为召回率; $p(r)$ 为不同 recall 下的 precision。

在计算 AP 时,需要设置 IoU 阈值。一般情况下,判断是否为 TP 的 IoU 阈值会设置为 0.5,此时计算得到的平均精度表示为 AP50;如果将 IoU 阈值设定为 0.75,则计算得到的是 AP75,相比 AP50,AP75 更能反映出目标检测算法在高精度场景下的性能表现。在目标检测中,除了 AP50 和 AP75 之外,还有一种常用的衡量指标是 AP50:95,它是 IoU 阈值从 0.5 到 0.95 范围内按照步长为 0.05 所取值的 AP 值进行平均计算得到的结果。

根据目前遥感图像舰船目标检测算法在 DOTAv1 数据集上的表现可以得知,该场景下的目标检测精度通常为 70~89mAP50。因此,本节算法的检测精度至少要达到 70mAP50,才能在实际应用中取得较好的性能表现。

(2)模型尺寸评估指标为参数量 Param。参数量是指神经网络中需要训练的可调整参数的总数量,它直接影响模型在磁盘中所需的空间大小,对应算法的空间复杂度,它一方面会影响内存占用,另一方面会影响程序的初始化时间。对于空间资源有限的设备来说,模型参数尽可能小是一个优势。

(3)模型计算量评估指标为浮点运算次数 FLOP,它是指实际运算过程中的加减乘除的计算次数,通常用来评估算法时间效率和计算资源的消耗量。

(4)速度评估指标为帧率(帧/s)在目标检测领域中,它表示检测模型每秒能够处理的图像数量。帧率能够帮助人们了解算法的实际运行效率,从而进行性能优化和选择合适的硬件平台等。一般认为,帧率达到 24 帧/s 左右可以给人带来流畅的视觉效果。也就是说,如果算法的帧率达到 24 帧/s,就可以给人带来实时的视觉体验,满足实时性的要求。因此,为了满足遥感场景下舰船目标检测的实时性需求,舰船目标检测模型的推理速度需要达到 24 帧/s。

第3章 遥感飞机目标检测与识别技术

3.1 遥感图像飞机区域识别网络设计

3.1.1 遥感图像飞机区域识别算法概述

飞机区域识别算法框图如图 3.1 所示。首先采用滑窗机制对遥感图像进行切片处理,为了防止飞机目标因切片而残缺不全,通过对不同百分比重合区域的滑窗裁剪图像进行对比,发现切片时滑窗保持 20% 的重叠面积,会在最大限度地保留飞机小目标的同时减少额外增加的计算量。对一张图像滑窗裁剪如果保留 20% 的重合区域,相当于检测图像尺寸扩大了 1.96 倍,这种方法会导致对大量不含飞机目标的切片进行训练,浪费训练资源。因此本节从模型大小以及检测速度的角度出发,以轻量级的 ResNet-34 为特征提取骨干网络。

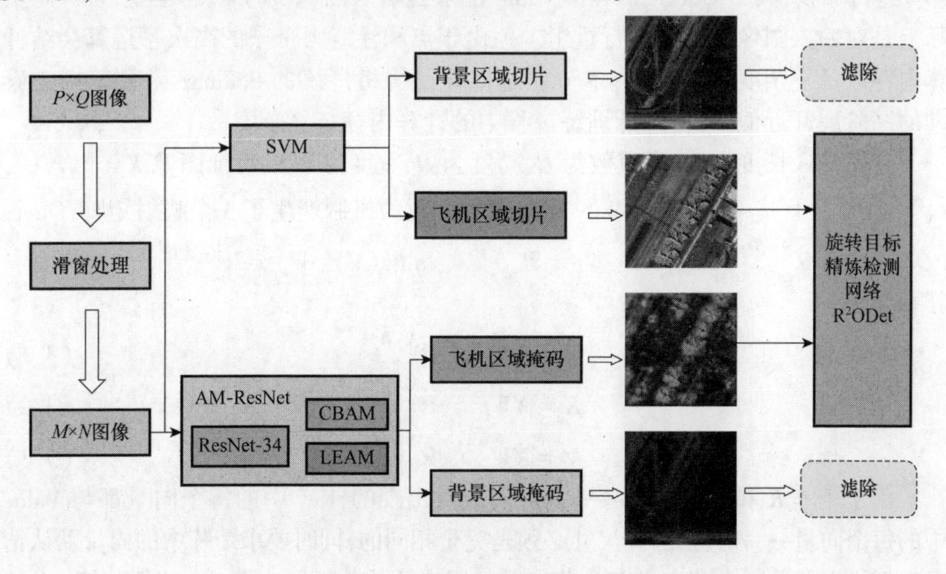

图 3.1　飞机区域识别算法框图

在遥感影像中,飞机具有稀疏聚集性,即飞机主要停留在机场跑道、机场停机坪等人造建筑物上,特征较为明显。因此本节通过将注意力机制引入残差网络中构建新的全局特征提取网络 AM-ResNet。同时对滑窗得到的切片图像通过支持向量机进行二分类,滤除只含有背景的切片,保留含有飞机目标的切片作为后级旋转目标精炼检测网络的输入。并且利用保留下来的切片匹配特征提取网络输出的注意力掩码图与改进算法 R^2ODet 中特征提取网络输出不同尺度的特征图进行像素单元乘,丰富特征图细节信息,更好地完成对微小飞机目标的检测。

3.1.2 基于 AM-ResNet 的飞机区域识别算法

AM-ResNet 是以残差网络为基础,重构原始 U-Net 的跳跃连接,将原始 U-Net 的普通跳跃连接替换为本节设计的多尺度线性注意力模块 LEAM(linear attention mechanism),同时解决了在训练过程中采用点积注意力机制导致计算内存与复杂度随着网络训练参数的提高而呈现四级增长的问题。遥感图像通过特征提取网络 AM-ResNet 得到不同卷积核下的特征图和 LEAM 的注意力掩码,用于后续遥感图像的特征融合和特征增强。在整个特征提取网络中,训练采用了单独预训练的形式对整个特征提取网络进行初步的预训练。

1. 全局特征提取模块 AM-ResNet 设计

1)线性注意力模块 LEAM 设计

点积注意力机制是根据特征向量 Query($\boldsymbol{Q}$)和 Key($\boldsymbol{K}$)之间的匹配度对 Value($\boldsymbol{V}$)进行加权,其中 Query、Key 和 Value 都来自输入图像,所以点积注意力机制实际上是对输入图像的信息进行重组。但由于点积注意力带来的高次幂运算会给计算内存以及复杂度造成困难,本节通过推导证明将传统的 Softmax 函数替换为泰勒的一阶展开近似,可以降低训练过程中的计算内存与复杂度。

针对输入长度为 N、通道数为 C、高度为 H、宽度为 W 的特征图像 $\boldsymbol{X}=[x_1,\cdots,x_N]\in\mathbf{R}^{N\times C}$。其中 $N=H\times W$。缩放点积注意力机制产生了 3 个映射矩阵,Query($\boldsymbol{Q}$):$W_q\in\mathbf{R}^{D_x\times D_k}$、Key($\boldsymbol{K}$):$W_k\in\mathbf{R}^{D_x\times D_k}$、Value($\boldsymbol{V}$):$W_v\in\mathbf{R}^{D_x\times D_k}$。其中

$$\boldsymbol{Q}=\boldsymbol{X}W_q\in\mathbf{R}^{N\times D_q}\tag{3.1}$$

$$\boldsymbol{K}=\boldsymbol{X}W_k\in\mathbf{R}^{N\times D_k}\tag{3.2}$$

$$\boldsymbol{V}=\boldsymbol{X}W_v\in\mathbf{R}^{N\times D_v}\tag{3.3}$$

由于矩阵 $\boldsymbol{K}$ 和 $\boldsymbol{V}$ 是以 Key-Value 对成对出现的,Key 中的每个向量都与 Value 中的每个向量一一对应,二者尺寸必须是完全相同的,同时要求矩阵中的向量默认情况下都是列向量。本节定义归一化函数 ρ 用来评估特征图中第 i 个特征与第 j 个特

征之间的相似性,其中第 i 个特征$\boldsymbol{q}_i^{\mathrm{T}} \in \mathbf{R}^{D_k}$,第$j$ 个特征$\boldsymbol{k}_j \in \mathbf{R}^{D_k}$,且$\rho(\boldsymbol{q}_i^{\mathrm{T}}\boldsymbol{k}_j) \in \mathbf{R}^1$。一般来说,由于 第 i 个特征和第 j 个特征是通过特征图像不同的特征层产生的,通常来说$\rho(\boldsymbol{q}_i^{\mathrm{T}}\boldsymbol{k}_j)$ 和$\rho(\boldsymbol{q}_j^{\mathrm{T}}\boldsymbol{k}_i)$ 之间的相似性是不对称的。点积注意力机制通过计算汇总所有像素位置的相似性,并输出相似性作为像素单元的特征权重,加权求和来计算出位置 i 的 Value 值输出。

$$D(\boldsymbol{Q},\boldsymbol{K},\boldsymbol{V}) = \rho(\boldsymbol{Q}\boldsymbol{K}^{\mathrm{T}})\boldsymbol{V} \tag{3.4}$$

为了解决维数太大导致的内积数值绝对值过大,使得梯度趋于 0 的问题,在计算过程中常采用的 Softmax 函数作为归一化函数,则有

$$\rho(\boldsymbol{Q}\boldsymbol{K}^{\mathrm{T}}) = \mathrm{Softmax}_{\mathrm{row}}(\boldsymbol{Q}\boldsymbol{K}^{\mathrm{T}}) \tag{3.5}$$

式中:$\mathrm{Softmax}_{\mathrm{row}}$ 表示针对 $\boldsymbol{Q}\boldsymbol{K}^{\mathrm{T}}$ 这个特征向量的每一列都应用 Softmax 函数。

归一化函数$\rho(\boldsymbol{Q}\boldsymbol{K}^{\mathrm{T}})$ 对输入的每一对像素之间的相似性进行计算,从而提取包含特征的全局背景信息。然而对于矩阵 $\boldsymbol{Q} \in \mathbf{R}^{N\times D_k}$、$\boldsymbol{K}^{\mathrm{T}} \in \mathbf{R}^{D_k\times N}$,矩阵 $\boldsymbol{Q}$ 和$\boldsymbol{K}^{\mathrm{T}}$ 的点积属于 $R^{N\times N}$,这就导致了 $\vartheta(N^2)$ 的内存以及计算复杂度。因此,点积运算对资源的巨大需求就导致在高分辨率图像上面的应用受到了限制。

在 Softmax 归一化函数的条件下,点积注意力模块根据式(3.6)计算第 i 行的 Value 输出为

$$D(\boldsymbol{Q},\boldsymbol{K},\boldsymbol{V})_i = \frac{\sum_{j=1}^{N} \mathrm{e}^{\boldsymbol{q}_i^{\mathrm{T}}\boldsymbol{k}_j}\boldsymbol{v}_j}{\sum_{j=1}^{N} \mathrm{e}^{\boldsymbol{q}_i^{\mathrm{T}}\boldsymbol{k}_j}} \tag{3.6}$$

在归一化函数条件下,式(3.6)可改写为

$$D(\boldsymbol{Q},\boldsymbol{K},\boldsymbol{V})_i = \frac{\sum_{j=1}^{N} \mathrm{sim}(\boldsymbol{q}_i,\boldsymbol{k}_j)\boldsymbol{v}_j}{\sum_{j=1}^{N} \mathrm{sim}(\boldsymbol{q}_i,\boldsymbol{k}_j)} \tag{3.7}$$

$$\mathrm{sim}(\boldsymbol{q}_i,\boldsymbol{k}_j) \geqslant 0 \tag{3.8}$$

限制条件 $\mathrm{sim}(\boldsymbol{q}_i,\boldsymbol{k}_j)$ 可以扩展为 $\phi(\boldsymbol{q}_i)^{\mathrm{T}}\varphi(\boldsymbol{k}_j)$,以此来衡量 $\boldsymbol{q}_i$ 和 $\boldsymbol{k}_j$ 的相似性。具体来讲,如果对于 $\phi(x) = \varphi(x) = \mathrm{e}^{(x)}$ 成立,那么式(3.7)等同于式(3.6)。因此,式(3.7)可以改写为

$$D(\boldsymbol{Q},\boldsymbol{K},\boldsymbol{V})_i = \frac{\sum_{j=1}^{N} \phi(\boldsymbol{q}_i)^{\mathrm{T}}\varphi(\boldsymbol{k}_j)\boldsymbol{v}_j}{\sum_{j=1}^{N} \phi(\boldsymbol{q}_i)^{\mathrm{T}}\varphi(\boldsymbol{k}_j)} \tag{3.9}$$

并可以进一步简化为

$$D(\boldsymbol{Q},\boldsymbol{K},\boldsymbol{V})_i = \frac{\boldsymbol{\phi}(q_i)^{\mathrm{T}} \sum_{j=1}^{N} \varphi(\boldsymbol{k}_j)\boldsymbol{v}_j^{\mathrm{T}}}{\boldsymbol{\phi}(q_i)^{\mathrm{T}} \sum_{j=1}^{N} \varphi(\boldsymbol{k}_j)} \tag{3.10}$$

式中：$\boldsymbol{K} \in \mathbf{R}^{D_k \times N}$，$\boldsymbol{V}^{\mathrm{T}} \in \mathbf{R}^{N \times D_v}$。

所以 $\boldsymbol{K}$ 和 $\boldsymbol{V}^{\mathrm{T}}$ 的点乘结果属于 $\mathbf{R}^{D_k \times D_v}$，相较于 $\vartheta(N^2)$ 已经大大降低了点积注意力机制计算的复杂度。

与以往的设计不同，本节构想的线性注意力机制 LEAM 是基于方程在泰勒级数展开的基础上对式(3.10)的一阶近似。令

$$\mathrm{e}^{\boldsymbol{Q}^{\mathrm{T}}\boldsymbol{K}} \approx 1 + \boldsymbol{Q}^{\mathrm{T}}\boldsymbol{K} \tag{3.11}$$

$$\mathrm{e}^{\boldsymbol{q}_i^{\mathrm{T}}\boldsymbol{k}_j} \approx 1 + \boldsymbol{q}_i^{\mathrm{T}}\boldsymbol{k}_j \tag{3.12}$$

然而，上述近似值不能保证非负性，为了确保 $\boldsymbol{q}_i^{\mathrm{T}}\boldsymbol{k}_j \geqslant -1$，本节选用 $L2$ 损失函数对矩阵 $\boldsymbol{q}_i$ 和 $\boldsymbol{k}_j$ 进行归一化处理：

$$\mathrm{sim}(\boldsymbol{q}_i,\boldsymbol{k}_j) = 1 + \left(\frac{\boldsymbol{q}_i}{\|\boldsymbol{q}_i\|_2}\right)^{\mathrm{T}}\left(\frac{\boldsymbol{k}_j}{\|\boldsymbol{k}_j\|_2}\right) \tag{3.13}$$

由此，式(3.13)可以改写成

$$D(\boldsymbol{Q},\boldsymbol{K},\boldsymbol{V})_i = \frac{\sum_{j=1}^{N}\left[1 + \left(\frac{\boldsymbol{q}_i}{\|\boldsymbol{q}_i\|_2}\right)^{\mathrm{T}}\left(\frac{\boldsymbol{k}_j}{\|\boldsymbol{k}_j\|_2}\right)\right]\nu_j}{\sum_{j=1}^{N}\left[1 + \left(\frac{\boldsymbol{q}_i}{\|\boldsymbol{q}_i\|_2}\right)^{\mathrm{T}}\left(\frac{\boldsymbol{k}_j}{\|\boldsymbol{k}_j\|_2}\right)\right]} \tag{3.14}$$

并可简化为

$$D(\boldsymbol{Q},\boldsymbol{K},\boldsymbol{V})_i = \frac{\sum_{j=1}^{N} v_j + \left(\frac{\boldsymbol{q}_i}{\|\boldsymbol{q}_i\|_2}\right)^{\mathrm{T}} \sum_{j=1}^{N}\left(\frac{\boldsymbol{k}_j}{\boldsymbol{k}_{j2}}\right)\boldsymbol{\nu}_j^{\mathrm{T}}}{N + \left(\frac{\boldsymbol{q}_i}{\|\boldsymbol{q}_i\|_2}\right)^{\mathrm{T}} \sum_{j=1}^{N}\left(\frac{\boldsymbol{k}_j}{\boldsymbol{k}_{j2}}\right)} \tag{3.15}$$

上述方程的矢量表达式为

$$D(\boldsymbol{Q},\boldsymbol{K},\boldsymbol{V}) = \frac{\sum_{j} \nu_{i,j} + \left(\frac{\boldsymbol{Q}}{\|\boldsymbol{Q}\|_2}\right)\left(\frac{\boldsymbol{K}}{\|\boldsymbol{K}\|_2}\right)^{\mathrm{T}} V}{N + \left(\frac{\boldsymbol{Q}}{\|\boldsymbol{Q}\|_2}\right)\sum_{j}\left(\frac{\boldsymbol{K}}{\|\boldsymbol{K}\|_2}\right)^{\mathrm{T}}_{i,j}} \tag{3.16}$$

式(3.14)中 $\sum_{j=1}^{N}\left(\frac{\boldsymbol{k}_j}{\|\boldsymbol{k}_j\|_2}\right)v_j$ 可以循环遍历重复计算，所以基于 LEAM 的内存以及计算复杂度降低为 $\vartheta(N)$。为了更直观地体现线性注意力机制减少了计算复杂度，

与传统点积注意力机制的计算比较如图 3.2 所示。

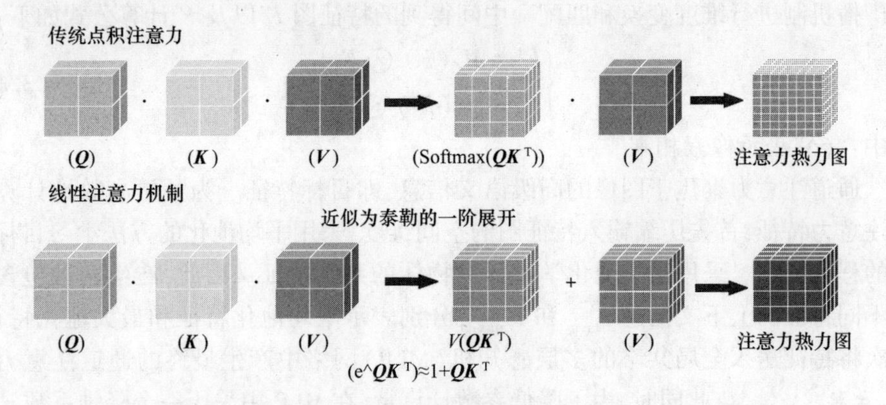

图 3.2　线性注意力机制计算图

此外,为了达到轻量化的效果,本节减少了通道数量,并控制我们设置了通道超参数 ρ,用于调节整体网络通道数量,基准架构的通道超参数 ρ 设置为 1。

2)注意力机制 CBAM 设计

计算机视觉中将注意力聚集在图像重要区域而丢弃不相关背景区域的方法称为注意力机制。本节针对复杂背景下的遥感图像飞机目标检测识别,为了使模型更好地聚焦飞机目标本身,引入注意力机制 CBAM,主要作用于聚焦图像的重要特征,抑制不必要的区域响应以提高网络性能。

CBAM 是一种混合了通道注意力和空间注意力的轻量级模块,可以嵌入任何主干网络中。给定一张特征图,CBAM 模块能够序列化地在通道和空间两个维度上产生注意力特征图信息,通过对两个维度上特征图像素单元乘并进行自适应特征修正,输出注意力掩码图。针对全局特征提取模块 AM-ResNet 在不同卷积核下所得到的不同层次、不同分辨率的特征图,引入 CBAM 的注意力模块结构示意图,如图 3.3 所示。

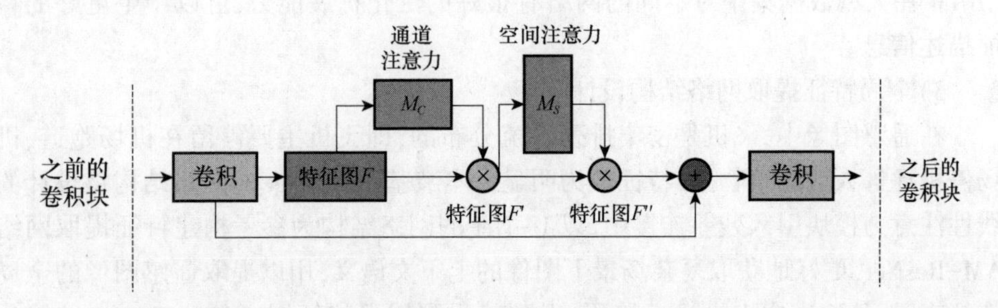

图 3.3　添加 CBAM 的注意力模块结构示意图

对于卷积层特征提取主干网络生成的特征图 $F \in \mathbf{R}^{C \times H \times W}$,CBAM 分别产生通

道注意力特征图 $M_C \in \mathbf{R}^{C\times1\times1}$，序列产生空间注意力特征图 $M_S \in \mathbf{R}^{1\times H\times W}$，其间采用广播机制进行维度变换和匹配。中间得到的特征图 F' 以及 F'' 计算公式如下：

$$\begin{cases} F' = M_C(F) \otimes F \\ F'' = M_S(F') \otimes F' \end{cases} \tag{3.17}$$

式中："$\otimes$"表示像素相乘。

通道注意力聚焦于图像的高级语义信息，即目标特征。为了更高效地计算通道注意力特征，首先压缩输入特征图的空间维度，采用平均池化的方法学习目标物体的程度信息。采用最大池化学习目标物体的判别特征。因此，产生两种包含物体不同特征的上下文信息 F_{avg}^C 和 $F_{\max}^C$，分别表示平均池化特征和最大池化特征。其次将特征送入全局共享的多层感知机（MLP）网络中产生最终的通道注意力图 $M_C \in \mathbf{R}^{C\times1\times1}$。与此同时，为了降低参数计算量，在 MLP 中采用一个降维系数 r，通道注意力特征图 $M_C \in \mathbf{R}^{C/r\times1\times1}$。因此，通道注意力特征图计算公式如下：

$$\begin{aligned} M_C(F) &= \sigma[\text{MLP}(\text{avgPool}(F))] + \text{MLP}(\text{MaxPool}(F)) \\ &= \sigma[W_1(W_0(F_{\text{avg}}^C)) + W_1(W_0(F_{\max}^C))] \end{aligned} \tag{3.18}$$

式中：σ、W_1 和 W_0 为待学习的权重系数。

不同于通道注意力，空间注意力聚焦于特征图上目标特征的位置信息。为了计算空间注意力，首先在特征图的通道维度上进行平均池化和最大池化，然后将产生的特征图进行拼接，通过卷积拼接后的特征图得到最终的空间注意力特征图 $M_S \in \mathbf{R}^{1\times H\times W}$。与通道注意力机制类似，空间注意力机制在通道维度使用两种方式产生特征图 $F_{\text{avg}}^S \in \mathbf{R}^{1\times H\times W}$、$F_{\max}^S \in \mathbf{R}^{1\times H\times W}$。空间注意力特征图计算式如下：

$$\begin{aligned} M_S(F) &= \sigma(f^{7\times7}(\text{AvgPool}(F);\text{MaxPool}(F))) \\ &= \sigma(f^{7\times7}(F_{\text{avg}}^S;F_{\max}^S)) \end{aligned} \tag{3.19}$$

最大池化能够编码目标的显著性信息很好地弥补平均池化编码的全局信息。CBAM 在大型数据集中对不同的网络有很好的泛化扩展能力，可以产生更好的特征描述信息。

3）全局特征提取网络结构设计

在遥感图像中，飞机是密集排列稀疏分布的，即飞机主要停留在机场跑道、机场停机坪等人造建筑物上，特征较为明显。本节基于 ResNet 的网络结构将设计的线性注意力模块引入残差连接中，以 U-Net 的网络结构为参考构建特征提取网络 AM-ResNet，更好地获取复杂场景下图像的上下文语义，用以提取遥感图像的全局特征表示，从而生成飞机目标掩码，得到感受野增强特征图。AM-ResNet 结构如图 3.4 所示。

在 AM-ResNet 中，考虑到输入的通道数远小于像素单元数，根据式（3.10）可

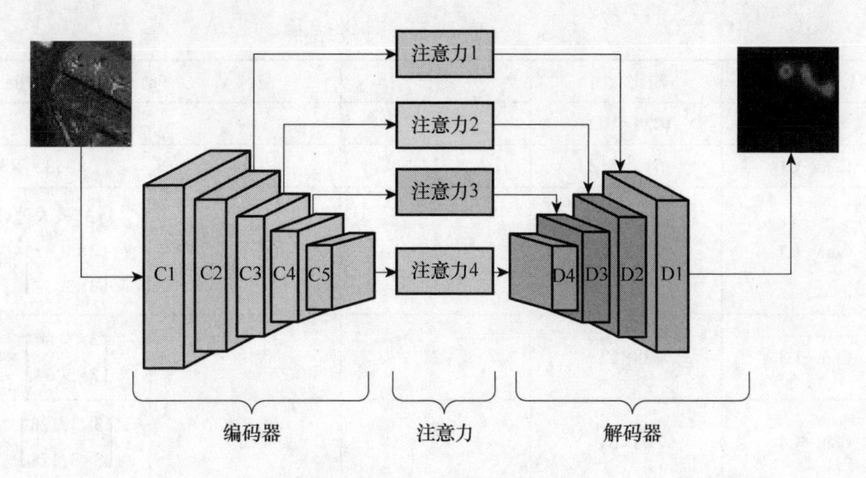

图 3.4　AM-ResNet 结构

以发现,对通道计算的 Softmax 函数的复杂度并不高,为 $\vartheta(C^2)$,因此,针对通道维数的计算可以直接利用点积注意力机制。而本节所设计的线性注意力机制又可以极大地降低运算复杂度,使注意力机制可以应用于高分辨率的遥感图像。通过注意力机制将低层次的特征图和高层次的特征图分阶段地结合在一起。同时,为了满足网络的轻量化而有效的框架,本节选择 ResNet-34 作为 backbone。为了挖掘平均相关系数矩阵中通道权重,本节构建了轻量级特征注意力模块如图 3.5 所示。注意力模块网络结构由卷积层、ReLU 层、BN 层、通道注意力机制 CBAM 和线性注意力机制 LEAM 组成。

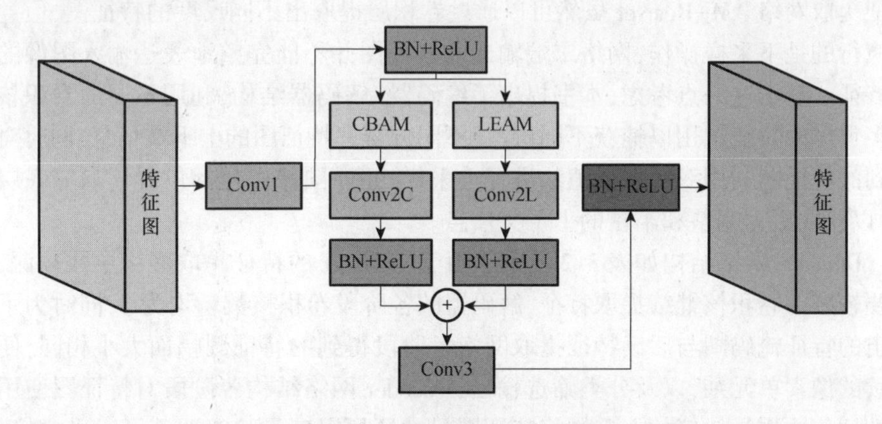

图 3.5　轻量级特征注意力模块结构

由于残差网络 ResNet 相较于 VGG 网络拥有更强的特征提取能力,因此,选择 ResNet-34 作为全局特征提取骨干网络。ResNet-34 网络结构如表 3.1 所列。

表 3.1 Encoder 网络结构

图层名称	输出尺寸	步长	空洞率	网络结构
输入层	1024×1024	—	—	—
Conv-C1	512×512	2	1	[3×3,32]×3
Conv-C2	256×256	2	1	3×3,最大池化 $\begin{bmatrix}3\times3,32\\3\times3,32\end{bmatrix}\times3$
Conv-C3	128×128	2	1	$\begin{bmatrix}3\times3,64\\3\times3,64\end{bmatrix}\times4$
Conv-C4	64×64	2	1	$\begin{bmatrix}3\times3,128\\3\times3,128\end{bmatrix}\times6$
Conv-C5	32×32	2	2	$\begin{bmatrix}3\times3,256\\3\times3,256\end{bmatrix}\times3$

在 ResNet-34 网络结构中,输入图像的尺寸为滑窗切片得到的图幅面积 1024×1024,在对图像进行特征提取的五个阶段中都对特征图进行了 2 倍下采样,即 32 倍下采样得到最终特征图的分辨率为 32×32。同时将 ResNet-34 的通道数由[64,64,128,256,512]删减到[32,32,64,128,256],大大减少了网络参数量,提高了网络的检测速度。

由于卷积神经网络是一个有损压缩模型,基于 U-Net 的网络结构设计的全局特征提取网络 AM-ResNet 虽然可以通过卷积层提取出不同尺度的特征图,但卷积核执行的是下采样操作,网络末端输出的特征图并不能完整地表达输入图像的全部特征。基于这一点考虑,本书提出了编码器-解码器结构,利用不同的卷积核生成多尺度的特征图用以捕获不同层次、不同分辨率特征图的上下文信息,同时对提取到的特征图利用双线性插值法进行上采样,还原图像中包括位置信息等底层特征,以获取更为完整和丰富的上下文信息。

Decoder 网络结构如表 3.2 所列。由于 Encoder 的特征提取网络层数较深,不需要较多的卷积核继续提取特征,解码器的各阶段卷积核数量均为 1,同时为了使输出的特征掩码图与后续特征提取网络各阶段得到的特征图幅面大小相同,便于后续的像素单元乘,以及分类筛选输出,Decoder 网络结构各阶段对特征图使用双线性插值法进行 2 倍的上采样将特征图尺寸还原。Conv-D1 取消了上采样操作,目的是与后级旋转飞机目标精炼检测网络中 AFPN 模块中输出的特征图(M5,M4,M3,M2)做分辨率对齐。首先将输出的注意力掩码图与旋转飞机目标检测网络中的特征图进行像素单元乘,可以增加上下文信息,其次对还原后的特征图进行平均池化以减少模型参数;最后送入全连接网络进行后续的分类检测。通过 SVM

支持向量机完成最终的图像筛选分类。

表 3.2　Decoder 网络结构

图层名称	输出尺寸	步长	空洞率	网络结构
Conv-D4	32×32	2	1	3×3,上采样 $\begin{bmatrix}3\times3,256\\3\times3,256\end{bmatrix}\times1$
Conv-D3	64×64	2	1	3×3,上采样 $\begin{bmatrix}3\times3,256\\3\times3,256\end{bmatrix}\times1$
Conv-D2	128×128	2	1	3×3,上采样 $\begin{bmatrix}3\times3,256\\3\times3,256\end{bmatrix}\times1$
Conv-D1	256×256	—	—	—

2. 实验环境与参数配置

1)数据集的获取与数据增强

目标检测一直是计算机视觉中一个重要且富有挑战性的问题。相较于自然图像目标检测任务数据集如 COCO、VOC 数据集,其图像目标几乎因为重力,具有比较统一的方向。但在遥感影像目标检测领域中,待检测目标如飞机、车辆和舰船等是以任意方向出现的,并不容易完成准确的目标检测。针对遥感图像的目标检测,缺乏公开的适合深度学习训练的数据集。对此,武汉大学于 2017 年在 arXiv 上发表论文 *DOTA*: *A Large-scale Dataset for Object Detection in Aerial Images*,提出了一个新的遥感图像目标检测数据集——DOTA 数据集。2018 年 6 月在电气与电子工程师协会(IEEE)计算机视觉和模式识别会议(CVPR)上发布。本节使用的遥感飞机目标数据集主要来源于遥感影像开源数据集 DOTA。

DOTA 数据集样例示意图如图 3.6 所示。数据集图像来源包含不同的传感器与遥感平台,包括 Google Earth、JL-1 卫星拍摄,以及中国资源卫星数据和应用中心的 GF-2 卫星拍摄。在 DOTA 数据集中共包含 2806 幅遥感图像,每幅图像的分辨率像素为 800×800~4000×4000,属于高分辨率遥感图像。共注释了包括飞机、轮船、环岛、足球场、游泳池等 15 个常见的目标类别。数据集中的图像样本包含了不同尺度、不同方向和不同性质的目标。完全注释的 DOTA 图像包含 188282 个实例,每个实例均由任意四边形进行标记[76]。DOTA 数据集作为航拍影像中目标检测的大型数据集,主要应用于识别与评估航拍图像中的物体,无论从数量还是从质量来说,在同类型数据集中都具有显著优势。

由于 DOTA 数据集中遥感图像大小较大,标注的实例目标众多,若直接选择

图 3.6 DOTA 数据集样例示意图

DOTA 数据集进行训练会极大浪费计算资源,耗费时间。本节是针对遥感图像飞机目标进行检测识别的,所以根据飞机目标在遥感图像中的密集排布以及大小不一、方向不固定等特点,重点选取了包括飞机、汽车、舰船等目标的图像。但由于 DOTA 数据集图例较少,对采用滑窗法裁剪后的图像进行数据增强,扩大数据集样本,可以有效地防止过拟合,增强网络的鲁棒性。

2)实验平台与参数设置

本节提出的算法通过深度学习服务器进行验证与测试实验。实验平台配置如表 3.3 所列。

表 3.3 实验平台配置

名称	信息
内存	32GB
CPU	Intel Core(TM)i7-10700KF
GPU	NVIDIA GeForce RTX3090Ti
CuDA	11.1
Anaconda	4.11.3
Pytorch	1.9.0
操作系统平台	Ubuntu20.04LTS
编译软件	pycharm

飞机区域识别模型以及旋转飞机目标精炼检测模型均使用 BCE Loss 来训练网络,所有实验都是在 DOTA 数据集上采用 PyTorch 实现。对于全局特征提取模块 AM-ResNet 以及第 4 章将介绍到的 R^2ODet 算法的训练,依据网络性能指标的动态变化在训练集上对模型优化处理,在测试集上评价模型的优劣。且采用权重衰减的方法进行网络训练,在训练过程中还采用旋转、镜像和高斯模糊等图像随机增强策略对数据集进行扩展。利用迁移学习的方式,将训练后得到的网络视为预

训练模型,具体参数如表 3.4 所列。

表 3.4　网络具体参数配置

参数	配置详情
Backbone	ResNet-34 ResNet-101+FPN
Backbone Strides	4、8、16、32、64
BBox STD DEV	0.1、0.1、0.2、0.2
Detection_max_instances	100
Detection_min_confidence	0.7
Detection_NMS_Threshold	0.5
FPN_classif_FC_layers_size	1024
Grandient clip norm	5.0
Images_channels_count	3
Images_max_DIM	1024
Images_min_DIM	800
Images_mate_Size	93
Learning_Mom entum	0.9
Weight_Decay	0.0001

3)评价指标

本节选择全局准确率(overall accuracy,OA)、$F1$ 系数($F1$-score)以及平均交并比(mean intersection over llnion,mIoU)作为评估全局特征提取模块 AM-ResNet 对于遥感图像飞机目标检测识别性能提升的评价指标。选择多类别平均检测精度(mean Average precision,mAP)衡量改进算法 R^2ODet 相较于其他典型算法在检测精度方面的提升。

在深度学习中,OA 表示分类器在所有类别上正确分类的样本数与总样本数的比例。

$F1$-score 是一种综合评价指标,通常用于衡量分类模型的性能。它结合了分类模型的精确度(precision)和召回率(recall)两个指标,反映了模型在准确性和召回率之间的平衡表现。本节是针对遥感影像飞机目标进行识别检测,因此正样本为飞机目标,以 TP 表示预测正确的正样本数量,FP 表示预测错误的正样本数量,FN 表示预测错误的负样本数量。精确度表示为分类器预测为飞机的样本中,实际为飞机的样本所占的比例,本节用 P_r 表示。召回率是指实际为飞机的样本中,分类器预测为飞机的样本所占的比例,本节用 R_e 表示。$F1$-score 作为精确度和召回率的调和平均数。三者计算公式表示如下:

$$
\begin{cases}
f_{P_r} = \dfrac{\mathrm{TP}}{\mathrm{TP} + \mathrm{FP}} \\
f_{R_e} = \dfrac{\mathrm{TP}}{\mathrm{TP} + \mathrm{FN}} \\
F1 - \mathrm{score} = 2 \cdot \dfrac{f_{P_r} \cdot f_{R_e}}{f_{P_r} + f_{R_e}}
\end{cases}
\tag{3.20}
$$

$F1$-score 的取值范围为 0~1,越接近 1 表示模型的性能越好。与精确度和召回率相比,$F1$-score 更能综合评价模型的性能,尤其在正、负样本不平衡的情况下更具优势。

mIoU 是一种用于衡量图像分割模型性能的评价指标。mIoU 是所有类别的 IoU 的平均值,其中 IoU 是指预测分割结果与真实分割结果之间的交集与并集之比。对于一个类别,其 IoU 可以通过下式计算:

$$
\mathrm{IoU} = \frac{\mathrm{TP}}{\mathrm{TP} + \mathrm{FP} + \mathrm{FN}} \tag{3.21}
$$

mIoU 评价指标的优点是能够对图像分割模型在所有类别上的表现进行综合评价,而且能够克服类别不平衡的问题。与精确度(precision)和召回率(recall)等指标相比,mIoU 更加适用于图像分割任务,能够更全面地反映模型的性能。

均值平均精度(mean average precision,mAP)是一种用于衡量目标检测模型性能的评价指标。mAP 综合考虑了模型在多个类别上的准确率和召回率,以及不同阈值下的表现,并对所有类别的平均精度(AP)进行求和,得到一个总体的平均精度。

AP 是指对于单个类别,将预测结果按照置信度从高到低进行排序,计算不同阈值下的精确率和召回率,然后根据精确率—召回率曲线下的面积来计算得到的一个值。mAP 是对所有类别的 AP 求平均值得到的指标。对于含有 K 类目标的 N 张图像分类检测的 AP、mAP 计算公式如下:

$$
\begin{cases}
f_{\mathrm{AP}} = \dfrac{\sum_{i=1}^{N} f_{P_r}(i)}{R} \\
f_{\mathrm{mAP}} = \dfrac{\sum_{j=1}^{K} f_{\mathrm{AP}}(j)}{K}
\end{cases}
\tag{3.22}
$$

同时,为了验证作为旋转飞机目标精炼检测网络前置网络的飞机区域识别网络针对速度的提升,采用模型参数量以及浮点运算量衡量模型的空间复杂度以及计算复杂度。

在深度学习中,模型参数量是一种用于衡量深度学习模型规模大小的指标。

它反映了网络所需存储的参数数量,通常是指网络中所有可训练参数的数量,直接影响到网络的存储空间和计算复杂度,因此也是网络选择和优化的一个重要考虑因素。较小的网络参数量通常意味着更少的计算资源需求、更快的训练和检测速度,同时也能减少过拟合的风险。

在计算网络参数量时,通常需要考虑两个方面:一是网络结构,不同的网络结构具有不同数量的参数。一些常用的结构,如卷积神经网络(CNN)和循环神经网络(RNN),通常具有较多的参数。二是参数数量,即模型中所有可训练参数的数量。可训练参数不仅包括权重、偏置等,还包括数据类型,网络参数的数据类型(如浮点数、整数等)也会影响网络参数量的计算。参数量的计算式如下:

$$f_{\text{Params}} = \sum_{i=1}^{N} K_i^2 \times C_{i-1} \times C_i \tag{3.23}$$

式中:N 为网络的总层数;K_i 为第 i 层卷积核尺寸;C_{i-1} 为第 i 层的输入通道数;C_i 为第 i 层的输出通道数。

浮点运算量是另一种用于衡量深度学习网络规模大小的指标,它表示网络中所有可训练参数的数量乘以每个参数所占用的比特数。通常,每个参数都是 32 位的浮点数,因此可以将每个参数所占用的比特数设为 32 位,这样就可以得到网络的浮点运算量。

与网络参数量不同,浮点运算量不仅考虑了网络中所有可训练参数的数量,还考虑了每个参数所占用的比特数。这意味着,两个网络在参数数量相同的情况下,如果其中一个网络使用了更少的比特来表示参数,它的浮点运算量就会更小。浮点运算量的计算公式如下:

$$f_{\text{Flops}} = \sum_{i=1}^{N} M_i^2 \times K_i^2 \times C_{i-1} \times C_i \tag{3.24}$$

式中:M_i 为第 i 层参数所占用的比特数。

浮点运算量与网络的存储空间和计算复杂度相关。它通常用于衡量模型的计算和存储要求,特别是在使用硬件加速器(如 GPU 或 TPU)进行训练时。浮点运算量也可以用于比较不同深度学习框架中模型规模的大小。

3. 实验结果分析

1)消融验证

为了验证本章提出的全局特征提取模块 AM-ResNet 的有效性,分别在特征提取骨干网络中使用 U-Net、ResUNet、PSPNet、DANet、EANet、CeNet 以及 AM-ResNet 进行了消融验证,表 3.5 列出了不同方法在 DOTA 数据集上的实验结果。可以发现,相较于初始网络 U-Net,其余添加注意力机制的网络结构在全局准确率与平均交并比方面都有较大提升,按照表中模型排序,其余网络的全局准确率分别提升了 2.3%、6.8%、7.5%、7.9%、8%和 8.8%。表 3.5 中数据表明基于 ResNet-34 的

AM-ResNet 获得了最高的 $F1$ 分数为 89.277%,最高的全局准确率为 90.860%,高于最近为自然图像设计的上下文信息聚合方法,如 PSPNet 和 DANet,也优于最近为遥感图像提出的多尺度特征聚合网络,如 ResUNet 和 EANet。mIoU 最高为 83.301%,表明 AM-ResNet 生成的注意力掩码图相较于其他网络可以更好地关注到飞机目标。以上数据表明,注意力机制在骨干网络中可以更好地优化特征图,通过网络权重系数的更新迭代,使网络更好地关注图像中的重要信息,减少了小目标飞机的漏检率。

表 3.5　各分类检测方法在 DOTA 数据集上的实验结果

方法	骨干网络	训练周期 epoch/s	参数量/$\times 10^6$	Mean $F1$/%	OA/%	mIoU/%
U-Net	—	251	43.420	73.731	82.023	61.362
ResUNet	—	511	39.946	78.868	84.350	66.995
PSPNet	ResNet-34	101	34.138	81.391	88.820	71.591
DANet	ResNet-34	85	22.782	84.264	89.524	74.728
EANet	ResNet-34	108	44.341	87.999	89.995	80.223
CeNet	ResNet-34	124	29.005	88.461	90.402	81.492
AM-ResNet	ResNet-18	42	10.403	87.676	90.047	80.749
	ResNet-34	73	16.972	89.277	90.860	83.301

同时,为了检验不同的骨干网络对准确率以及上下文信息获取的影响,分别采用 ResNet-18 和 ResNet-34 作为 AM-ResNet 的特征提取骨干网络。实验结果如表 3.5 所列,由该表中数据可知虽然 ResNet-34 相较于 ResNet-18 的训练周期 epoch 有所增长,但是最高平均 $F1$ 系数、全局准确率 OA 值以及 mIoU 都有明显的增长。通过对数据分析可知骨干网络为 ResNet-34 的 AM-ResNet 检测准确率最高,效果最好,网络参数量相较于其他语义分割网络大幅降低,在网络大小与检测精度上具有显著的优势,从而达到了精度与速度的最佳均衡。

由于本书设计的 LEAM,大大降低了计算成本。因此,无视输入图像的分辨率高低,仍可以直接对图像中每对像素位置的全局上下文信息进行建模,从而提高多阶段网络检测性能,捕捉到丰富且精细的特征。与其他网络相比,本书所提出的飞机区域识别算法具有明显优势。

由于本书设计的 AM-ResNet 采用了多阶段注意力模块来捕获全局的上下文信息,进行消融研究并测量每个注意力模块对于分类计算的影响都是必要的。注意力模块消融实验结果如表 3.6 所列,在增加了注意力模块之后,网络包含了更多的细节特征,检测精度逐步提升。与此同时,AM-ResNet 中使用 4 次注意力模块对编码后的特征图进行通道和空间上的处理,提高了模型对于小目标底层位置信息的检测能力,与其他目标检测网络相比注意力模块极大地提高了分类性能。同时可以发现,低层次的注意力模块相较于高层次的注意力模块对分类的准确度贡献更大。

表 3.6 注意力模块消融实验结果

方法	Mean $F1$/%	OA80/%	mIoU
ResNet-34	85.897	89.495	78.520
AM-ResNet1	86.159	89.543	79.420
AM-ResNet2	86.997	89.794	80.009
AM-ResNet3	87.352	90.025	81.184
AM-ResNet4	88.492	90.468	82.101
AM-ResNet	89.277	90.860	83.301

在本节的消融验证中,由于 ResNet-34 有预训练模型,全局特征提取网络 AM-ResNet 在进行了 100 个训练周期之后就达到了收敛状态。

2)可视化结果分析

飞机区域识别算法不仅通过全局特征提取网络 AM-ResNet 对滑窗切片后含的飞机区域的图像进行分类识别,而且将增强感受野之后的特征掩码图输入遥感影像旋转飞机目标精炼检测网络 R^2ODet 的 RPN 中,用以增强上下文信息和飞机目标的特征表达。为了进一步验证飞机区域识别算法的有效性,本节针对数据集中存在包括飞机目标密集排列、过度曝光、飞机与地面背景颜色相近以及背景复杂飞机目标微小的图像进行检测。飞机区域识别算法的输出注意力掩码结果如图 3.7 所示。

图 3.7(a)包含两张与背景颜色相近的大幅面遥感飞机图像。分别针对这两张图像进行滑窗切片得到包含飞机目标的遥感图像切片以及不含飞机目标的遥感图像背景切片图(图 3.7(b)),经过飞机区域识别网络得到输出的切片注意力掩码图(图 3.7(c))。对比图 3.7(c)的前两幅图和后两幅图可以发现,存在飞机目标的区域其特征掩码的显著性明显增强,而背景区域的特征掩码的响应程度很低。通过组图对比可以发现,全局特征提取网络 AM-ResNet 使用了通道注意力与空间注意力机制,有效提高了网络对于飞机目标的识别能力,抑制了背景信息的干扰。同时通过 Encode-Decode 的编解码结构,丰富了特征图的细节信息,并通过增强特征融合的方式,加强了对小目标的敏感程度,有效地提升了模型的鲁棒性。本节所提出的飞机区域识别网络可以使图像更加关注飞机目标本身。

图 3.7　AM-ResNet 输出的注意力掩码图

3.1.3　基于 A^2RNet 的飞机区域识别算法

1. A^2RNet 算法框架

一般遥感图像的分辨率都在千位数量级,在分辨率为米级的遥感图像中,其囊括的地域范围可达数平方千米甚至数十平方千米。因此,相对于飞机目标而言,遥感图像广阔的背景十分复杂且没有明显的视觉规律。而待检测的飞机目标本身作为特殊的人类文明造物,其基本只停放在特定的地方。换而言之,在遥感图像中,飞机目标往往具有稀疏聚集性:在遥感图像中,飞机目标是少数实例,其分布是稀疏的;但在存在飞机目标的地方,其分布又往往是密集聚集的。针对遥感图像的特点和后续基于 Faster R-CNN 框架的需要,本书采用识别飞机区域——区域内飞机定位的思路进行算法的设计。

在图 3.8(a)中,飞机主要聚集在左上区域,而右下区域是复杂的建成区背景;在图 3.8(b)中飞机目标则集中在图像的右下角区域,剩下的区域则是稀疏的农田

(a) 包含飞机目标的遥感图像(左上) (b) 包含飞机目标的遥感图像(右下)

图 3.8 遥感图像的特点

和小型建筑。通过观察遥感图像的众多样例可知,遥感图像的背景是复杂的,且飞机在遥感图像中的分布是稀疏的,会在特定的地方,如停机坪、跑道等聚集。因此,一方面为了提高检测效率和检测的准确率,另一方面为了使网络输入的图像的尺寸规模控制在可以接受的范围,需要先识别出大幅面遥感图像中潜在的飞机目标区域,再对该区域进行精准的飞机目标定位。

根据上述分析,本书设计了飞机区域识别网络 A^2RNet,该网络架构如图 3.9 所示。飞机区域识别网络 A^2RNet 主要由轻量化 ResNet 和背景解析模块(background analysis module, BAM)组成。A^2RNet 可以直接将大幅面的遥感图像作为输入,而不需要进行滑窗切片处理;而轻量化 ResNet 用于提取大尺度遥感图像的各个区域的特征,在得到区域特征后,背景解析模块对其进行上下文信息补充,从而得到感受野扩大后的特征图,并使用该图进行飞机区域的二分类,得到潜在的飞机区域。最后 BAM 输出增强后的特征图和二分类结果,作为先验信息用于后续的飞机目标定位。

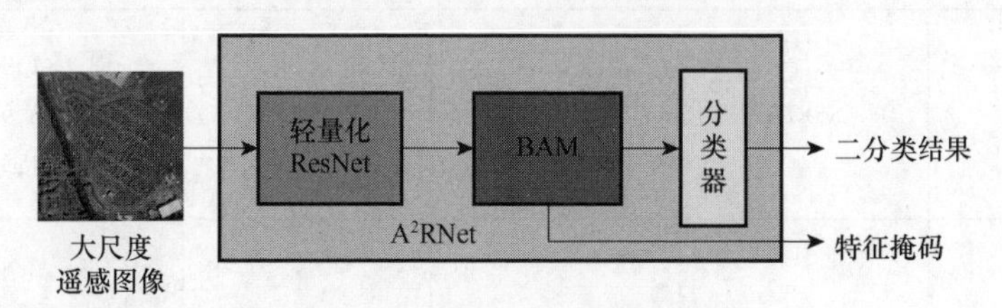

图 3.9 A^2RNet 网络框架

2. 轻量化骨干网络设计

1)骨干网络结构

由于大幅面的遥感图像分辨率很高,如 DOTA 的遥感图像分辨率像素为 800×800~4000×4000,而网络提取特征的计算开销与图像幅面呈二次关系,在图像分辨率相差 10 倍的时候,其计算开销将成百倍的增加。因此,直接将高分辨率图像送入网络会大大增加网络的计算负担。为此,在设计飞机目标识别网络时有必要降低网络的计算量。从另一个层面上看,若网络不是轻量化的,则飞机目标识别网络便没有存在的意义。2015 年提出的 ResNet 在传统的卷积神经网络的基础上增加了残差模块,有效地缓解了随着网络深度的加深而出现的网络退化,且增加的残差连接使网络的参数空间分布更为平滑,训练时收敛速度也更快。因此,本节以 ResNet 为主要的网络结构,对其进行轻量化设计。本节设计的 A^2RNet 结构如表 3.7 所列。

表 3.7 A^2RNet 结构

图层名称	输出尺寸	步长	空洞率	50 层
Input Layer	1345×1345	—	—	—
Conv1	672×672	2	1	[3×3,12]×3
Conv2_x	336×336	2	1	3×3,最大池化 [1×1,12; 3×3,12; 1×1,48]×3
Conv3_x	168×168	2	1	[1×1,24; 3×3,24; 1×1,96]×4
Conv4_x	85×85	2	2	[1×1,48; 3×3,48; 1×1,192]×6
Conv5_x	85×85	1	4	[1×1,96; 3×3,96; 1×1,384]×3
Classifier*	5×5	12	2	[BAM; [11×11,384]×1; [1×1,384×1]×1; Sigmod]

注:* Classifier 模块不属于轻量化 ResNet 的组成部分。

本节设计的轻量化 ResNet 借鉴了 ResNet-50 的结构。在传统的 ResNet 结构中,其输入图像的像素尺寸为 224×224,且特征提取被分为了 5 个阶段,每个阶段都会对特征图进行 2 倍的下采样,最终经过 32 倍下采样后得到 7×7 的特征图,对该特征图进行全局平均池化处理和连接全连接层后,使用 Softmax 分类器来实现最终的图像分类。

轻量化 ResNet 在原 ResNet-50 的基础上做了改进。为了降低网络的参数数量,减少了 ResNet 的通道数,将原来的 ResNet 的[64,128,256,512,1024]通道配置替换成[12,12,24,48,96],从而大大降低了参数数量。与此同时,考虑到更深的网络能得到更好的性能,将原网络的 7×7 大小的卷积核替换成了 3 个 3×3 大小的卷积核。由于本节提出的 A^2RNet 希望输出 Conv5 特征图作为后续算法的全局信息掩码。因此,本节设计的轻量化 ResNet 取消了 Conv5 阶段的下采样,为了弥补缺少下采样带来的感受野丢失的不足,在 Conv4 阶段设置卷积核的空洞率为 2,Conv5 阶段设置卷积核的空洞率为 4。这样,由于 A^2RNet 设计的输入图像尺寸是 1345 像素×1345 像素,经过 16 倍的下采样后,网络 Conv5_3 将输出像素为 85×85 大小的特征图。

对于得到的 Conv5_x 的特征图,若按照每个特征图的像素单元进行逐点飞机识别固然可行,但由于飞机是目标级标注,并没有像素级的目标标签,逐点识别会将目标边框内的背景样本识别为飞机,为网络带来不可预估的噪声干扰,且逐渐识别会带来额外的计算开销。因此,需要进一步精炼特征图,从中提取出遥感图像切片的区域信息。

表 3.7 中的 Classifier 阶段严格上并不属于轻量化 ResNet 的组成部分,但为了保持网络的完整性,将其作为轻量化 ResNet 的最后一个模块放在该表中。Classifier 阶段,在网络中嵌入了 BAM 模块后,插入了 2 层大小为 11×11、步长为 12 的卷积核,从而在像素为 85×85 的特征图中提取出像素为 5×5 的区域特征图,A^2RNet 在其后接上大小为 1×1×384 的卷积核,用以从大小为 5×5×384 的向量中提取分类分数,最后接上 Sigmod 分类器进行二分类,从而从中筛选出包含飞机样本的遥感图像切片。

此外,为了在轻量化与性能之间找到最佳平衡,本节设置了控制通道数的超参数 ρ,用于控制整体网络参数数量的大小,表 3.7 展示的 A^2RNet 作为基准架构,其通道数超参数 ρ 设置为 1。

2)图像区域特征提取

A^2RNet 最终提取到像素为 5×5 的特征图,对特征图上的每个像素单元做二分类。进行二分类的行为即判断该目标区域内是否包含飞机目标的过程。这是因为根据感受野理论,对于 Classifier 输出的像素为 5×5 特征图,其每个输出的每个像素单元都对应着原图像中的一片区域。换言之,最终输出的像素为 5×5 特征图的每个像素单元,包含了原始输入图像内感受野区域提取的信息,而其提取到的特征是感受野区域内的特征。如图 3.10 所示,对于 Classifier 输出的像素为 5×5 特征图中,坐标(2,2)处像素单元输出的维度大小为[1,384]的向量,本质上是对原图像输入中心附近的图像区域的高级语义表示。因此,可以通过训练网络的方式,利用该语义表示来表达原始输入图像中是否包含了潜在的飞机目标。

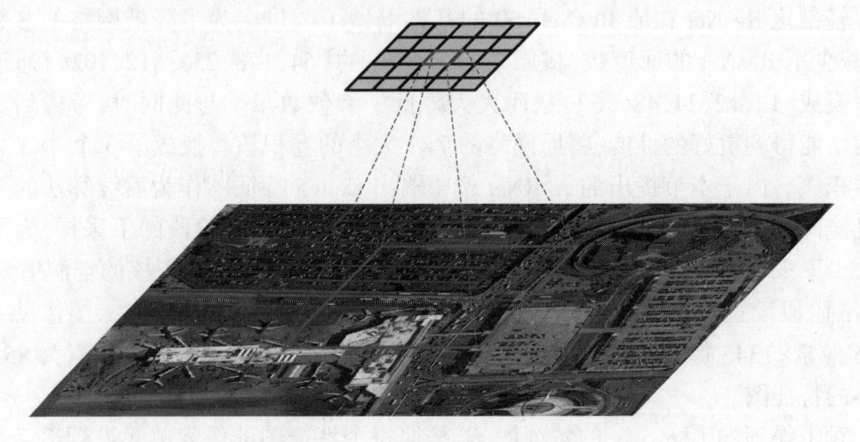

图 3.10　区域特征提取示意图

3. 背景解析模块设计

虽然深度卷积神经网络理论上的感受野甚至比输入图像还要大,但实际上越靠近感受野中心的像素越可以通过更多的路径传递其影响,从而使感受野中各像素对输出的影响呈高斯分布[55]。这意味着,对处于深层的卷积核,离感受野中心远的像素却很难影响到输出特征,这导致实际感受野的范围远小于理论感受野的范围。因此,对于 A^2RNet 的轻量化 ResNet 而言,尽管经过卷积和池化,理论感受野比原始输入图像大,但是由于网络训练时的梯度高斯衰减性质,网络的有效感受野要远小于理论感受野,即便在 Conv5_x 后接了步长为 12、空洞率为 2、大小为 11×11 的卷积核,其理论感受野比直接使用大小为 11×11 的卷积核大了 1 倍,但仍然不能够保证在最终像素为 5×5 的特征图输出中,其像素单元对应的每个有效感受野可以完整均匀覆盖在原图像上,不出现漏检的情况。

图 3.11 为有效感受野覆盖示意图。在图 3.11(a)中,输出特征图的有效感受野均匀地、整齐地刚好将原始输入图像覆盖,这时可以保证 A^2RNet 的二分类结果完整地识别图像中的所有飞机区域;在图 3.11(b)中,足够大的有效感受野互相重叠,甚至会出现飞机区域中的飞机目标被背景区域对应的像素单元有效感受野覆盖的情况,如像素单元(2,3),其对应的有效感受野将原本属于像素单元(2,2)的飞机目标覆盖,但这不足为虑,可以通过训练约束保证分类的准确性;在图 3.11(c)中,有效感受野不能完整覆盖整个原图像,这导致对应的原图像中将出现棋盘状的区域,该区域内的飞机目标无法被有效覆盖,这将是致命的,如像素单元(4,2),原本的飞机目标因为有效感受野太小而无法获得该处的飞机信息,这导致其

分类错误,进而使原本存在飞机目标的区域被误识别为背景区域,后续算法将无法定位该处位置的飞机目标,因此,需要尽可能扩大 Classifier 中输出的 5×5 特征图感受野,以保证 A^2RNet 的识别性能。

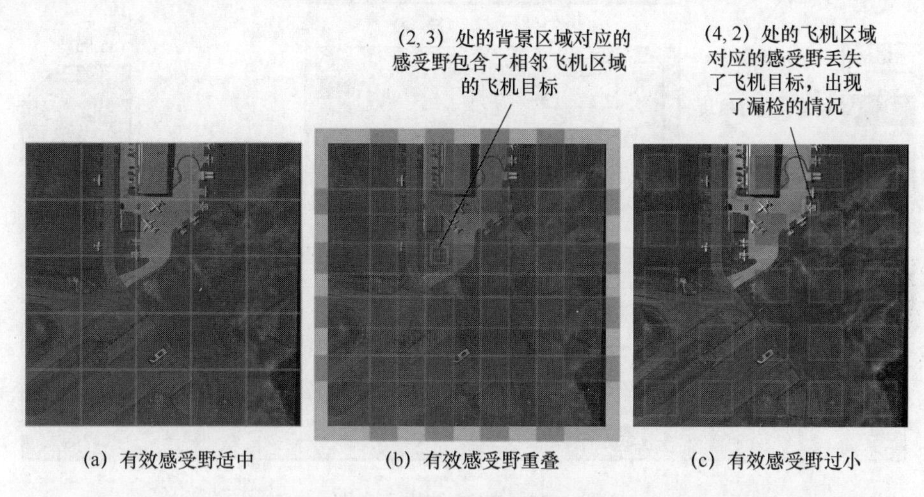

图 3.11　有效感受野覆盖示意图

根据上述分析,设计了背景解析模块,该模块的整体框架如图 3.12 所示。BAM 整体由多层级金字塔解析模块(multi-level pyramid parsing module, MPPM)和快速注意力模块(fast attention module, FAM)组成。多层级金字塔解析模块用于生成多层级空间池化金字塔特征,以获取不同层次特征图下的各个金字塔池化特征图;快速注意力模块用于从特征图中动态地对不同层次、不同尺度的各个池化特征图通道赋予不同的权重。

BAM 采用轻量化 ResNet 中像素为 168×168、85×85、85×85 的输出特征图作为模块的输入。BAM 中的 MPPM 将这些输入各自独立地进行空间金字塔池化,并将多层级金字塔池化特征图作为 FAM 的输入,FAM 对输入的各个特征图进行显式地建模,从而捕捉多层级金字塔池化特征图各个通道的互相依赖关系,FAM 将输出与输入进行乘积操作,从而获得多层级金字塔语义信息,BAM 将 Conv5_3 的输出与多层级金字塔语义进行 Concatenation 融合,在经过 3×3 卷积后,获得感受野增强特征图,并将其输出。

1)多层级金字塔解析模块设计

根据有效感受野理论,在网络顶部输出特征图,每个像素单元的语义信息都只是从图像的局部抽取的,而并非从综合图像整体获得。进一步分析可知,面对复杂的开放式场景,直接使用输出特征图而不考虑场景的上下文语义,会给模型的预测带来极大的负面影响,甚至会导致预测失败。为此,应当为获取的输出语义信息补充上下文信息。

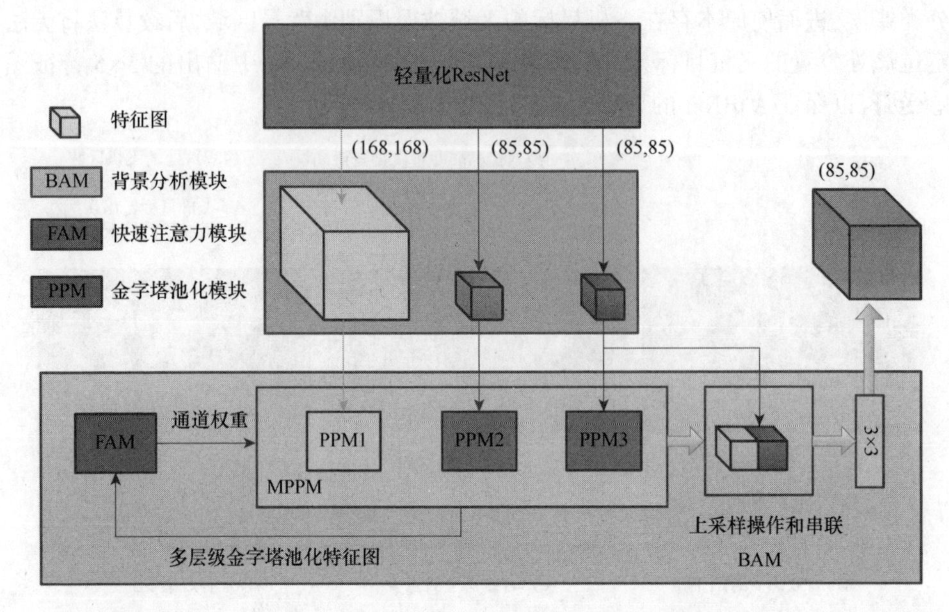

图 3.12　BAM 结构示意图

对特征图进行全局平均池化,池化后的向量包含了特征图的全局语义信息,它可以为特征图补充上下文信息。但全局平均池化操作会使特征图丧失空间信息,只能笼统地获得一个表征全局信息的向量,这无法保证其完全描述开放式复杂场景下的图像的上下文语义信息。因此,为了更为精细地获取图像的上下文语义信息,PSPNet 通过金字塔解析模块(pyramid parsing module, PPM)来获取不同池化的输出特征图,从而形成金字塔语义信息,进而使用金字塔语义信息作为顶部输出特征图的上下文信息补充,本节使用的 PPM 结构示意图如图 3.13 所示。首先 PPM 对输出特征图施行不同尺度的平均池化,接着 PPM 通过 1×1 卷积将各个尺度的上下文信息的通道压缩为原来的 1/4 以保持权重的稳定,然后 PPM 将这些不同尺度的池化特征图的分辨率上采样到原始的 PPM 的输入,从而得到了包含一定空间信息的金字塔上下文语义信息。

虽然 PPM 能够为模型提供不同尺度的上下文信息,但由于 CNN 本质上是一个有损压缩模型,它的结构中包含了下采样过程,网络顶部输出的特征语义并不能完全描述输入图像的所有特征,因为其中的空间信息在不断地下采样过程中丢失了,所以 PPM 利用顶部输出特征图得到的金字塔语义信息也不能很好地描述输入图像的上下文语义信息。基于这一点,我们提出了多层级金字塔解析模块,通过在轻量化 ResNet 的不同阶段的卷积层中嵌入不同池化尺度的 PPM 来捕获不同层次、不同分辨率的特征图的上下文信息语义,从而获取到更为完整和丰富的上下文信息。MPPM 的结构配置如表 3.8 所列。

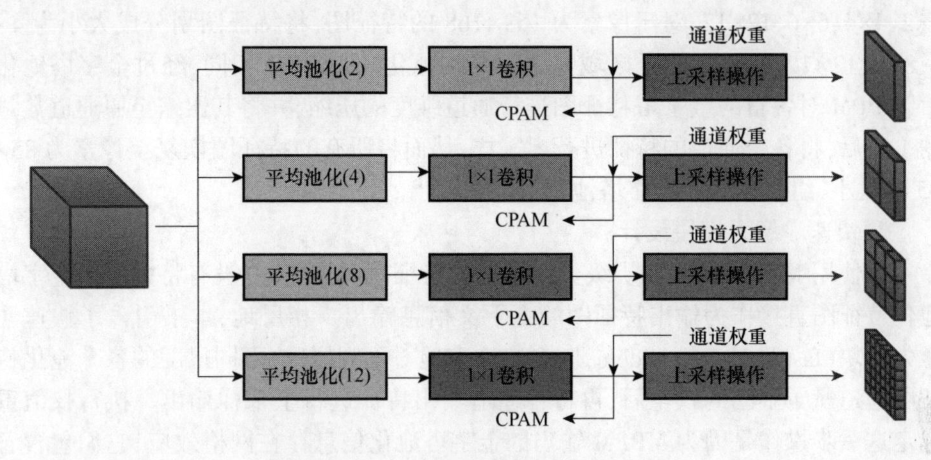

图 3.13　本节使用的 PPM 结构示意图

表 3.8　MPPM 的结构配置

模块名称	嵌入位置	输入尺寸/像素	池化参数	输出尺寸/像素
PPM1	Conv3_4	168×168	4	[4×4, 8×8, 12×12, 24×24]
PPM2	Conv4_6	85×85	2	[2×2, 4×4, 6×6, 12×12]
PPM3	Conv5_3	85×85	2	[2×2, 4×4, 6×6, 12×12]

MPPM 是在 PSPNet 的 PPM 模块的基础上改进得到的。概括地说，MPPM 是若干 PPM 模块的集合，本节设计的多层级金字塔解析模块 MPPM 由 PPM1 ~ PPM3 组成，三者除了输入尺寸和池化参数有区别，其余结构都是一样的。

MPPM 从轻量化 ResNet 的 Conv3_4、Conv4_6 和 Conv5_3 处获取其特征图作为输入，并将其输入 PPM1、PPM2 和 PPM3 模块中，从而得到各自的金字塔池化特征图。对不同分辨率的特征图采用了不同的池化策略，以保留更多的空间信息。对于像素为 85×85 的特征图，其池化参数设置为 2，池化后的特征图像素分别是

2×2、4×4、6×6、12×12,对于像素为 168×168 的特征图,将特征图划分成大小为 4×4、8×8、12×12、24×24 的子区域并进行平均池化。与 PPM 相同,经过金字塔池化后,MPPM 对各自的金字塔特征图进行通道维度的压缩,并将其压缩至原通道数量的 1/4 后,将各个通道的特征进行上采样,从而将所有的特征图恢复至像素为 85×85 的大小,组成多层级金字塔池化特征图输出。

2)快速注意力模块设计

在使用 MPPM 得到多层级金字塔池化特征图后,本节并没有将多层级金字塔池化特征图直接作为输出特征图的上下文信息输出。相反地,本书引入了快速注意力模块(fast attention module,FAM),动态地对不同层次、不同尺度的各个池化特征图通道赋予不同的权重后,再将各通道输出特征进行上采样输出。执行权值重标定这一步操作是因为 MPPM 输出的金字塔池化信息存在网格效应,它们包含着对分割不利的噪声;更为重要的是,MPPM 浅层的金字塔池化语义虽然包含了更多的空间信息,但它们往往不够突出,在输出特征图中直接引入它们将会导致融合之后的特征图出现歧义。

虽然经过 MPPM 中的 1×1 卷积压缩通道数后,MPPM 输出的总通道数为 168。但如此规模的通道数使用通道注意力模块(SE module)仍然会带来不可忽视的计算代价。基于这一点,我们重新设计了一种快速高效的 FAM,以有效降低引入的参数数量和额外的计算开销。FAM 结构示意图如图 3.14 所示。FAM 由两部分组成,分别为快速计算单元(FCU)和轻量级列卷积模块(LCCM)。快速计算单元是快速计算特征图通道之间的关联性,生成特征平均关联矩阵;轻量级列卷积模块是从关联矩阵中提取出通道的重标定权值。

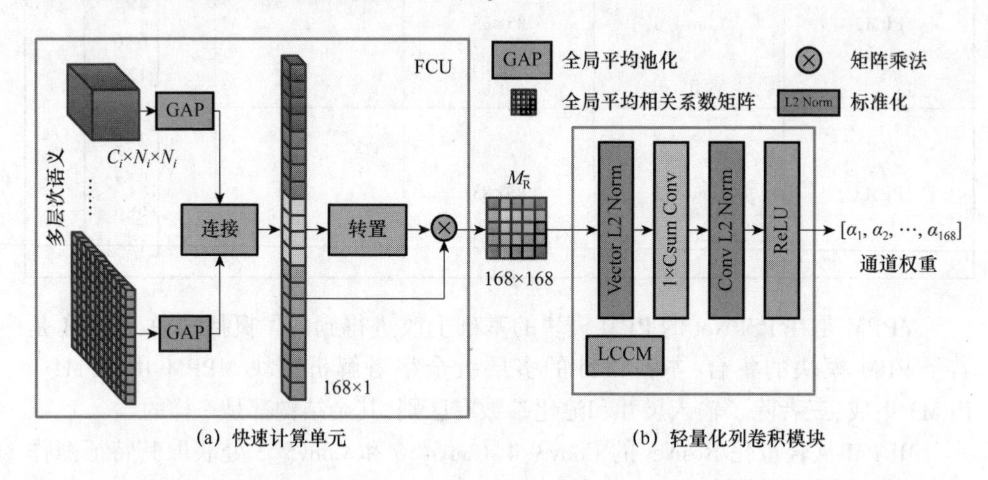

图 3.14　FAM 结构示意图

(1)快速计算单元。相关函数描述了两个信号在任意两个时刻下取值的相似性。给定离散信号$f_1(n)$和$f_2(n)$,在时差k时,信号$f_1(n)$对信号$f_2(n)$的相关函数可表示为

$$R_{12}(k,n) = \sum_{k=-\infty}^{\infty} f_1(k+n)f_2(n) \tag{3.25}$$

对于MPPM的多层次金字塔池化特征图,每个通道的特征可视为一个二维离散信号,则它们两两之间的相关函数可描述为

$$\begin{cases} R_{pq}(k_i,k_j,i,j) = \sum_{i,j} \boldsymbol{I}_p(i+k_i,j+k_j)\boldsymbol{I}_q(i,j) \\ R_{qp}(k_i,k_j,i,j) = \sum_{i,j} \boldsymbol{I}_p(i,j)\boldsymbol{I}_q(i+k_i,j+k_j) \end{cases} \tag{3.26}$$

式中:$\boldsymbol{I}_p$、$\boldsymbol{I}_q$为特征图任意两个输出通道的特征;R_{pq}、R_{qp}分别为$\boldsymbol{I}_p$对$\boldsymbol{I}_q$、$\boldsymbol{I}_q$对$\boldsymbol{I}_p$的相关函数;i、j为二维离散信号的行坐标与列坐标;k_i、k_j分别为两通道输出特征之间行坐标i和列坐标j的相对位置差。

相关信号$R(k_i,k_j,i,j)$表征了两两通道在空间域有位置差(k_i,k_j)时,两个通道输出特征重叠的子区域之间的关联程度。与相关矩阵不同,相关函数$R(k_i,k_j,i,j)$更能刻画输出特征空间域的整体依赖关系。设通道输出特征$\boldsymbol{I}_p$和$\boldsymbol{I}_q$的尺度分别为N_p和N_q,则相关信号R_{pq}和R_{qp}同样为二维随机信号,其尺度大小为$N_R = N_p+N_q-1$。如果直接使用$R(k_i,k_j,i,j)$中的每个值来计算通道权重,则其计算量是不可接受的。考虑到最终获取的是通道权重,本节可以对$R(k_i,k_j,i,j)$直接进行全局平均池化操作,以得到任意通道之间的平均相关系数

$$\overline{R} = \mathrm{GAP}\left(\sum_{k_i,k_j} R(k_i,k_j,i,j)\right) \tag{3.27}$$

容易证明$\overline{R}_{pq}$与$\overline{R}_{qp}$相等。这样,利用$\overline{R}$获取通道权重可以降低算法设计复杂度。但计算平均关联度时$\overline{R}$仍需要消耗较多的计算资源。注意到

$$\begin{aligned} \overline{R}_{pq} &= \mathrm{GAP}\left(\sum_{k_i,k_j} R(k_i,k_j,i,j)\right) \\ &= \frac{\sum_{k_i=1,k_j=1}^{N_R,N_R} i_{R_{pq},k_i,k_j}}{(N_p+N_q-1)^2} \\ &= \frac{\sum_{k_i,k_j}\sum_{i,j} \boldsymbol{I}_p(i+k_i,j+k_j)\boldsymbol{I}_q(i,j)}{(N_p+N_q-1)^2} \\ &= \frac{\sum_{i=1,j=1}^{N_p^2,N_p^2} i_{p,i,j} \cdot \sum_{i=1,j=1}^{N_q^2,N_q^2} i_{q,i,j}}{(N_p+N_q-1)^2} \end{aligned}$$

$$=\left(\frac{N_p N_q}{N_p + N_q - 1}\right)^2 \mathrm{GAP}(\boldsymbol{I}_p) \cdot \mathrm{GAP}(\boldsymbol{I}_q) \tag{3.28}$$

式(3.28)表明,求两个通道的平均相关系数,等价于求两个通道全局平均池化信息的乘积。通过该式(3.28)可以将计算 $\overline{R}$ 的乘法复杂度从 $O(N_p^2 N_q^2)$ 降到 $O(1)$,将加法复杂度从 $O(N_p^2 N_q^2)$ 降到 $O(N_p^2 + N_q^2)$ 。由此本节构建了计算多层次金字塔池化特征图的平均关联矩阵的快速计算单元,如图 3.7(a)所示。本节对输入 FAM 的多层次金字塔池化特征图进行全局平均池化操作,并将其进行 Concatenation 连接,得到全局池化向量;接着将其对齐后进行转置再与自身进行矩阵乘法操作,得到平均相关系数矩阵。该矩阵描述了任意两个输出通道之间的平均相关系数,它隐含了各个通道之间的权重。

(2)轻量级列卷积模块。为了挖掘平均相关系数矩阵中通道权重,本节构建了轻量级列卷积模块,如图 3.7(b)所示。LCCM 由向量 $\boldsymbol{L}2$ 标准化层、列卷积层、卷积 $\boldsymbol{L}2$ 标准化层和 ReLU 层组成。对 FCU 计算得到的相关系数矩阵,可看成由一系列列向量组成,$\boldsymbol{M}_{\overline{R}} = (\boldsymbol{V}_1, \boldsymbol{V}_2, \boldsymbol{V}_3, \cdots, \boldsymbol{V}_{C_{\mathrm{sum}}})$,$C_{\mathrm{sum}}$ 为多层次特征图的总通道数。$\boldsymbol{M}_{\overline{R}}$ 中的任何一列向量 $\boldsymbol{V}_p = (\overline{R}_{p1}, \overline{R}_{p2}, \overline{R}_{p3}, \cdots, \overline{R}_{pC_{\mathrm{sum}}})$ 的每个元素表征了通道 P 对包括自身在内的所有通道的相关程度。换言之,$\boldsymbol{V}_p$ 描述的是在线性空间中通道 P 的相对距离。本节在该空间中定义一个期望向量 $\boldsymbol{C} = (c_1, c_2, c_3, \cdots, c_{C_{\mathrm{sum}}})$,表示为轻量级 ResNet 从数据集中学习到的,某个通道对所有通道的最佳相对距离,则 $\boldsymbol{V}_p$ 到 $\boldsymbol{C}$ 的标准余弦距离 $\alpha_p = \cos < \boldsymbol{V}_p, \boldsymbol{C} >$ 是向量 $\boldsymbol{V}_p$ 在 $\boldsymbol{C}$ 上的投影,它表示 $\boldsymbol{V}_p$ 与 $\boldsymbol{C}$ 的相似度;以 $\boldsymbol{C}$ 为基准,向量 $\boldsymbol{V}_p$ 与 $\boldsymbol{C}$ 越相似,通道 P 的相对距离越与“最佳相对距离”吻合,此时的通道 P 应当分配更大的权重。α_p 作为余弦相似度度量指标,可以直接作为通道 P 的权重,由于

$$\begin{aligned}\alpha_p &= \cos < \boldsymbol{V}_p, \boldsymbol{C} > \\ &= \frac{\boldsymbol{V}_p \cdot \boldsymbol{C}}{\| \boldsymbol{V}_p \|_2 \| \boldsymbol{C} \|_2} \\ &= \frac{\boldsymbol{V}_p}{\boldsymbol{V}_{p2}} \cdot \frac{\boldsymbol{C}}{\boldsymbol{C}_2}\end{aligned} \tag{3.29}$$

即 α_p 可以看成 $\boldsymbol{V}_p$ 的单位向量与 $\boldsymbol{C}$ 的单位向量的内积。又由于考虑到 $\alpha_p \in [-1,1]$,$\alpha_p < 0$ 时表示通道 P 的通道相对距离与期望距离呈负相关状态,此时通道分配负权重没有实际意义。因此,本节保留正权重,而负权重应当丢弃。

本节设计的 LCCM 实现了上述计算权重的过程:本节使用向量 $\boldsymbol{L}2$ 标准化层和卷积 $\boldsymbol{L}2$ 标准化层对 $\boldsymbol{V}_p$ 和 $\boldsymbol{C}$ 进行标准化,得到它们的单位向量;由于 $\boldsymbol{M}_{\overline{R}}$ 与 $\boldsymbol{C}$ 的逐列内积可以看成 $\boldsymbol{M}_{\overline{R}}$ 与 $\boldsymbol{C}$ 进行 $1 \times C_{\mathrm{sum}}$ 行卷积操作,因此本节使用期望向量 $\boldsymbol{C}$ 构

建了列卷积层,用于将 $M_{\bar{R}}$ 映射成通道权重 $[\alpha_1,\alpha_2,\cdots,\alpha_{C_{\text{sum}}}]$,该列卷积层是可训练的;ReLU 层则用于去除所有的负权重,并将正权重原值映射到输出。与 SE 模块相比,FAM 使用了更少的参数;与 DANet 的通道域注意力模块相比,FAM 的计算开销大大降低了。

4. 试验设计

1)数据集的获取

本节实验使用了遥感影像开源数据集 DOTA 和自建遥感飞机目标数据集。

DOTA Dataset(a large-scale dataset for object detection in aerial images)是著名的遥感图像开源数据集。使用 DOTA 训练的模型可以对航拍图像进行目标检测。DOTA 数据集中共包含了 15 种类别,分别为飞机、轮船、储槽、网球场、篮球场、棒球场、田径场、港口、桥、大的交通工具、小的交通工具、直升机、环岛、足球场和游泳池。DOTA 包含的图像样本来自不同的传感器和遥感平台,共有 2806 张图片,其分辨率像素为 800×800~4000×4000 之间;数据集中的图像样本包含了不同尺度、不同方向和不同性质的目标。完全注释的 DOTA 图像包含 188282 个实例,每个实例均由任意四边形进行标记。DOTA 数据集由武汉大学于 2017 年 11 月 28 日发布在 arXiv 上,2018 年在 IEEE 计算机视觉和模式识别会议(CVPR)上发布。

DOTA 数据集样例示意图如图 3.15 所示。原 DOTA 数据集尺寸较大,包含物体众多,本节根据算法的需求重点选取了包含大量密集排列的小目标如飞机、轮船、汽车等的图片,然后对图片做了一定的剪裁,得到了本节需要的数据集,其中训练集包含了 6070 张图片,测试集包含了 1200 张图片。

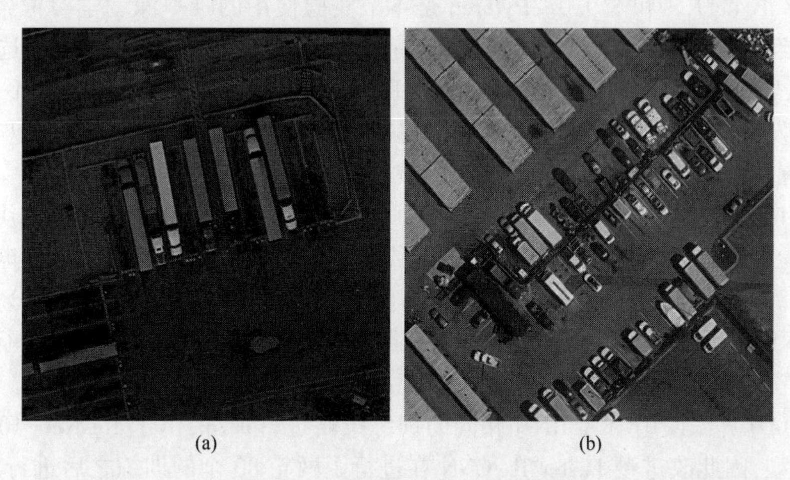

(a) (b)

图 3.15　DOTA 数据集样例示意图

本节中用到的另一个遥感数据集为自建的遥感飞机目标检测数据集。该数据集使用海南1号卫星的数据,为了保证网络训练的鲁棒性,本数据集还采集了在该地区中的一些仓库、港口以及港口附近的一些船只的实例样本。在自建的遥感飞机目标数据集中,本节的训练数据集有 1087 张图像,测试数据集有 122 张图像。该数据集的样例示意图如图 3.16 所示。

(a) (b)

图 3.16 自建飞机目标检测数据集样例示意图

2)环境配置与训练策略

本节提出的算法在实验室的深度学习服务器上进行网络验证与测试实验。实验室的服务器硬件配置:Intel Core(TM)i7-10700KF,内存为32G,GPU为显存24G的 NVIDIA GeForce RTX3090Ti。同时,CUDA、Anaconda 和 Pytorch 使用的版本分别为11.1、4.11.3和1.9.0。Pytorch是本节实验使用的唯一深度学习框架,它有助于神经网络的结构设计、模型训练和特征提取及可视化。本节之所以选择 Pytorch 框架,是因为其具备诸多优点:具有良好的可扩展性,很好地满足了不同条件下的开发者需求;具有可观的处理速度;具有活跃的社区,与社区开发者进行学术交流,有利于个人的学习与理解。

A^2RNet 整体网络使用 BCE Loss 来训练网络。网络训练的优化器使用 SGD,初始学习率 α 设置为 1×10^{-5},并使用指数衰减(衰减率为 0.9)的学习策略,在对模型训练了 300 个 epoch 后,并在不同 ρ 值下,测试了 LGFEM 的参数和分类精度的大小。在网络的训练过程中还使用了图像随机增强的策略对数据集进行扩展,增强方法包括旋转、镜像、缩小、高斯模糊等。

EOAD 算法使用与 A^2RNet 相同的训练策略进行训练,由于 ResNet-101 有预训练模型,因此改进型 Faster R-CNN 在进行了两轮 80 个的训练之后进行旋转飞机目标检测。在训练旋转精炼检测网络的过程中,A^2RNet 也一起参与网络的训练,并在多轮的训练过程中使其达到收敛状态。

3.2 基于改进型 Faster R-CNN 遥感图像飞机目标识别和定位算法设计

在大尺度遥感图像中,其地表视觉信息复杂纷乱,且飞机目标往往呈稀疏性聚集的状态。针对上述特点,本节以卷积神经网络为基础框架,采用飞机区域识别——飞机目标定位——全局处理的方法,设计飞机目标高效检测(efficient aircraft object detection, EAOD)算法对遥感图像飞机目标进行识别和定位。

3.2.1 算法框架

本节使用改进型 Faster R-CNN 定位飞机目标。由于遥感图像幅面大、背景复杂且飞机目标稀疏性聚集,直接使用 Faster R-CNN 时遥感幅面太大导致检测精度、检测速率降低。若将遥感图像进行切片后送入 Faster R-CNN 中,则图像切片会缺失上下文信息,导致检测精度降低、网络泛化能力差。为此,本节采用了先识别潜在飞机区域后精准定位飞机目标的思路设计高效飞机目标检测算法。

本节设计的 EAOD 算法框图如图 3.17 所示。该算法主要由飞机区域识别网络 A^2RNet、改进型 Faster R-CNN 和全局处理模块(global processing module, GPM)三个模块组成。其中:A^2RNet 用于识别包含飞机样本的区域图像并输出包含图像全局信息的特征掩码;改进型 Faster R-CNN 用于对含有飞机样本的区域图像切片的目标进行检测;GPM 则用于整合 A^2RNet 和改进型 Faster R-CNN,从而对遥感图像切片进行筛选、特征增强,进一步提升遥感图像飞机目标的检测效率。

EOAD 算法的流程:首先使用飞机区域识别网络 A^2RNet 将输入的遥感图像划分成大小为 5×5 的切片,并对其进行飞机区域识别,输出识别结果,与此同时,A^2RNet 还输出整个遥感图像的整体感受野增强特征图。其次,GPM 将 A^2RNet 的输出作为输入,并根据 A^2RNet 的识别结果对输入图像切片处理,过滤掉无效的背景区域,保留飞机区域;与此同时,A^2RNet 根据识别结果对感受野增强特征图做一致的处理。再次,改进型 Faster R-CNN 将 GPM 得到的包含飞机目标的图像切片和对应的特征掩码分别送入骨干网络和骨干网络的输出特征中。接着图像切片经过改进型 Faster R-CNN 的特征提取后,与特征掩码进行融合,生成包含切片外上下文信息的特征表示。最后,该特征表示经过 FPN 模块进行跨尺度特征融合和旋转精炼分类模块(relation refined classifying module, R^2CM)进行分类回归后,输出最终的飞机目标定位结果。

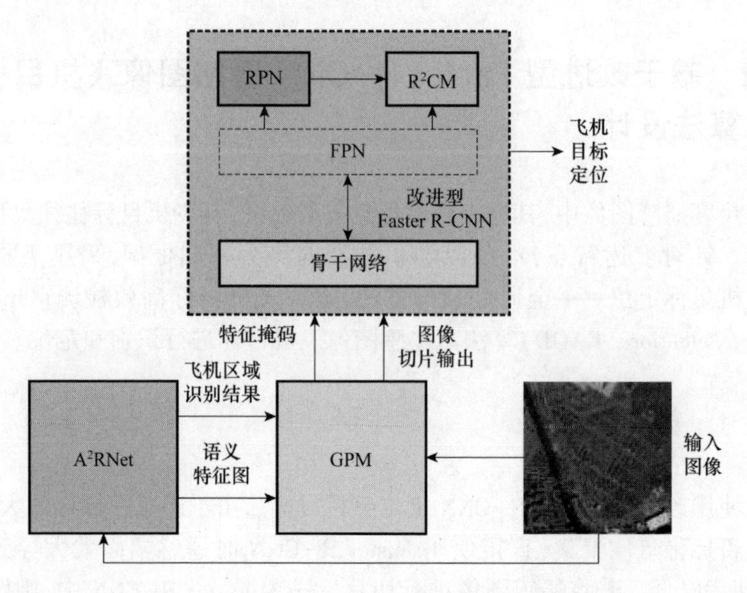

图 3.17　EAOD 算法框架

3.2.2　改进型 Faster R-CNN 算法设计

1. 改进型 Faster R-CNN 网络结构设计

对深度卷积神经网络而言,因其高度非线性和池化,在一定程度上使深度网络提取的特征具备了一定程度的旋转不变性,且其旋转不变性随着深度的增加而增加;但有些飞机目标尺度较小,目标的旋转角度任意,而且传统的深度卷积神经网络检测算法基于矩形框做预测,并没有预测旋转角度的功能,因此,基于开放式自然场景下的传统深度卷积神经网络检测算法并不适用于遥感场景下的飞机目标检测。一般旋转检测的做法是在目标检测器的边框回归项中增加边框角度参数进行旋转框的预测,但这些检测器在类别目标密集分布的场景下检测仍有困难。有鉴于此,本节在 ResNet、FPN、R^3Det 和 RBF-Softmax 等基础上,提出一种精炼旋转分类模块 R^2CM 并对 Faster R-CNN 结构进行改进,改进型 Faster R-CNN 网络结构如图 3.18 所示。

改进型 Faster R-CNN 由骨干网络 ResNet-101、特征金字塔网络(FPN)和旋转精炼分类模块(relation refined classifying module, R^2CM)三个部分组成。与原网络不同,改进型 Faster R-CNN 的骨干网络将 VGG 替换为 ResNet-101,并将 FPN 网络嵌入 RPN 和 ResNet-101 之间,其中每层的金字塔网络都有一个 RPN 提取出候选框,最后将 Faster R-CNN 中的多个 R-CNN 模块更换为 R^2CM,使改进型 Faster R-CNN 适用于精细化的遥感图像飞机目标检测。

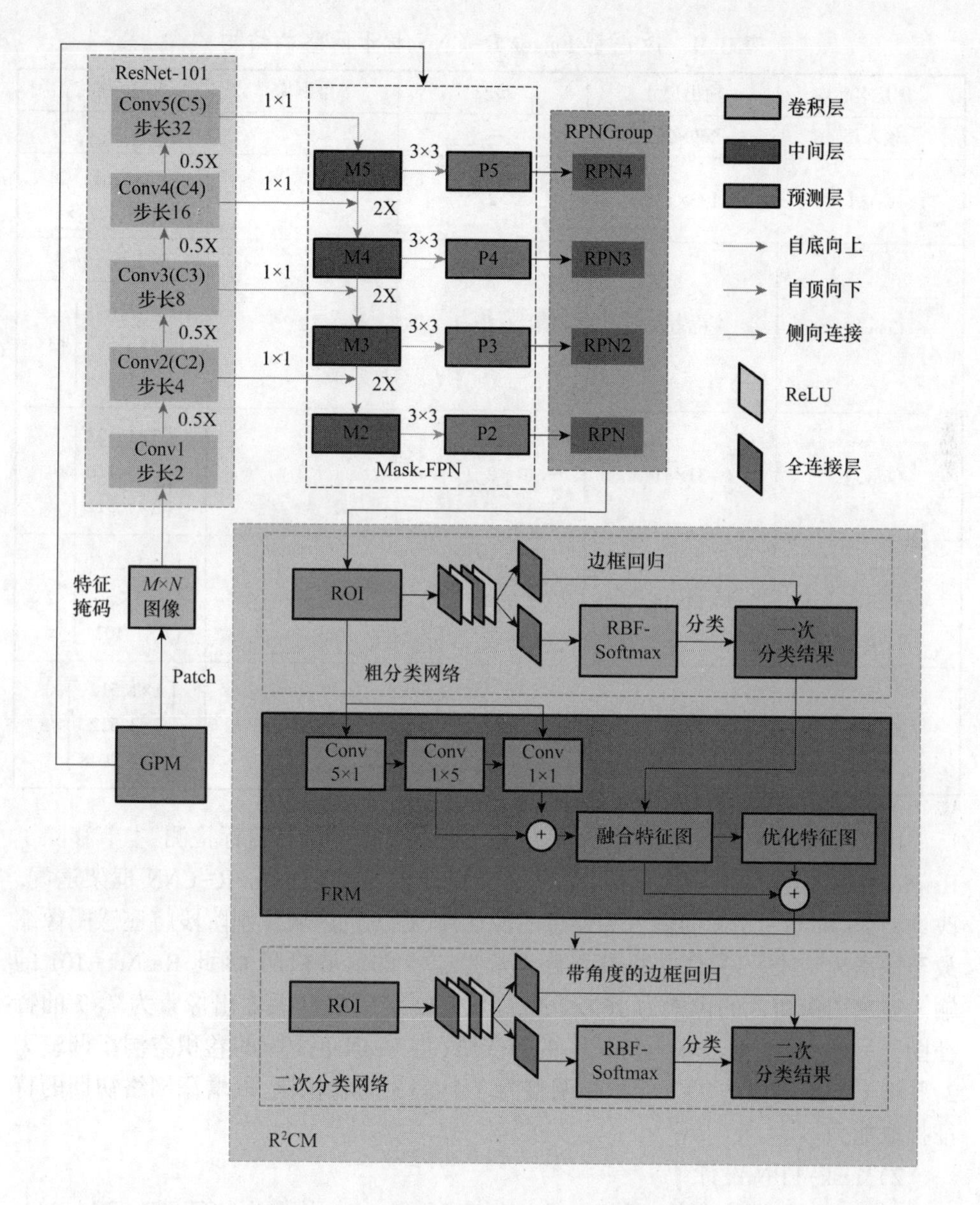

图 3.18　改进型 Faster R-CNN 网络结构图

1）改进型 Faster R-CNN 骨干网络设计

尽管 VGGNet 具有简明的网络结构，但其性能通常比不上 ResNet，因此，本节使用 ResNet-101 替换 Faster R-CNN 中的 VGGNet，替换之后的骨干网络的结构如表 3.9 所列。

表 3.9 改进型 Faster R-CNN 骨干网络的结构

图层名称	输出尺寸	步长	空洞率	50-层
输入层	269×269	—	—	—
Conv1	133×133	2	2	[3×3,64]×2 [3×3,128]×1
Conv2_x	65×65	2	2	3×3, max pool $\begin{bmatrix}1\times1,64\\3\times3,64\\1\times1,256\end{bmatrix}\times3$
Conv3_x	31×31	2	2	$\begin{bmatrix}1\times1,128\\3\times3,128\\1\times1,512\end{bmatrix}\times4$
Conv4_x	14×14	2	2	$\begin{bmatrix}1\times1,256\\3\times3,256\\1\times1,1024\end{bmatrix}\times23$
Conv5_x	7×7	2	2	$\begin{bmatrix}1\times1,512\\3\times3,512\\1\times1,2048\end{bmatrix}\times3$

由于在改进型 Faster R-CNN 输出特征图的基础上进行目标检测,本节移除了 ResNet-101 的全局平均池化层、全连接层和分类器,与 Faster R-CNN 框架适配。改进型 Faster R-CNN 的输入为遥感图像切片,在飞机区域识别阶段将遥感图像缩放至像素为 1345×1345,并将其划分像素为 5×5 的区域检测,因此 ResNet-101 的输入遥感图像切片的像素为 269×269。经过 32 倍下采样后输出像素为 7×7 的特征图。另外,为了增加输出特征图的感受野,将 ResNet-101 的卷积空洞率调整为 2,并将 Conv1 阶段的 7×7 卷积核调整为 3 个 3×3 的卷积核,以增添网络初期的特征提取能力。

2) Mask-FPN 设计

在飞机区域识别网络 A^2RNet 中,其轻量化 ResNet 的输出特征图在经过 BAM 补充上下文信息后,形成了包含图像全局信息的感受野增强特征图。CPM 将改进型 Faster R-CNN 的输入包含飞机样本的区域图像切片对应的感受野增强特征图区域裁剪出来,并作为特征掩码,用于增强改进型 Faster R-CNN 的骨干网络输出特征图的特征表达能力,以形成更为强大的特征表示。为了充分利用 A^2RNet 输出的全局信息,本节在 FPN 网络结构的基础上设计了 Mask-FPN。其中,特征掩码和骨干网络的输出作为 FPN 的输入。Mask-FPN 结构如图 3.19 所示。

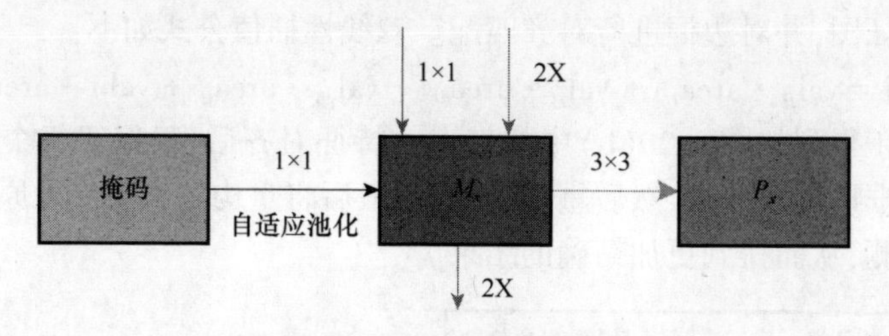

图 3.19　Mask-FPN 结构

在 Mask-FPN 中，FPN 的每个尺度下的特征图都引入了特征掩码。首先，掩码通过大小为 1×1 卷积进行通道压缩，将通道维数压缩到与该尺度下骨干网络的输出特征通道数；接着使用自适应平均池化，调整特征掩码的分辨率，使其与该尺度下的输出特征图保持一致；然后，通过拼接的方式，特征掩码与骨干网络的输出、上一级中间特征层的上采样输出进行融合生成中间特征层；最后，经过 2 倍上采样后作为下一级的中间特征层的输入，另一路通过 3×3 卷积层输出预测特征图。

由于特征掩码包含了原本的飞机区域图像切片所没有的关于整个遥感图像的全局信息，引入特征掩码后为飞机区域图像切片注入了飞机区域外的上下文信息，有效降低了飞机目标，尤其是小目标的虚警率。

3）特征精炼融合模块设计

遥感图像目标检测与传统目标检测相比，还需要检测目标的旋转角度，通常是在边框回归时加入旋转项进行预测。为了得到更好的检测结果，本节设计了旋转精炼分类模块进行飞机目标的二次预测。旋转精炼分类模块的结构主要由以带 RBF-Softmax 分类器的 R-CNN 模块组成的分类网络和特征精炼模块构成。改进型的 Faster R-CNN 在一次分类时直接进行飞机目标检测，得到的目标识别和水平的定位结果作为粗检测结果并送入中进行精炼，得到特征对齐和边框精炼的特征图，最后利用带角度参数的边框回归，进行二次精准目标识别和定位，得到带旋转参数的检测结果。

在旋转精炼分类模块中，特征精炼模块主要是进行特征的精炼与对齐。飞机目标检测中，在进行第二阶段的精细化旋转检测时，旋转框与水平框可能会错位导致特征没有对齐。又因为旋转目标检测器常用的倾斜交并比对角度敏感，在对宽、高尺度差距较大的目标进行检测时，稍微的偏移使其快速下降。因此，精细化的旋转检测需要使用旋转框的四个角点信息重新编码边框中心点，使之与水平框对齐。在第一次水平框检测后，FRM 将得到的特征图分别进行大小为 1×1 和 5×5 卷积操作，其中 5×5 卷积操作拆分为 5×1 和 1×5 两个卷积操作以减少参数数量；两通道特征图融合后得到融合特征图，并将该特征图中预测框的角点和中心点经双线性插值重建特征图，并对边框进行对齐匹配。双线性插值公式如下：

$$\text{val} = \text{val}_{lt} \cdot \text{area}_{rb} + \text{val}_{rt} \cdot \text{area}_{lb} + \text{val}_{rb} \cdot \text{area}_{lt} + \text{val}_{lb} \cdot \text{area}_{rt} \tag{3.30}$$

匹配校正得到如图 3.20(b)中的红点。特征对齐后，只保留每个特征点得分最高的边界框以提高速度，然后重构特征图，最后将重构特征图加入原始特征图中进行二次检测，从而得到更加精确的结果。

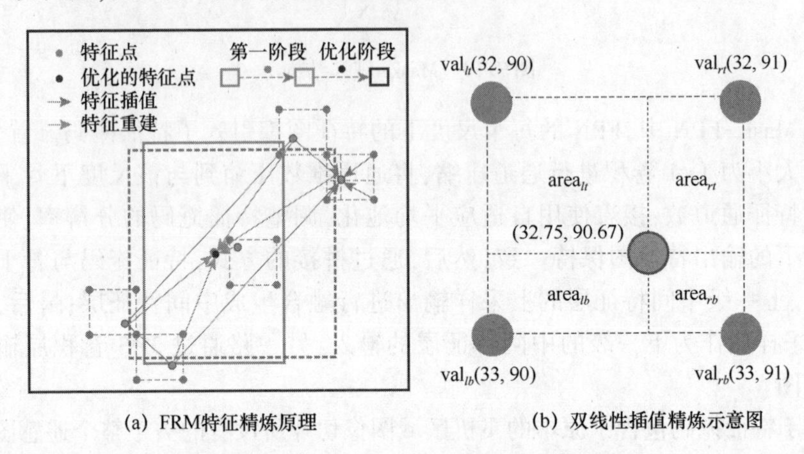

图 3.20 （见彩图）FRM 精炼对齐原理示意图

4）RBF-Softmax 分类器

本节设计的旋转精炼分类模块使用了 RBF-Softmax 进行粗分类与细分类。由于遥感图像的背景复杂，微小的类飞机干扰物可能会被检测器当作飞机目标从而导致误分类。因此，本节使用 RBF-Softmax 分类器替代传统的分类器，以保证在出现干扰物与飞机目标的类间距小于飞机类内距的情形下仍能让网络得到较好的训练。

用高斯 RBF 函数替代 Softmax 函数中的 f_{ij}，从而有

$$K_{i,j} = K_{\text{RBF}}(\boldsymbol{x}_i, \boldsymbol{W}_j) = \mathrm{e}^{-\frac{\|\boldsymbol{x}_i - \boldsymbol{W}_j\|_2^2}{\gamma}} \tag{3.31}$$

式中：γ 为超参数；C 为参数向量 $\boldsymbol{W}_j$ 和特征向量 $\boldsymbol{x}_i$ 的欧几里得距离；$K_{i,j}$ 为径向基距离（RBF-score）。相比无界的向量内积和欧几里得距离，RBF-score 值域为 $(0,1]$，较好地度量了 $\boldsymbol{x}_i$ 与 $\boldsymbol{W}_j$ 之间的相似度。

因而，RBF-Softmax 分类器的损失函数可写为

$$\begin{aligned}\mathcal{L}_{\text{RBF-Softmax}}(x_i) &= -\log P_{i,y_i} \\ &= -\log \frac{\mathrm{e}^{s \cdot K_{\text{RBF}}(\boldsymbol{x}_i, \boldsymbol{W}_{y_i})}}{\sum_{k=1}^{K} \mathrm{e}^{s \cdot K_{\text{RBF}}(\boldsymbol{x}_i, \boldsymbol{W}_k)}}\end{aligned}$$

$$
=-\log \frac{\mathrm{e}^{s\cdot \mathrm{e}^{-\frac{\boldsymbol{x}_i-w_{y_i}{}_2^2}{\gamma}}\gamma}}{\sum_{k=1}^{K}\mathrm{e}^{s\cdot \mathrm{e}^{-\frac{\boldsymbol{x}_i-w_{k}{}_2^2}{\gamma}}}} \tag{3.32}
$$

式中：s 为超参数，用来扩展 RBF-score 的尺度。

由 RBF 的函数特性可知，在训练初期，由于类内距较大，本节可以通过 $K_{\mathrm{RBF}}(\boldsymbol{x}_i,\boldsymbol{W}_j)$ 将 $L2$ 距离转换为 RBF-score，控制训练初期类内的散乱，进而保障训练初期类内的偏差在一定范围内，从而加快网络的收敛。在训练后期，传统的 Softmax 分类器具备指数压缩的效果，从而导致网络中间层尚未收敛的时候分类器便达到好的分类性能，这使得网络无法继续训练。根据 RBF 核特性，用 RBF-Softmax 可以极大地缓解该问题，从而可以持续进行优化，避免了因损失太小而终止训练，性能达不到最优。

2. 改进型 Faster R-CNN 的损失函数

改进型 Faster R-CNN 的参数学习与原网络一致，同样分为 6 个步骤。在单独训练阶段，改进型的 Faster R-CNN 使用的损失函数为

$$
\begin{aligned}
\mathcal{L}(p_i,t_i)=&\frac{1}{N_{\mathrm{cls}}}\sum_i \mathcal{L}_{\mathrm{cls1}}(p_i,p_i^*)+\mathcal{L}_{\mathrm{cls2}}(p_i,p_i^*)+\\
&\lambda\frac{1}{N_{\mathrm{reg}}}\sum_i p^*\,\mathcal{L}_{\mathrm{reg1}}(t_i,t_i^*)+\mathcal{L}_{\mathrm{reg2}}(t_i,t_i^*)
\end{aligned} \tag{3.33}
$$

式中：i、p_i、p_i^*、t、t_i^* 的含义与原网络相同，不同的是 t、t_i^* 多了对角度的回归。

整个损失函数分为四部分，分类损失与原 Faster R-CNN 不同，使用了 RBF-Softmax 损失函数。第一次边框回归和第二次边框回归使用 Smooth_{L1} 损失函数。分类损失使用的是 Smooth_{L1} 函数。λ 为超参数，用来调节两类损失之间的数量级，以免二者相差过大影响分类或回归的训练。

对于 RBF-Softmax 分类函数，其损失函数表达式为

$$
\mathcal{L}_{\mathrm{cls}}(p_i,p_i^*)=-\log \frac{\mathrm{e}^{s\cdot \mathrm{e}^{-\frac{p_i^*-w_{p_i}{}_2^2}{\gamma}}\gamma}}{\sum_{k=1}^{K}\mathrm{e}^{s\cdot \mathrm{e}^{-\frac{p_i-w_{k}{}_2^2}{\gamma}}}} \tag{3.34}
$$

由于遥感图像的背景特征复杂，使用 RBF-Softmax 损失可以增大飞机目标与干扰物的类间距，减小飞机目标的类内聚，并在一定程度上加快网络的收敛。

对于改进型 Faster R-CNN 的边框回归，其对应的一次回归损失函数和二次回归损失函数分别为

$$
\begin{cases}
\mathcal{L}_{\mathrm{reg1}}(t_i, t_i^*) = \sum\limits_{i \in \{x,y,w,h\}} \mathrm{Smooth}_{L1}(t_i, t_i^*) \\
\mathrm{Smooth}_{L1}(x) = \begin{cases} 0.5x^2 & (|x| < 1) \\ |x| - 0.5 & (\text{其他}) \end{cases}
\end{cases}
\tag{3.35}
$$

用 G 和 G' 表示真实框和预测框位置，用 P 表示候选框位置，则候选框的特征参数 $\{t_x, t_y, t_w, t_h, t_\theta\}$ 可表示为

$$
\begin{cases}
t_x = \dfrac{G_x - P_x}{P_w} \\
t_y = \dfrac{G_y - P_y}{P_h} \\
t_w = \log \dfrac{G_w}{P_w} \\
t_h = \log \dfrac{G_h}{P_h} \\
t_\theta = G_\theta - P_\theta
\end{cases}
\tag{3.36}
$$

回归得到的预测框位置为

$$
\begin{cases}
G'_x = t'_x P_w + P_x \\
G'_y = t'_y P_h + P_y \\
G'_w = P_w \mathrm{e}^{t_w} \\
G'_h = P_w \mathrm{e}^{t_h} \\
G'_\theta = P_\theta + t_\theta
\end{cases}
\tag{3.37}
$$

3.2.3 全局处理模块设计

在本书设计高效飞机目标检测算法中，飞机区域识别网络 $\mathrm{A^2RNet}$ 用于对大幅面的遥感图像中的飞机区域进行识别，以过滤不包含飞机样本的背景区域，并输出感受野增强特征图；改进型 Faster R-CNN 用来对飞机区域内潜在的飞机目标进行检测。利用飞机区域识别网络 $\mathrm{A^2RNet}$ 的结果提高改进型 Faster R-CNN 的检测效率与检测精度，需要考虑以下两个问题：

(1) 如何将飞机区域识别网络 $\mathrm{A^2RNet}$ 的识别结果与图像裁剪处理结合起来，以确保每张遥感图像中送入 Faster R-CNN 的切片包含所有待检测的目标；

(2) 如何利用 GBDN 的分割结果，增强包含飞机目标的切片的特征。

基于以上问题，本节设计了全局处理模块（global processing module, GPM），其结构示意图如图 3.21 所示。

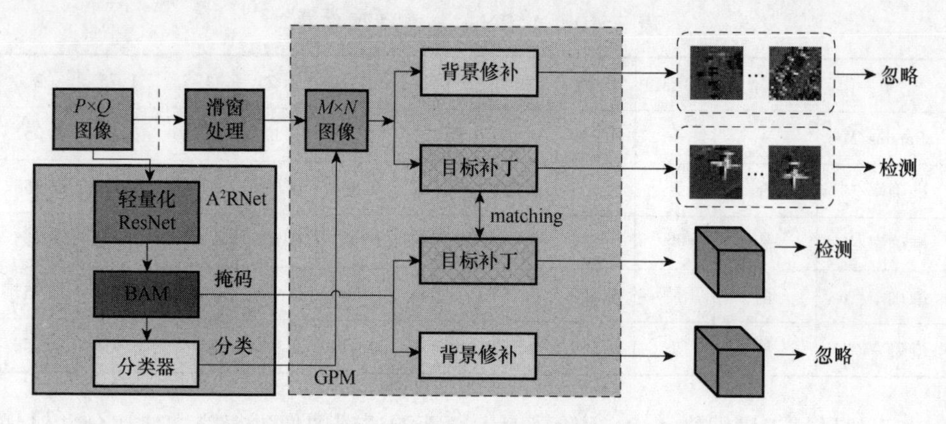

图 3.21　GPM 结构示意图

GPM 利用飞机区域识别网络 A^2RNet 中的 BAM 得到的感受野增强特征图结果来匹配滑窗处理,得到的图像并对切片进行二分类:如果切片图像部分全是背景的,则直接滤除,若包含感兴趣的目标区域,则将切片保留;BAM 通过匹配的策略将飞机区域对应的感受野增强特征图区域加以裁剪,并生成特征掩码输出。

由于使用了感受野增强后的特征图生成特征掩码,不采用重叠裁剪的策略裁剪遥感图像中的飞机区域。为避免飞机出现在裁剪边线上被裁剪成两部分而出现漏检,在实际测试时裁剪的特征掩码实际像素大小为 110×110,该特征掩码与飞机区域的图像切片在中心处对齐。在特征掩码进行通道压缩与池化融合时,为了避免量化带来的特征错配,本节还使用 RoI Align 策略进行特征对齐。

3.2.4　实验结果分析

1. A^2RNet 和 GPM 的消融验证

为了充分测试飞机区域识别网络 A^2RNet 的飞机区域识别性能,本节除了设置通道超参数 ρ 以探索最佳的网络宽度,还研究了数据增加和插入 BAM 对轻量化 ResNet 的影响。在这里,BAM 和 GPM 是同步使用的。在使用 BAM 时,意味着必须使用 GPM 对图像和特征图进行处理。从表 3.10 中可知,使用了数据增强后,模型的学习精度出现不同程度的提升,类似地,插入 BAM 同样可以使网络的性能得到提升;当通道超参数的值较小时,模型的特征提取能力不够理想。当 ρ 选取 1.5 时,此时的模型大小与模型精度较为适中,分类精度达到了 94.5%,同时使用数据增强和 BAM 对网络进行训练后,模型的分类精度再次提升了 1%,达到 95.5%。而再增加网络宽度,网络的性能提升收效甚微,在 $\rho=2$ 时和使用了数据增强 BAM 的条件下,模型的性能仅仅提升了 0.3%,因此,本节最终选择 $\rho=1.5$ 时的轻量化 ResNet 作为最终使用的 EAOD 的子模块组成部分。

表 3.10　A^2RNet 分类精度结果

ρ	数据增强	BAM	0.25	0.5	0.75	1	1.25	1.5	1.75	2
Params/M	—	—	0.048	0.191	0.429	0.763	1.192	1.716	2.336	3.051
准确率/%	否	否	0.563	0.754	0.847	0.894	0.931	0.945	0.952	0.956
准确率/%	是	否	0.557	0.773	0.858	0.903	0.936	0.949	0.954	0.955
准确率/%	否	是	0.552	0.768	0.864	0.908	0.937	0.952	0.954	0.957
准确率/%	是	是	0.557	0.791	0.876	0.919	0.942	0.955	0.956	0.958

飞机区域识别网络 A^2RNet 除了对大幅面的遥感图像进行隐式地切分并对切分区域进行潜在的飞机区域识别，还输出 BAM 增强感受野后的特征向量，作为掩码用于增强改进型 Faster R-CNN 的 RPN 输入特征向量。背景解析模块输出的特征掩码结果如图 3.22 所示。

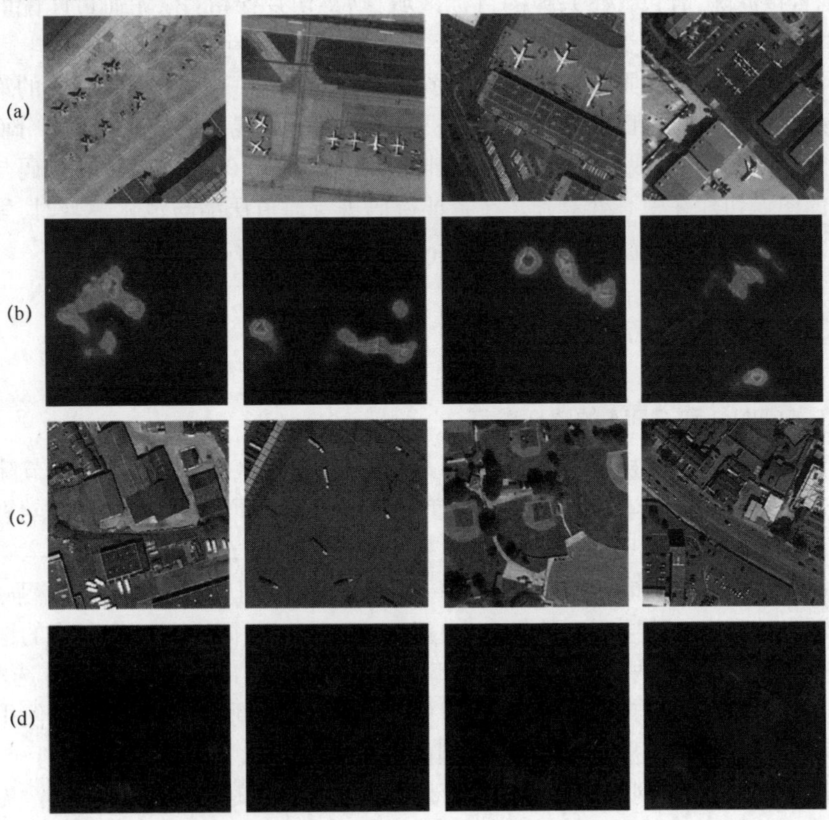

图 3.22　BAM 在 DOTA 上输出的注意力掩码图

图 3.22(a)、(c)分别展示了包含飞机目标和不存在飞机目标时背景的遥感图像切片,图 3.22(b)、(d)则为相应切片的特征掩码。对比图 3.22(a)和(b)可知,存在飞机的区域其特征掩码的显著性明显增强,而分析图 3.22(c)和(d),背景区域的特征掩码的响应程度很低。组图对比可知,本节提出的 BAM 可以使得图像更加关注飞机目标。

为了比较 EAOD 的 A^2RNet 的各个子模块对整体算法的影响,在使用数据增强、改进型 Faster R-CNN 和 GPM 模块的基础上,对 A^2RNet 的各个子模块进行了消融研究。在 DOTA 上的飞机目标测试结果如表 3.11 所列。

表 3.11　EAOD 检测结果

方法	L-ResNet	BAM	AP50/%	时间/ms	帧率/(帧/s)	加速/倍
EAOD	否	否	84.58	47.6	21	1.00
EAOD	否	是	87.05	52.6	19	0.90
EAOD	是	否	83.17	5.3	187	8.90
EAOD	是	是	86.91	5.8	173	8.24

EAOD 的测试结果在 RTX3090Ti 上测得。从表 3.11 中可知,使用了轻量化 ResNet 滤除样本切片后,网络的检测效率大大提升,但网络的检测精度也因此出现了明显的下降;而使用了 BAM 会使得检测效率略微下降,但检测精度提高。对比完整的使用飞机区域识别网络 A^2RNet 和不使用 A^2RNet,在使用了 A^2RNet 后,检测速率从原来的 21 帧/s 涨到了 173 帧/s;AP50 从 84.58%上升为 86.91%,比不使用 A^2RNet 检测精度高了 2.33%。

2. 改进型 Faster R-CNN 的消融研究

为了充分验证改进型 Faster R-CNN 的性能,在嵌入飞机区域识别网络 A^2RNet 和使用 GPM 的基础上对 Faster R-CNN 的改进部分进行消融验证。在本节的消融研究中,改进型 Faster R-CNN 使用与 A^2RNet 相同的训练策略进行训练,由于 ResNet-101 有预训练模型,改进型 Faster R-CNN 在进行了两轮 80 个 epoch 的训练之后进行旋转飞机目标检测。在 DOTA 上的验证结果如表 3.12 所列。

从表 3.12 可知,针对 Faster R-CNN 的改进是有效的。在使用原网络对飞机目标进行检测的情况下,其 AP50 为 81.21%,分别使用 FPN 网络、将 Softmax 更换为 RBF-Softmax、将原本的分类回归网络更换为 R^2CM,可以分别使用检测的 AP50 指标上升 2.16%、3.15%、3.27%,分别达到 83.37%、84.36%以及 84.48%的检测精度。而在使用完全版的改进型 Faster R-CNN 后,AP50 从 81.21%上升到 86.91%,提升了 5.70%,这充分说明改进是卓有成效的。

表 3.12　改进型 Faster R-CNN 消融验证结果

方法	FPN	RBF-Softmax	R^2CM	AP50/%
EAOD	否	否	否	81.21
EAOD	是	否	否	83.37
EAOD	否	是	否	84.36
EAOD	否	否	是	84.48
EAOD	是	是	是	86.91

本节还对改进型 Faster R-CNN 的检测结果进行了可视化,如图 3.23 所示。可以得知,无论是大型目标还是中小型目标,改进型 Faster R-CNN 都可以准确检测出目标并完成飞机目标的定位;但对于分辨率较小的飞机目标而言,定位的飞机目标旋转角度检测精度不高,而且飞机目标分辨率越小,角度检测得到的精度就越低。

图 3.23　改进型 Faster R-CNN 的检测结果

为了验证本节提出的飞机目标高效检测算法 EOAD 的优越性,本节在自建飞机目标检测遥感数据集上做了相关的实验,通过和主流模型 Faster R-CNN、Cascade R-CNN、R^3D 等进行对比,得到的验证结果如表 3.13 所列。

表 3.13 EAOD 验证结果　　　　单位:%

方法	AP50	AP80	AP90	APS	APM	APL
Faster R-CNN	81.83	64.29	25.54	42.17	70.24	84.24
Cascade R-CNN	79.94	64.32	29.08	40.93	74.97	85.53
R^3Det	83.31	67.04	28.62	44.34	79.51	87.22
EAOD	86.82	74.88	39.45	46.57	84.13	92.18
EAOD++	87.21	75.53	39.66	47.40	84.01	92.21

本节借鉴了 COCO 数据集的评价指标,评价结果见表 3.13。其中 AP50 表示 IoU>0.50 时的检测精度,AP80 表示 IoU>0.80 时的检测精度,其他同理,另外,APS 表示小目标的检测精度,APM 表示中等目标的检测精度,APL 表示大目标的检测精度。可以看出,本节的方法 EART-Det 比其他主流模型在遥感飞机检测上高效和可靠。

在 AP90 上,本节提出的方法比 Faster R-CNN 的检测精度高出了 13.91%,比 Cascade R-CNN 的检测精度高出了 10.37%;比当前最先进的遥感检测模型 R^3Det 也要高处 10.83%。在 AP80 上比 Faster R-CNN 检测精度高出了 10.59%,比 Cascade R-CNN 检测精度高出了 10.56%,比经典的遥感图像目标检测模型 R^3Det 也要高 7.84%。这表明,算法在检测标准要求更高 IoU 阈值的情况下,得到了较大幅度的提升,可以满足部分高质量检测的需求。同时本节提出的方法在整体的 AP50 上比 R^3Det 提升了 3.51%。且在大、中、小目标的检测性能比较上,本节提出的 EOAD 方法都取得了更为优越的检测结果,与经典遥感图像目标检测算法 R^3Det 相比,本节提出的算法在大、中、小三个类型的目标检测上均呈现压倒性的优势,分别比其高出 2.23%、4.62%和 4.96%的精度。此外,在原 EAOD 算法的基础上,本节还使用了 FPN 多尺度测试、SoftNMS 对 EAOD 算法进一步改进,并进行了更多的实验性尝试,实验结果如表 3.13 中的 EAOD++所示。

3.3 旋转飞机目标精炼检测算法研究

因卷积神经网络具有高度非线性,使得深度卷积神经网络提取到的特征具备了旋转不变性,深度越深,旋转不变性越强。然而,在遥感图像目标检测中通常涉及小目标检测,而且目标的旋转角度较大。因此,一般的深度学习检测算法并不足以胜任遥感图像领域的目标检测任务。针对旋转目标检测的通用做法是对数据集进行旋转处理来增强数据，但使用增强后的数据集训练网络不仅过程困难而且鲁棒性差。因此，本节以 ResNet、注意力机制、FPN 网络、空洞卷积 ASPP、R^3Det、Oriented RPN 为基础对 Faster R-CNN 结构进行改进。改进后的 R^2ODet 网络结构如图 3.24 所示。

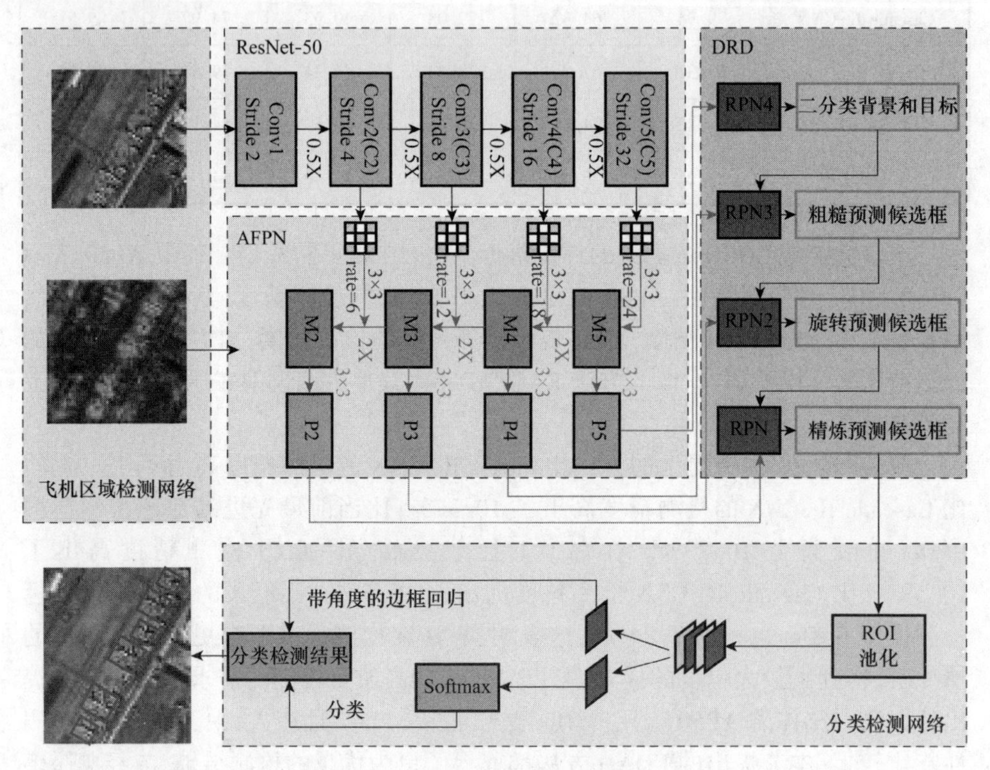

图 3.24　改进后的 R^2ODet 网络结构图

改进算法 R^2ODet 将经过飞机区域识别网络处理过的只含有飞机目标区域的大幅面遥感图像送入引入 CBAM 的 ResNet-50 特征提取网络中进行特征提取，将得到的特征图与 AM-ResNet 输出的注意力掩码图进行逐像素相乘，并将并联空洞卷积和特征金字塔网络的 AFPN 模块嵌入 RPN 和特征提取网络之间，使每层的金字塔网络都有一个 RPN 提取出候选框，并对候选框进行由粗到细的阶段检测，最终得到精炼后的候选框。送入 ROI 池化层进行最大池化，最后通过全连接层送入 Softmax 进行后续的分类识别和边框回归。

3.3.1　轻量化特征提取网络设计

Faster R-CNN 是典型的双阶段目标检测器，其网络结构如图 3.25 所示。区域检测网络(region proposal network,RPN)作为 Faster R-CNN 的核心组成部分,使用锚点(anchors)作为参考,生成大量不同尺度和宽高比的候选框,再将候选框经过 ROI 池化后进行细分类,这样可以有效减少候选框生成时间。另外 Faster R-CNN 将 RPN 网络并入 VGG 骨干网络中,标志着目标检测任务真正整合到一个统一的网络中,实现了真正意义上端到端的目标检测,既减少了网络参数,节约了计算资源,也大幅提高了检测速度。

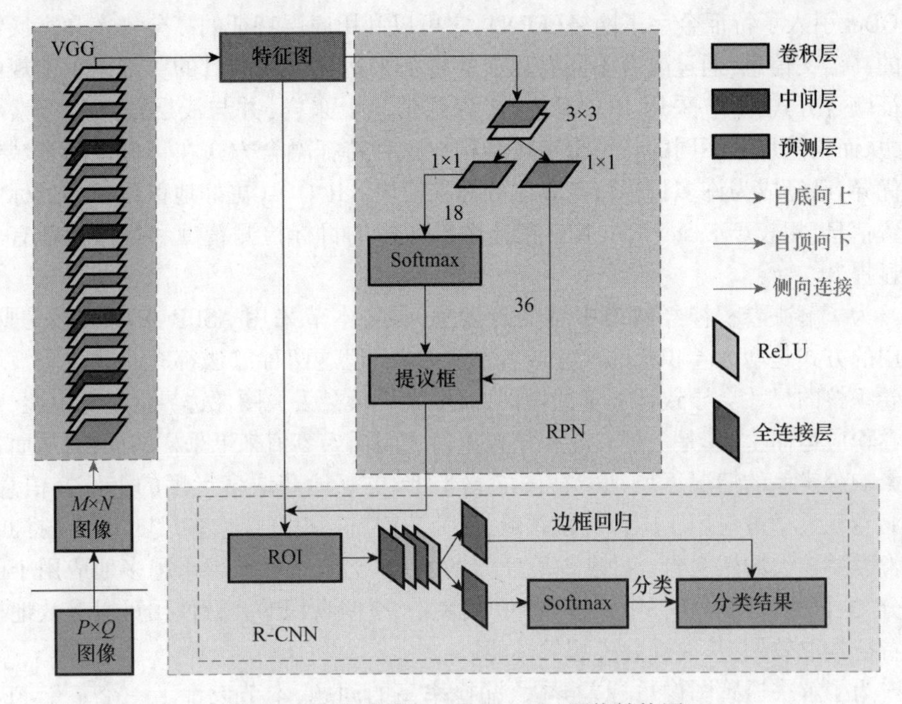

图 3.25 (见彩图)Faster R-CNN 网络结构图

R^2ODet 是相较于传统的 Faster R-CNN 的改进算法,采用了 ResNet-50 作为特征提取骨干网络,这是一种更深的卷积神经网络。虽然深度卷积网络 ResNet-101 可以提取到更丰富的语义信息,拥有更大的感受野,但在遥感图像中,小目标的像素值占比很小,所包含的信息量少,采用更深层卷积神经网络提取特征容易造成局部特征和细节信息的丢失,从而导致漏检现象严重。针对此问题,本节设计的改进算法 R^2ODet 采用了轻量化处理。通过多次的训练和验证,最终选择 ResNet-50 代替 ResNet-101 作为特征提取骨干网络,体现在卷积神经网络结构中即减少了 17 个卷积层和 51 个残差层。轻量化后的特征提取网络可以减少全局信息的丢失,提高小目标的检测精度,同时减少网络参数量,节约计算资源。

3.3.2 特征融合模块 AFPN 设计

除了针对特征提取网络进行轻量化的优化，R^2ODet 还针对遥感影像中飞机小目标检测问题提出了改进。在特征提取网络 ResNet-50 中，最高层的特征具有最丰富的语义信息，但分辨率较低，不利于小目标物体的检测。为了解决这个问题，R^2ODet 引入了特征金字塔网络（FPN），它可以利用底层特征的高分辨率和高层特征的高语义信息，通过融合不同卷积层的特征来达到预测的目的。不同于常规的特征融合方式，本节采用 ROI 对齐，将深层信息上采样，并与浅层信息逐像素相加，从而构建尺寸不同的特征金字塔结构。这种特征融合方式在目标检测领域效果优异，已经成为许多目标检测算法的标准模块。R^2ODet 更好地保留了小目标的位置信息，相较于 Faster R-CNN，在遥感影像中的目标检测精度和鲁棒性都有了明显提升。

为了解决卷积神经网络中感受野大小问题，本节采用 ASPP 来增大感受野。常用的方式是增大卷积核的尺寸或者增大步长，但这两种方法都有一些缺陷。增大卷积核的尺寸会导致计算量的增加，而增大步长会丢失图像边界信息。由此，空洞卷积应运而生，其是一种在卷积核权重值之间插入零值来下采样的操作，从而在不影响分辨率的情况下增加特征图的感受野，更好地获取多尺度的上下文信息。空洞卷积最早被应用于图像分割领域，因为分割需要根据像素多尺度上下文推断，通常需要较大的感受野。随着深度学习的发展，空洞卷积被越来越多地应用于图像分类、目标检测等任务中。在 ASPP 模块中，空洞卷积的并行使用可以有效地提高特征提取效果，从而提高模型的性能。

为了解决遥感图像目标差异大、漏检率高的问题，本节设计了一个基于 FPN 和 ASPP 的特征融合空洞特征金字塔网络（AFPN），如图 3.26 所示。利用不同尺寸的卷积核以及不同扩张率的空洞卷积，可以提取不同深度的特征，从而加强模型对于特征图内全局特征与局部特征的融合能力。同时，也能够减少边界特征信息的丢失。此外，网络结构中的底层和高层的特征都进行了融合，既保留了位置信息，又有较强的语义信息，通过底层特征图与高层特征图的融合，可以在保留位置信息的同时提升遥感影像飞机目标检测的准确率。同时，每层的金字塔网络都有一个 RPN 提取出候选框并将候选框送回全局处理，对候选框进行合并，并用 NMS 算法找出 IoU 交并比分数最高的锚框，最后将 Faster R-CNN 中的多个 R-CNN 模块更换为单一模块，在提高检测速度的同时也使得改进型 Faster R-CNN 适用于遥感图像目标检测。

在特征金字塔生成特征图的过程中，高层的特征图（D5，D4，D3，D2）经过 ASPP 网络的空洞卷积得到特征图（M5，M4，M3，M2），为了进一步提升特征图的质

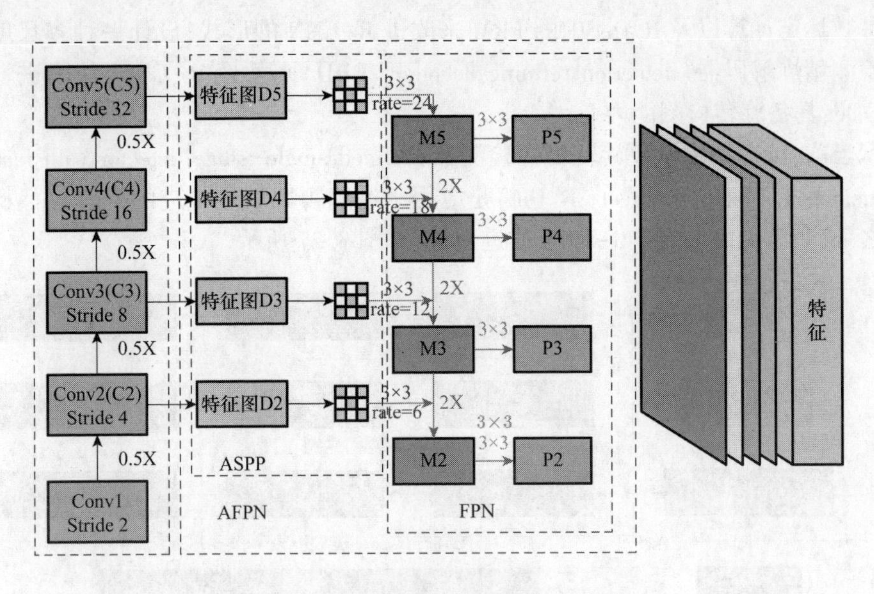

图 3.26 特征融合模块 AFPN 网络结构图

量,首先对特征图(M5,M4,M3,M2)进行上采样(2X),使得特征图变大,并与底层特征图经过 1×1 卷积运算后的结果进行融合完成特征对齐。然后特征图在融合过程中与前置网络飞机区域识别算法中的全局特征提取模块 AM-ResNet 输出的各阶段注意力掩码图进行点乘计算,从而生成新特征图序列,再经过 3×3 的卷积运算得到一个多尺度的特征图(P2,P3,P4,P5)输出。这些多尺度特征图 P2~P5 需要输入 RPN 产生候选框,同时也需要作为第二阶段分类与回归运算的输入部分。与此同时,ResNet 网络最顶层的特征图经过最大池化,生成了最小尺寸的特征图,该特征图仅作为 RPN 的输入部分。

在目标检测任务中,不同大小的候选区域需要对应不同尺寸的特征图进行特征提取,以提高检测精度获取最优的特征向量。由于 ROI 池化需要对输入的特征图进行固定尺寸的划分,需要根据不同的候选区域大小进行特征图选择。特征图的选择由下式计算得到:

$$k = [k_0 + \log_2(\sqrt{wh}/224)] \tag{3.38}$$

式中:k_0 为原始层级的输出基准值;w、h 分别为 ROI 的宽度和高度,需要与目标所在特征图的尺寸相匹配,当 ROI 的大小超过当前特征图的尺寸时,需要将 ROI 分配到更高层的特征图中进行 ROI 池化,以保证获得最佳的特征向量。

3.3.3 多尺度逐步检测精炼解码器 DRD 设计

针对 Faster R-CNN 旋转目标检测鲁棒性较差的问题,本节通过 oriented RPN

的参数标定计算以及 R^3Det 中的 FRM 来改进 R-CNN 的形式,设计一种多尺度逐步检测精炼解码器(detection refining decoder, DRD)来替换 R-CNN,使改进算法 R^2ODet 具备旋转检测能力。

当前,特征细化单级旋转目标检测器(refined single-stage detector with feature refinement for rotating object, R^3Det)是应用于遥感领域的最先进的旋转目标检测器之一,其结构由 Faster R-CNN 改进而来,如图 3.27 所示。

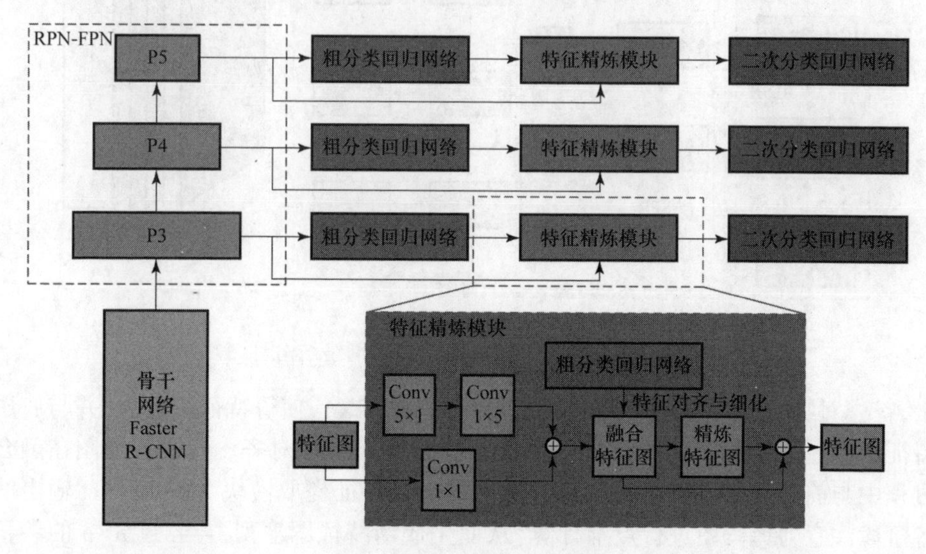

图 3.27 R^3Det 结构示意图

R^3Det 算法是一种基于深度学习的目标检测算法,它把以 FPN 为基础的 RetinaNet 嵌入 Faster R-CNN 中,以实现对目标的检测和识别,其中,RetinaNet 作为基础网络用于生成 FPN 的特征金字塔的输入,FPN 则用于提取不同层次的特征,从而进行目标检测。通过 R^3Det 算法的精细化处理得到的特征对齐和边框精炼的结果,可以用于进一步的精准目标识别和定位,得到带有旋转参数的检测结果。这种算法的优点是可以有效地解决遥感影像中旋转目标检测的问题,提高检测的准确率和可靠性。

由于当前的旋转目标检测模型是通过引入大量不同大小、角度的 Anchors 以此来提升旋转目标检测的性能。或者是在生成水平 Anchors 的基础上进行 ROI Alignment 从而生成更精准的 Oriented Anchors。但是在预测出更精细的 Oriented Anchors 同时也耗费了大量的计算资源。限制当前模型速度的主要原因是在候选框生成阶段,所以为了解决这些问题,本节借鉴了有向目标检测算法,具有高效旋转目标检测网络的 Oriented R-CNN[77]。通过设计一个简单、通用的有向候选框生成方法,直接生成高质量候选框。两阶段的有向目标检测方法 Oriented R-CNN 主要是由 Oriented RPN(oriented region proposal network)和 Oriented R-CNN Head

构成。

首先通过 Oriented RPN 生成高质量有向候选框,然后通过 Rotated RolAlign 提取固定大小尺寸的特征,最后将这些特征作为有向检测头的输入,执行分类和回归。Oriented R-CNN 网络框架图如图 3.28 所示。

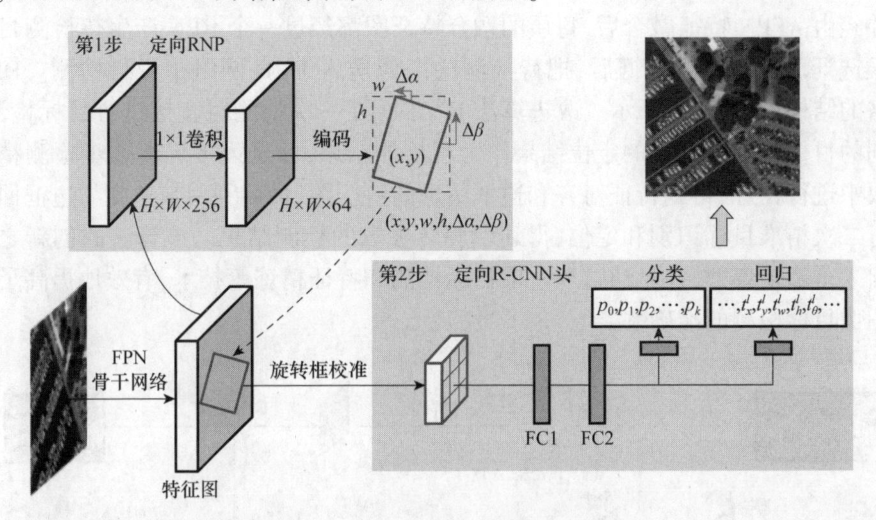

图 3.28　Oriented R-CNN 网络框架图

Oriented RPN 是在 RPN 网络的基础上构建的,通过拓展 RPN 回归分支的输出维度(由原来的 4 个维度变为 6 个维度)生成有向候选框。对于每个位置的 Anchor,Oriented RPN 输出为 $(x,\ y,\ w,\ h,\ \Delta\alpha,\ \Delta\beta)$,其中 x、y 为有向候选框的中心坐标,w、h 表示有向候选框的宽和高,$\Delta\alpha$、$\Delta\beta$ 为有向候选框外接矩形顶边和右边的偏移。接下来通过 Midpoint Offset Representation 得到有向候选框的顶点坐标集 $\mathbf{v}=\{v1,v2,v3,v4\}$。其中,$v1$ 的坐标为$(x+\Delta\alpha,y-h/2)$,$v2$ 的坐标为$(x+w/2,y+\Delta\beta)$。根据平行四边形的对称性可以推导出其他两个顶点的坐标,$v3$ 的坐标为$(x-\Delta\alpha,y+h/2)$,$v4$ 的坐标为$(x-w/2,y-\Delta\beta)$。这样即在原有水平候选框回归的基础上,回归任意两条相邻边中点的偏移,生成有向候选框。偏移候选框的生成结果如图 3.29 所示。

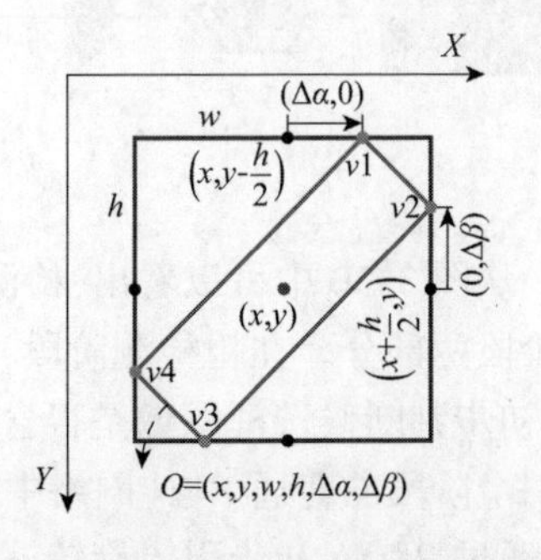

图 3.29　偏移候选框的生成结果

在 Oriented R-CNN 的检测头中,首先进行候选框调整操作,将有向候选框的顶点坐标集 $\mathbf{v}=\{v1,v2,v3,v4\}$ 由平行四边形转换为矩形,即将平行四边形较长的对角线调整为矩形的对角线。

对所有调整后的有向候选框进行 rotated

RoI alignment 操作，将得到的特征图作为有向检测头的输入，执行分类和回归任务。

借鉴于 R^3Det 的双阶段目标检测以及 Oriented RPN 候选框生成的改进算法，R^2ODet 的输入是遥感图片的切片将切片得到的图片送入 ResNet-50 进行特征提取并经由 AFPN 特征融合后，每层的融合特征图都经过一个 RPN 产生待检测目标的候选框。在得到候选框后，把待检测的图像送入 DRD 网络中进行检测。DRD 网络的结构如图 3.30 所示。改进算法 R^2ODet 在一次检测时直接进行目标检测，得到的目标识别和水平的定位结果作为粗检测结果，并送入多尺度逐步检测精炼模块中进行精炼，得到特征对齐和边框精炼的特征图，最后利用带角度的边框回归进行二次精准目标识别和定位，得到带旋转参数的检测结果。该算法的创新之处是引入了旋转参数，并且通过双阶段目标检测和特征精炼等技术，有效地提高了遥感图像目标检测的准确率。

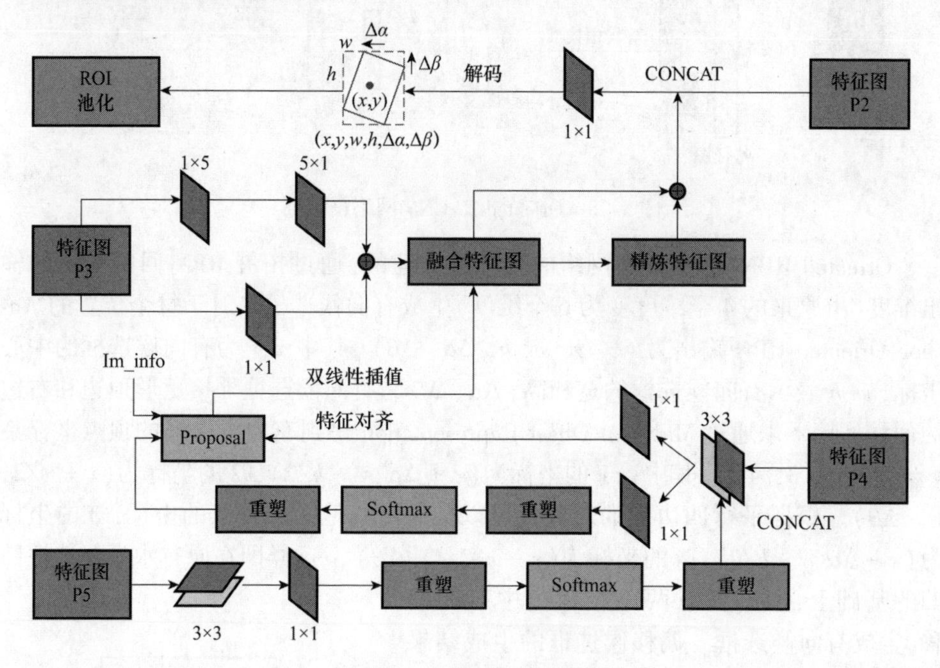

图 3.30　DRD 结构图

从图 3.30 中可以看出，检测大尺度遥感图像中的目标分为粗检测阶段和细检测阶段两部分。在粗检测阶段，将输入的特征图送入删减掉边框回归结构的 RPN 中，初步判断候选框图像是否含有目标，将提取到的含有目标的候选区域图像送入下一个阶段的普通 RPN 网络中，得到标准的不含旋转的候选框图像。在细检测阶段，通过 R^3Det 初步引入旋转框标定旋转目标，再通过 Oriented RPN 对旋转框的 6 个参数进行度量、计算和重标定，得到标定位置信息更为准确的精炼的旋转候选框图像。DRD 模块使得到的先验框更精准,既减少了 Proposal 个数,又提高了准确度。最后将检测结果输入 ROI 池化层中进行后续的分类识别。这种由粗到细策略的检测算法优势:在提高检测效率的基础上对选中目标进行了更精准的标定,避免了小目标的丢失,提高了检测精度和效率。

传统的旋转目标检测器在得到精炼框后进行多次分类和回归,而未考虑特征未对齐的问题。然而旋转目标检测器中常用的倾斜交并比(SkewIoU)对角度非常敏感,轻度偏移就会使 SkewIoU 快速下降。因此,有必要对边框进行精炼。在粗检测后,DRD 将得到的特征图分别进行 1×1 和 5×5 卷积操作。为减少参数数量,将 5×5 的大卷积核拆解为 5×1 和 1×5 两个小卷积核,卷积结果不变。将得到的双通道特征图融合后得到融合特征图,并将该特征图中预测框的角点和中心点经双线性插值重建特征图并对边框进行对齐匹配,双线性插值公式如下:

$$\text{val} = \text{val}_{lt} \cdot \text{area}_{rb} + \text{val}_{rt} \cdot \text{area}_{lb} + \text{val}_{rb} \cdot \text{area}_{lt} + \text{val}_{lb} \cdot \text{area}_{rt} \tag{3.39}$$

特征对齐后,只保留每个特征点得分最高的边界框以提高检测速度,最后将重构特征图加入原始特征图中进行二次检测,从而得到更精确的结果。

3.3.4 损失函数设计

R^2ODet 与 Faster R-CNN 的参数学习及训练步骤一致。网络的损失函数分别为边框回归损失函数以及分类损失函数。一次边框回归损失函数和二次边框回归损失函数均为 Smooth $L1$ 损失函数,但改进算法 R^2ODet 采用了 R^3Det 的粗、细两个阶段目标检测,针对 Oriented RPN 对于候选框维度参数的偏移计算,导致第二次边框回归损失函数在 x、y、w、h 参数的基础上增加了偏移参数 $\Delta\alpha$ 和 $\Delta\beta$,分类损失为 Softmax 函数。同时添加超参数 λ ,以调节两类损失函数的数量级,避免差异过大影响损失函数的迭代回归。

R^2ODet 的损失函数表达式如下:

$$\begin{aligned}\mathcal{L}(p_i,t_i) = &\frac{1}{N_{\text{cls}}}\sum_i \mathcal{L}_{\text{cls1}}(p_i,p_i^*) + \mathcal{L}_{\text{cls2}}(p_i,p_i^*) + \\ &\lambda\frac{1}{N_{\text{reg}}}\sum_i p^* \mathcal{L}_{\text{reg1}}(t_i,t_i^*) + \mathcal{L}_{\text{reg2}}(t_i,t_i^*)\end{aligned} \tag{3.40}$$

式中:$\mathcal{L}(p_i,t_i)$ 为总的损失函数;$\mathcal{L}_{\text{reg}_1}(t_i,t_i^*)$ 为一次边框回归损失函数;$\mathcal{L}_{\text{reg}_v}(t_i,t_i^*)$ 为二次边框回归损失函数;$\mathcal{L}_{\text{cls}}(p_i,p_i^*)$ 为分类损失函数。参数同 Faster R-CNN 一致:i 为图像中生成的 anchor 数量,p_i 为检测目标分类概率,p_i^* 为在不同的 IoU 下目标与背景的分类概率,t_i 为预测框,t_i^* 为目标所在 anchor 的真实框。

分类损失函数的表达式如下：

$$\mathcal{L}_{\mathrm{cls}}(p_i,p_i^*)=-\log\left[p_ip_i^*+(1-p_i^*)(1-p_i)\right] \tag{3.41}$$

一次边框回归损失函数的表达式如下：

$$\begin{cases}\mathcal{L}_{\mathrm{reg1}}(t_i,t_i^*)=\sum\limits_{i\in\{x,y,w,h\}}\mathrm{Smooth}_{L1}(t_i,t_i^*)\\ \mathrm{Smooth}_{L1}(x)=\begin{cases}0.5x^2 & (|x|<1)\\ |x|-0.5 & (\text{其他})\end{cases}\end{cases} \tag{3.42}$$

二次边框回归损失函数的表达式如下：

$$\begin{cases}\mathcal{L}_{\mathrm{reg2}}(t_i,t_i^*)=\sum\limits_{i\in\{x,y,w,h\}}\mathrm{Smooth}_{L1}(t_i,t_i^*)\\ \mathrm{Smooth}_{L1}(x)=\begin{cases}0.5x^2 & (|x|<1)\\ |x|-0.5 & (\text{其他})\end{cases}\end{cases} \tag{3.43}$$

用 G 和 G' 表示真实框和预测框位置，用 P 表示候选框位置，则候选框的特征参数 $\{t_x,t_y,t_w,t_h,t_{\Delta\alpha},t_{\Delta\beta}\}$ 可表示为

$$\begin{cases}t_x=\dfrac{G_x-P_x}{P_w}\\ t_y=\dfrac{G_y-P_y}{P_h}\\ t_w=\log\dfrac{G_w}{P_w}\\ t_h=\log\dfrac{G_h}{P_h}\\ t_{\Delta\alpha}=\dfrac{G_{\Delta\alpha}-P_{\Delta\alpha}}{P_w}\\ t_{\Delta\beta}=\dfrac{G_{\Delta\beta}-P_{\Delta\beta}}{P_h}\end{cases} \tag{3.44}$$

回归得到的预测框位置为

$$\begin{cases}G'_x=t'_xP_w+P_x\\ G'_y=t'_yP_h+P_y\\ G'_w=P_w\mathrm{e}^{t_w}\\ G'_h=P_w\mathrm{e}^{t_h}\\ G'_{\Delta\alpha}=t'_{\Delta\alpha}P_w+P_{\Delta\alpha}\\ G'_{\Delta\beta}=t'_{\Delta\beta}P_h+P_{\Delta\beta}\end{cases} \tag{3.45}$$

3.3.5 实验结果分析

为了加快模型的收敛速度,本节采用与 3.2 节中相同的实验平台、数据集以及网络训练参数设置。首先在 DOTA 数据集上对 Faster R-CNN 模型进行预训练得到权重参数,并以此权重系数为初始权重进行训练,预训练所用到的数据集包含密集排列、背景复杂、过度曝光、与地面背景颜色相近、旋转方向多样的飞机图像。所有改进前后模型均训练 100 个 epoch,训练图像像素大小均裁剪为 1024×1024。为了充分验证本节 R^2ODet 模型相较于传统的双阶段目标检测算法 Faster R-CNN 以及单阶段目标检测算法 YOLOv5L 的有效性,接下来将从可视化结果以及算法横向对比实验分析本节提出的算法的有效性。

1. 可视化结果分析

为了进一步验证本章所提出的改进算法 R^2ODet 的性能和有效性。本节从飞机数据集中选取了一些代表性图像,如含有密集分布的飞机小目标遥感图像、飞机目标与地面背景颜色相近的遥感图像、背景复杂的遥感图像。并针对改进算法 R^2ODet、Faster R-CNN 和 YOLOv5L 进行可视化结果的横向对比分析。

分别对 R^2ODet、Faster R-CNN 和 YOLOv5L 网络训练 100 个 epoch 之后的网络进行测试。其中,第一列是原始图像,第二列是 YOLOv5L 的目标检测结果,第三列是 Faster R-CNN 的目标检测结果,第四列是改进算法 R^2ODet 的目标检测结果。

图 3.31 中的三组图像分别为典型的飞机小目标密集分布的场景、飞机目标与地面背景颜色相近的场景以及背景复杂的场景。其中红色框代表正确检测飞机目标并定位精准,黄色框代表网络误检其他物体作为飞机目标,绿色框代表漏检飞机目标。单阶段目标检测算法 YOLOv5L 的网络结构简单,对浅层特征和对小目标检测有利的信息利用不足,导致网络的泛化性不强,对小目标造成较大的漏检,如图 3.31(a)、(c)所示,漏检了绿色框的密集微小飞机目标。

虽然双阶段目标检测算法 Faster R-CNN 检测精度得到了保证,但是检测速度慢且得到的标定候选框不含旋转角度,贴合度不高;同时,存在针对微小飞机目标检测精度不高的问题,如图 3.31(c)就存在漏检和误检。而 R^2ODet 通过增加 DRD,丰富了特征图的细节信息并且增加了旋转候选框维度的度量、计算和标定,加强了对旋转目标和微小目标的敏感程度,可以对微小飞机目标进行正确的检测。

图 3.31(b)表明,针对飞机目标与地面背景颜色贴合的遥感飞机图像,R^2ODet 也可以得到良好的检测结果。通过实验对比图可以发现,改进算法在 R^2ODet 减少了误检率的同时提高了对微小飞机目标的检测能力,是同时兼顾精度和速度的

最佳模型。

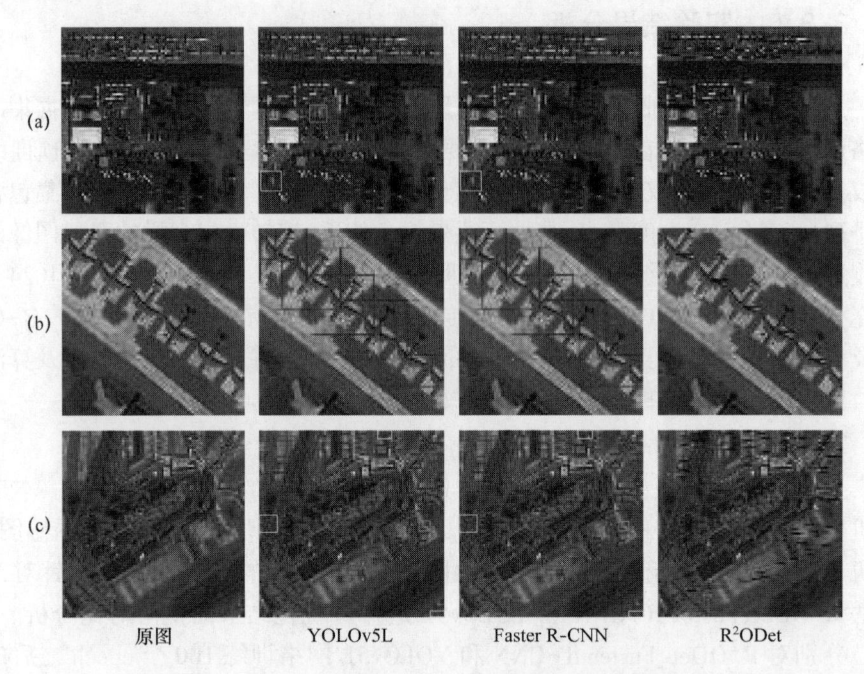

图 3.31 (见彩图)不同算法对飞机目标检测识别结果图

如图 3.32 为三种算法在过度曝光以及云层遮掩的环境下对遥感图像飞机目标的检测与识别结果图。可以看到,由于 R^2ODet 前向飞机区域识别算法中全局特征提取模块 AM-ResNet 使用了线性注意力机制和通道注意力机制,提高了网络的特征提取能力,有效地抑制了背景信息的干扰。3 幅图像中的飞机目标都可以被准确地检测出来,图 3.32(a)在过度曝光情况下进行检测,可以看到 R^2ODet 准确地使用旋转候选框标定了飞机目标。同时,由于单阶段目标检测算法 YOLOv5L 和 Faster R-CNN 针对飞机目标的识别能力不够强,在图 3.32(b)中对比可以发现,YOLOv5L 和 Faster R-CNN 均对于右下角黄色框标注的目标物体进行了误检,错误地把机场环境识别为飞机目标。同时 YOLOv5L 和 Faster R-CNN 对大幅面遥感图像中微小飞机目标检测能力不足,在图 3.32(c)中表现为右侧黄色框选的两个微小飞机目标没有被准确检测识别到。而本节提出的改进算法 R^2ODet 快速准确地识别出图片中所有存在的飞机目标,未发生误检、漏检现象。这表明本节的方法可以有效地应对云层遮挡以及过度曝光等复杂环境下的飞机目标检测,有效地提升了模型的鲁棒性。

R^2ODet 模型是在原始双阶段目标检测算法 Faster R-CNN 的基础上,针对大幅面遥感图像中飞机小目标的特点进行优化得到的。为了充分验证其在小目标检测领域的泛化性,本节研究在自行构建的飞机数据集上展开了训练工作。在训练

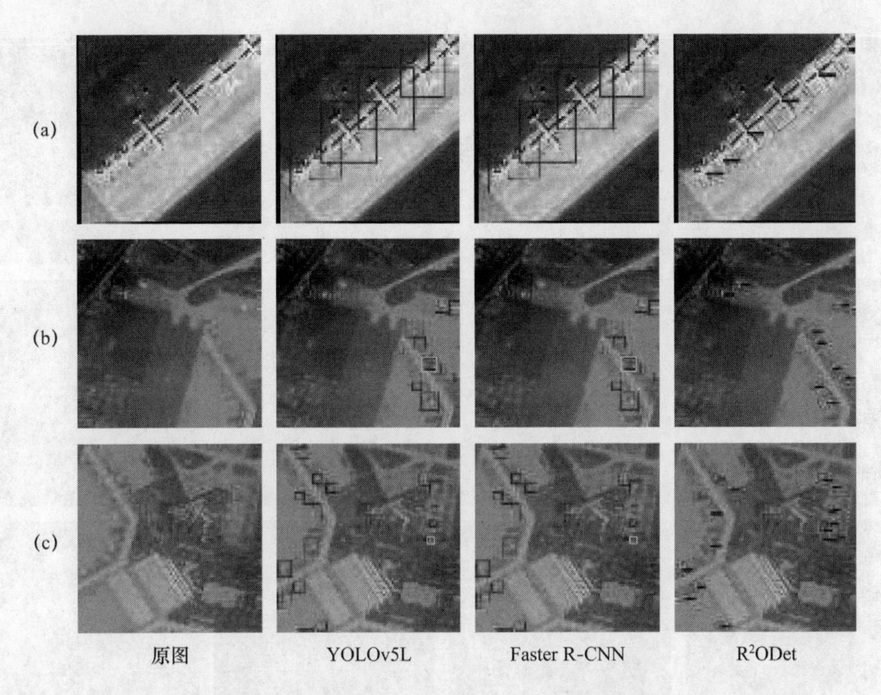

图 3.32 （见彩图）复杂背景下各种算法对飞机目标检测识别结果图

过程中，按照 7∶2∶1 的比例将含有尺寸较小且分布密集的飞机目标遥感图像随机划分为训练集、测试集和验证集。并按照 3.2 节实验设计中所述的配置设置实验平台和参数。实验结果表明，本节提出的 R^2ODet 算法在测试数据集上实现了 85.25%的召回率和 91.53%的检测精度。图 3.33 展示了 R^2ODet 在遥感飞机图像上的检测识别结果，可以看出，即使是密集排布的飞机小目标，R^2ODet 也能够准确地进行检测。

通过对图 3.33 所示的结果分析可以得出结论：改进算法 R^2ODet 能够准确检测大型、中型、小型飞机目标，并定位到目标位置。但是，通过图中检测结果也可以发现，随着飞机目标分辨率的降低，针对飞机目标角度旋转的检测精度也逐渐降低。这意味着，在处理小尺寸飞机目标时，改进算法 R^2ODet 的性能可能会受到影响，尤其是在需要检测旋转角度的情况下。因此，在实际应用中需要考虑到目标尺寸和旋转角度对 R^2ODet 的影响。

2. 横向对比分析

为了验证本节提出的旋转目标精炼检测算法 R^2ODet 的优越性，通过将本节提出的改进算法 R^2ODet 与主流模型 Faster R-CNN、YOLOv5L、R^3Det 在自建飞机目标检测遥感数据集上进行了训练对比，得到实验检测结果，如表 3.14 所列。

图 3.33 (见彩图)R^2ODet 的检测识别结果图

表 3.14 各种算法检测对比结果

算法	Re/%	Pr/%	mAP/%	AP_L/%	AP_M/%	AP_S/%	时间/ms
Faster R-CNN	83.27	83.29	73.54	81.24	76.18	36.54	184
YOLOv5L	82.39	81.32	71.93	79.53	75.39	34.08	10.1
Mask R-CNN	84.51	87.88	77.01	83.22	80.22	39.62	108
R^3Det	87.37	88.04	77.12	84.18	79.29	37.45	85.6
R^2ODet	85.25	91.53	81.66	86.53	83.51	41.66	136.5

注:Re 表示召回率;Pr 表示准确度;mAP 表示平均检测精度;AP_L 表示对于大型飞机目标的检测精度;AP_M 表示对于中型飞机目标的检测精度;AP_S 表示对于微小飞机目标的检测精度;时间表示检测每张图片所用时间。

从表 3.14 中可以发现,本节提出的改进算法 R^2ODet 相较于其他主流模型在遥感图像飞机目标检测领域更加高效可靠。

在召回率方面,由于前置飞机区域识别网络在针对飞机目标检测时会有召回率损失,前置网络的召回率损失会对后级网络的召回率产生连乘影响,因此本节提出的 R^2ODet 的召回率相较于专业应用于飞机目标检测的 R^3Det 网络略低,但相较于 Faster R-CNN 高出 1.98%,证明了改进算法在提高召回率方面的有效性。R^2ODet 取得了最高的检测精度,相较于最新提出的 R^3Det 和 Mask R-CNN 分别高出 3.49%和 3.65%。证明了 R^2ODet 对于飞机目标检测的准确度相较于其他目标检测算法更为优异。91.53%的准确度以及 81.66%的平均检测精度优于许多其他目标检测网络,表明本节提出的算法更满足高质量检测的需求。同时,针对大、中、小型飞机目标检测的数据也反映出改进算法 R^2ODet 取得了更优秀的检测效果,相较于 R^3Det 和 Mask R-CNN,在大、中、小型目标检测精度中,R^2ODet 分别提高了 2.35%、3.29%和 2.04%。

为了验证飞机区域识别网络是否有助于提升飞机目标检测网络的精度和速度,通过对比添加飞机区域识别网络中全局特征提取模块 AM-ResNet 和未添加飞机区域识别网络的 R^2ODet 的检测精度、参数量、计算复杂度以及检测一幅图片所花费的时间等参数,衡量飞机区域识别网络的优劣。同时,通过与典型的一阶段、二阶段目标检测算法 YOLOv5L、Faster R-CNN 的对比,验证改进算法的优越性。

表 3.15 的实验结果表明,由于 R^2ODet 对骨干网络进行了轻量化处理,相较于 Faster R-CNN 的参数数量减少了 96.8×10^6。由于改进算法为增加上下文信息引入了自注意力机制,浮点运算的计算复杂度提高了 66.7%。同时,由于 RPN 以及 NMS 算法在目标检测时间中占比较大,检测一幅图片仅提高了 47.5ms。相较于单阶段目标检测算法 YOLOv5L,检测一幅图片仍然落后 126.4ms。在 DOTA 数据集中,遥感图像分辨率较高,大部分遥感图片在 400 万像素以上,一幅高分辨率遥感图像经过飞机区域识别网络的滑窗裁剪后,生成大约 5 幅幅面像素尺寸为 1024×1024 的切片图像。但由于遥感图像中飞机目标所占像素比例较少且排布密集,飞机区域识别网络筛选出的含有飞机目标的滑窗切片不足所有滑窗切片的 1/4。利用飞机区域识别网络把大幅面遥感图像进行滑窗切片后,滤除大量不含飞机目标的背景切片,把只含飞机目标的切片图像作为 R^2ODet 的输入。在同样的实验环境下进行训练验证,通过实验数据可以看到,引入了飞机区域识别网络之后,R^2ODet 的检测精度提升了 0.68%,由于前置网络以 ResNet-34 为骨干网络,同时为了更好地获取复杂场景下图像的上下文语义信息,引入了空间注意力机制和线性注意力机制,参数量增加了 16.97×10^6,浮点运算的计算复杂度提高了 2.6 倍。得益于飞机区域识别网络对于冗余无效的背景切片筛选,检测一幅图片的速度提升了 100.7ms,接近单阶段目标检测算法 YOLOv5L 的检测速度。实验结果表明,在引入全局特征提取模块 AM-ResNet 后,R^2ODet 在 DOTA 数据集上的检测速度提升了 3.81 倍,显著提升了模型的检测速度。其验证了飞机区域识别算法不仅缩

短了网络检测飞机目标所用的时间，而且提高了遥感影像飞机目标检测的精度和效率。

表3.15　改进算法 R^2ODet 测试对比结果

算法	*Pr*/%	参数量/$\times10^6$	浮点运算次数/$\times10^9$	时间/ms
YOLOv5L	81.32	48.76	109.1	10.1
Faster R-CNN	83.29	136.69	166.5	184
R^2ODet	91.53	39.89	277.6	136.5
AM-ResNet+R^2ODet	92.21	56.86	725.23	35.8

3.4　遥感飞机目标检测技术展望

由于时间和精力有限，对目标检测领域，尤其是对复杂背景下高分辨率遥感图像飞机小目标的识别检测，本节的研究还相去甚远，存在很多缺陷以及不足。本节的工作主要集中于对现有算法进行改进，网络结构比较复杂。若针对实际问题结合理论提出一种原创的网络结构模型将更具应用价值与研究意义。未来可以针对以下三个方面进行更深入的研究：

(1)完善高分辨率遥感影像飞机目标数据集。虽然本章所使用的自建飞机目标数据集利用镜像、旋转、高斯模糊等图像随机增强策略对数据集进行了扩展，但本质上图像内容没有改变，因此需要增加图像数量完善数据集。同时对图像的不同类别做进一步划分，细化分类目标有利于促进检测算法的研究，更好地评估算法的普适性。

(2)提高大图幅遥感图像中小目标飞机的检出率。本章采用 DOTA 数据集中的遥感图像分辨率大都在 200 万像素以上，目标检测对象飞机的最小像素尺寸仅为 10~60 像素，相比整幅图像近乎可以忽略不计。从实验结果中也可以发现，飞机目标分辨率越低，旋转框的旋转角度检测精度也越低。因此，如何基于深度卷积神经网络实现小目标飞机高效准确的检测是值得思考的问题。

(3)优化候选框合并策略。虽然本章采取飞机区域识别算法对不含飞机目标的背景切片进行了滤除，降低了部分计算资源的损耗，但仍需要通过 NMS 算法对保留下来的滑窗切片的候选框进行合并计算。针对候选区域的合并策略进行优化乃至提出新的合并策略，对于减少计算资源的损耗，提升检测的速度和精度具有重要意义。

第4章 遥感舰船目标检测与识别技术

4.1 面向多尺度变化的遥感影像舰船目标检测方法

本章首先分析现有多尺度检测方法中存在的特征错位问题，然后在双向特征金字塔结构的基础上，结合可变形卷积和注意力机制设计一种基于选择对齐的多尺度目标检测方法。

4.1.1 特征错位问题分析

在可见光学遥感场景中，舰船目标的种类丰富，尺度变化多样，这对目标检测算法提出了更高的要求，需要能够同时检测不同尺度的目标，避免漏检和误检。目前，多尺度检测方法通常基于这样的共识：小尺度特征图通常包含更多全局和抽象的信息，这些信息可以用于检测大目标，因为大目标通常具有较明显的全局特征和语义信息。大尺度特征图通常包含更多局部和具体的信息，这些信息可以用于检测小目标，因为小目标通常具有较小的纹理和细节特征。FPN 和 PANet 等多尺度检测方法都是基于该共识设计的，通过将不同层级的特征图进行信息融合和传递，以获取更加丰富和准确的特征表示。在继 FPN 和 PANet 之后，BiFPN 具有参数量少、特征融合效果好以及方便嵌入不同网络等优点而成为目前主流深度学习中多尺度检测方法的常用网络结构；但是该网络在自底向上路径中与相应的特征向量合并之前，由于常用的上采样操作没有可学习的参数，自下而上和上采样特征之间存在不准确的对应关系，即特征错位；如图 4.1 所示，由于遥感图像中的房屋目标存在形状、比例、角度等方面的变化和扭曲，它们在图像中的表示与其

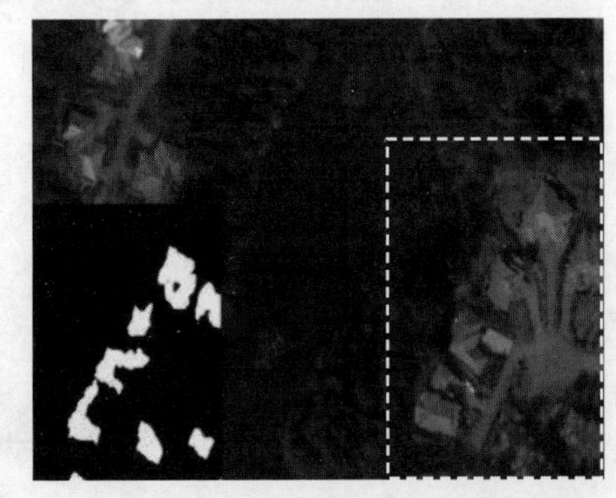

图 4.1 特征错位示意图

真实特征存在一定的偏差。

为了克服上述问题,本章提出了一种名为双向特征对齐金字塔网络(bi-directional feature-aligned pyramid network, BiFaPN)的多尺度目标检测方法,该方法是在BiFPN结构的基础上设计的,用于单阶段目标检测模型。该方法通过注意力机制将目标的特征响应转化为注意力热图,并将其传递给后续检测分支,然后采用可变形卷积来自适应地将卷积特征与注意力热图对齐。本章的贡献主要包括以下方面:

(1)为了在特征融合之前实现特征对齐,提出了特征对齐模块(feature-aligned module, FAM)。

(2)为了提取空间细节的特征映射,并且重新校准它们的特征,结合CA注意力机制提出了特征选择模块(feature-selected module, FSM)。

4.1.2 基于特征选择对齐的多尺度目标检测方法

BiFaPN总体结构如图4.2所示,包括特征选择模块和特征对齐模块;具体来说,该结构定义第 i 个输出自上而下网络为 C_i,其相对于输入图像的步长为 2^i 个像素,如 $C_i \in R^{\frac{H}{2^i} \times \frac{W}{2^i}}$,其中 $H \times W$ 是输入图像的尺寸;并且为了简洁,使用 H_i、W_i 来

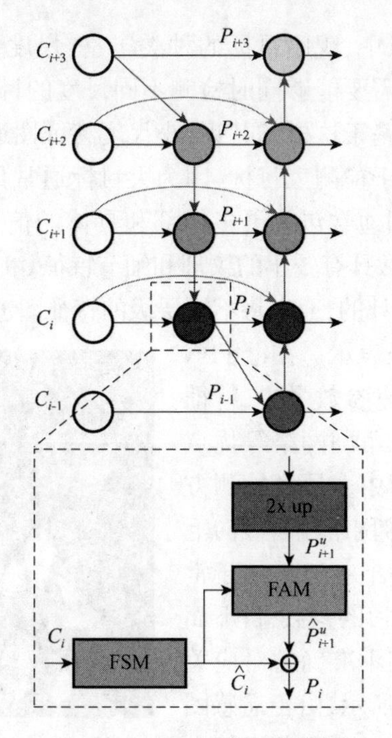

图4.2 BiFaPN总体结构图

代替 $\frac{H}{2^i}$、$\frac{W}{2^i}$；使用了 $\hat{C}_i$ 来表示 FSM 层的输出。此外，该自顶向下路径中第 i 个特征融合输出定义为 P_i，并且 P_{i+1}^u 和 $\hat{P}_{i+1}^u$ 分别作为 C_i 及其上采样和特征对齐的输出。下面分别介绍 FAM 特征对其模块以及 FSM 特征选择模块。

4.1.3 特征对齐模块设计

1. 可变形卷积

遥感图像在拍摄时，受到地球表面的形状，高度差异以及相机镜头特性等多种因素的影响，可能会产生透视变换和形变等几何畸变。传统卷积由于其固定卷积核无法适应目标形变，且感受野区域可能不完整地覆盖目标，导致重要特征遗漏或不必要背景噪声引入。为了更好地适应目标的形变，提高目标特征的提取效果，本章引入可变形卷积结构。该卷积通过可学习的偏移量来计算每个卷积核位置的偏移量，然后根据偏移量计算卷积核在输入特征图上的采样位置，从而实现更加精准的特征提取。图 4.3(a)和(b)分别展示了标准卷积和可变形卷积。

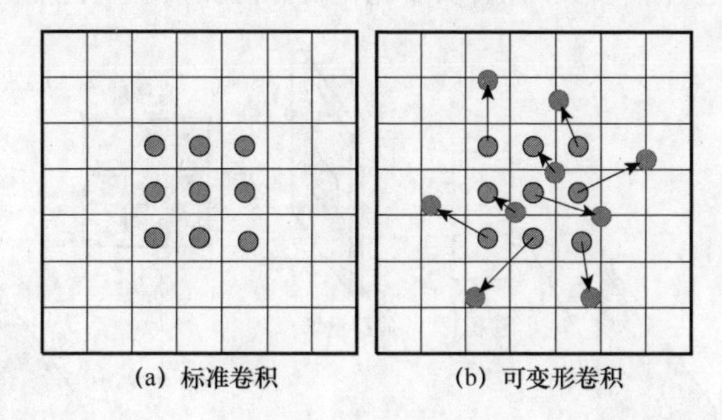

图 4.3 常规卷积和可变形卷积对比示意图

可变形卷积是在普通二维卷积的基础上，引入了可变形采样和可学习的偏移量。其具体过程如下：首先，对于每个采样点，不再使用固定的采样网格 R，而是根据输入特征图 X 动态生成一个形状相似但位置不同的采样网格，并且通过学习的偏移量来调整采样网格的位置；然后，对于每个采样点，使用 w 为其赋予不同的权重，并对所有采样点的加权值求和。

对于每个位置 p_0，在输出特征图 Y 上可以用式(4.1)描述：

$$Y(p_0) = \sum_{p_n \in R} w(p_n) \cdot X(p_0 + p_n) \tag{4.1}$$

式中：p_n 为 R 中位置的枚举。

卷积核中各位置的偏移量为 Δp_n，其中 $n \in [1,N]$，N 为 R 的绝对值，加入偏移量后，标准卷积公式会变成可变形卷积公式：

$$Y(p_0) = \sum_{p_n \in R} w(p_n) \cdot X(p_0 + p_n + \Delta p_n) \tag{4.2}$$

此时,偏移量 Δp_n 通常是分数,并不对应特征图上实际存在的点,所以在实际计算中,为了确保偏移量能够表示输入特征图上的任意位置,通常会使用双线性插值等方法对输入特征图进行采样和重构。其具体变化过程为

$$X(p) = \sum_{q} G(q,p) \cdot X(q) \tag{4.3}$$

式中:p 为任意位置,即 $p = (p_0 + p_n + \Delta p_n)$;$q$ 为对特征图 X 中小数点周围所有位置的取值的枚举,双线性插值算子 G 可以拆分为两个一维的算子,分别用于对特征图 X 中行和列的小数点周围所有位置的取值进行插值计算:

$$\begin{cases} G(q,p) = g(q_x,p_x) \cdot g(q_y,p_y) \\ g(a,b) = \max(0,1 - |a - b|) \end{cases} \tag{4.4}$$

式中:$g(a,b)$ 为对距离进行线性插值;$|a - b|$ 为两个位置之间的距离。

如图 4.4 所示,这些偏移量参数是通过对输入特征图进行卷积计算得到的;在训练过程中,通过式(4.3)和式(4.4)进行反向传播计算,可以有效地更新可变形卷积的偏移量和卷积核参数的值,从而优化目标检测模型的性能。

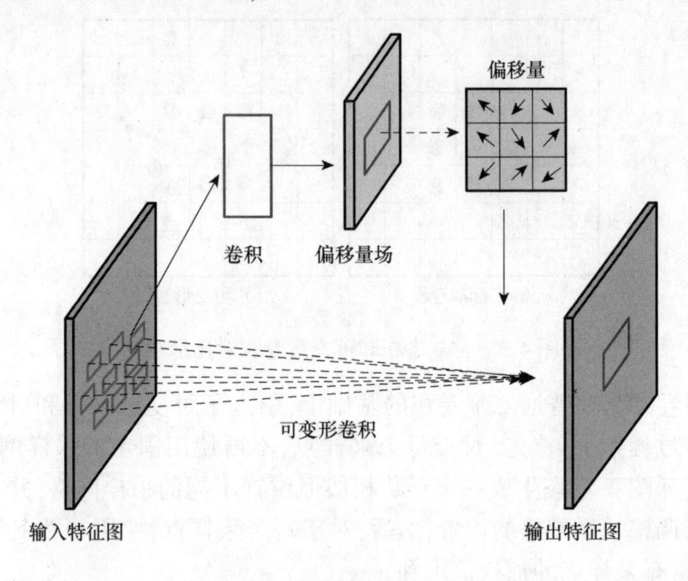

图 4.4　可变形卷积运算过程

2. 基于可变形卷积的特征对齐模块

由于多次采用采样操作,上采样特征映射 P_{i+1}^{u} 和对应的自底向上特征映射 C_i 之间显而易见存在错位问题。因此,无论是基于元素还是基于通道的特征融合都会损害目标边界的预测。在进行特征聚合之前,把上采样和自底向上的特征对齐是

很重要的,即根据 $\hat{C}_i$ 提供的空间位置信息相应地调整 P^u_{i+1}。在特征对齐模块中,空间位置信息通过二维特征图来表示,其中每个偏移值可以看作二维空间中 P^u_{i+1} 中的每个点与它在 $\hat{C}_i$ 中的对应点之间的偏移距离。特征对齐可以表示如下:

$$\begin{cases}\hat{P}^u_{i+1}=f_a(P^u_{i+1},\Delta_i)\\ \Delta_i=f_o([\hat{C}_i,P^u_{i+1}])\end{cases}\tag{4.5}$$

式中:$[\hat{C}_i,P^u_{i+1}]$ 表示的是上采样和对应的自下而上特征之间的空间差异;$f_o(\cdot)$ 和 $f_a(\cdot)$ 分别表示从空间偏移和对齐的特征中学习偏移量的函数,$f_o(\cdot)$ 和 $f_a(\cdot)$ 是使用可变形卷积来实现的。

特征对齐模块示意图如图 4.5 所示,该模块将可变形卷积应用在特征图 P^u_{i+1} 上,并且将特征图 $\hat{C}_i$ 和特征图 P^u_{i+1} 作为参考来获取偏移量。首先,偏移量可以根据式(4.5)得到,它包含了当前特征点和下一层特征点之间的空间偏移信息;然后,根据计算出的偏移量,可变形卷积就可以调整样本卷积的样本位置,可以根据 $\hat{C}_i$ 和 P^u_{i+1} 之间的空间距离来对齐 P^u_{i+1} 特征,使其更好地适应目标的形状和尺寸变化。

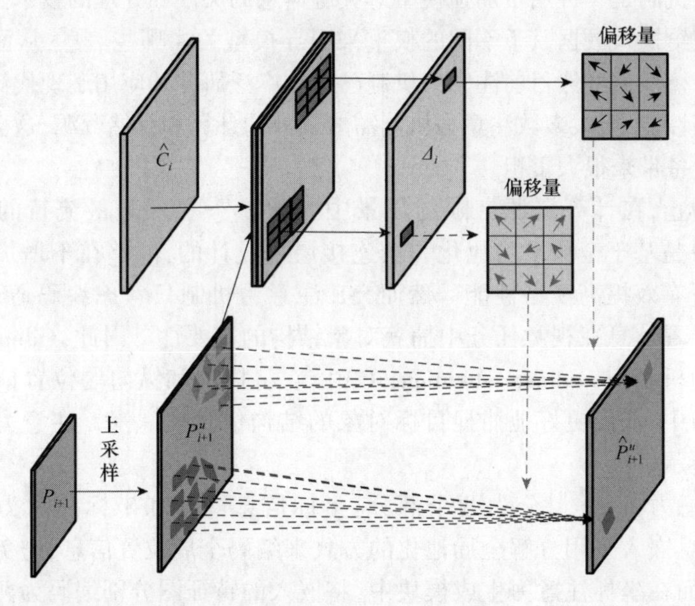

图 4.5 特征对齐模块示意图

3. 可视化对齐特征

可视化 FAM 所做的对齐修正,可以通过对比 FAM 的输入(上采样的特征 P^u_{i+1})和输出(对齐的特征 $\hat{P}^u_{i+1}$)的特征图来实现。如图 4.6 所示,在经过 FAM 处理之后,对齐后特征 $\hat{P}^u_{i+1}$ 与原始上采样特征 P^u_{i+1} 的噪声和波动有了明显的改善,变得更加平滑,并且包含了更加精确的目标边界信息。实验结果表明,FAM 能更好地预测目标边界。

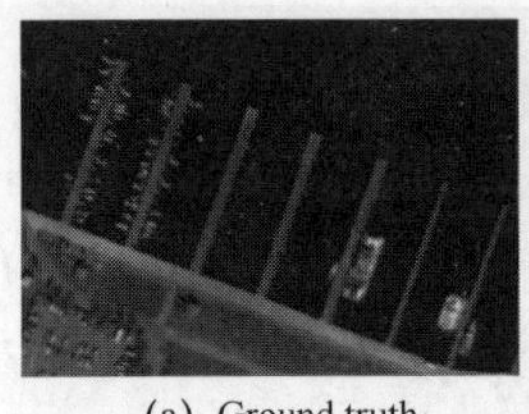
(a) Ground truth

(b) 上采样特征 P^u_{i+1}

(c) 特征对齐后 $\hat{P}^u_{i+1}$

图 4.6 可视化特征对齐结果

4.1.4 特征选择模块设计

1. CA 注意力机制

注意力机制是一种用于加强模型对关键信息的关注和处理的技术。它的基本思想是通过给输入数据赋予不同的权重来引导模型关注哪些信息,从而提高模型的性能和鲁棒性。虽然目前注意力机制已经被广泛研究并应用于现代深度神经网络中以提高性能,但大多数注意力机制需要额外的计算和存储资源,这会对计算资源有限的设备带来很大负担。

迄今为止,在计算资源有限的场景中 SENet[78] 仍然是最流行的注意力机制。该模块是基于全局平均池化和全连接层来设计的,能够在不增加网络复杂度的情况下有效提高模型性能。然而,SE 注意力机制只考虑编码通道间信息,而忽略了位置信息在视觉任务中捕获对象结构的重要性。因此,Qibin 等提出了坐标注意力机制(coordinate attention, CA),它将横向和纵向的位置信息编码到通道注意力中,从而更好地捕捉目标对象的结构信息[79]。CA 注意力机制结构如图 4.7 所示。

CA 注意力机制[79] 分为两个部分:坐标信息嵌入和坐标注意力生成。其中,坐标信息嵌入采用分解全局池化的方式来编码全局位置信息,避免丢失目标位置信息;而在坐标注意力生成模块中,将嵌入的特征图分别编码为两个注意力图,再通过加权求和得到坐标注意力图,从而更准确地定位感兴趣对象的位置。此外,CA 注意力机制非常灵活轻量,可以简单地插入轻量级网络的核心模块中,提高网络性能。

2. 基于 CA 注意力机制的特征选择模块

在生成注意力图之前,需要提取空间细节的特征映射,以实现精确分配,并同

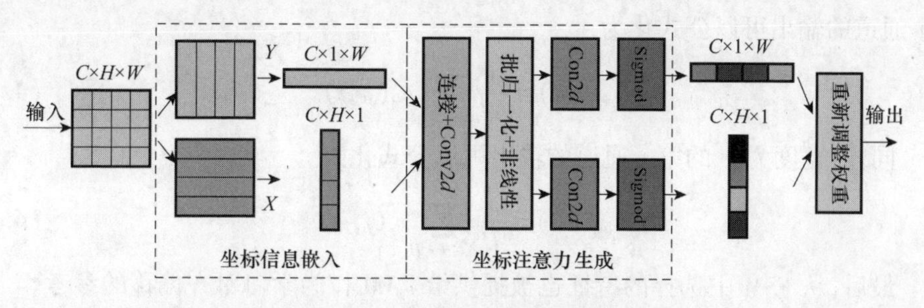

图 4.7　CA 注意力机制结构图

时抑制冗余特征映射。本章在 CA 注意力机制的基础上提出了一种特征选择模块来显式建模特征映射的重要性,并相应地重新对它们进行校准。

特征选择模块示意图如图 4.8 所示,其中坐标注意力生成结构与图 4.7 保持一致。该模块首先将全局池化得到的特征图转化为一维特征进行编码,并提取每个输入特征图 C_i 的水平坐标信息 z_c^w 和垂直坐标信息 z_c^h;然后通过特征重要性选择层 $f_m(\cdot)$ 来学习如何使用这些信息对每个特征图的重要性进行建模;最后输出一个重要性向量 $\boldsymbol{u}$。

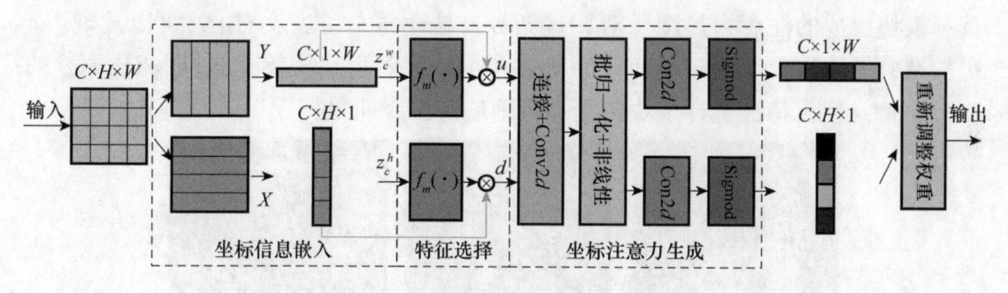

图 4.8　特征选择模块示意图

下面首先用重要性向量 $\boldsymbol{u}$ 对原始输入特征图进行缩放;然后将比例特征映射添加到原始特征映射中;最后将缩放后的特征图输入注意力生成模块中,选择性地维护重要的特征图,丢弃无用的特征图。其中,特征重要性选择层的过程可以表述为

$$\boldsymbol{u} = f_m(z) \tag{4.6}$$

其中,$z = [z_c^h, z_c^w]$,是分解了全局池化,转化为一维特征编码操作所得的值,特征重要性选择层 $f_m(\cdot)$ 为一个 1×1 的卷积层,后面跟着一个 Sigmoid 激活函数。全局池化的公式如下:

$$z_d = \frac{1}{H_i \times W_i} \sum_{h=1}^{H_i} \sum_{w=1}^{W_i} c_d(h, w) \tag{4.7}$$

全局池化分解的具体过程为:给定输入 x,先使用尺寸 $(H,1)$ 和 $(1,W)$ 的池化核沿着水平坐标方向和竖直坐标方向对每个通道进行编码,因此,高度为 h 的第

c 个通道的输出可以公式化为

$$z_c^h(h) = \frac{1}{W} \sum_{0 \leqslant i < W} x_c(h,i) \tag{4.8}$$

同样,宽度为 w 的第 c 通道的输出可以公式化为

$$z_c^W(h) = \frac{1}{H} \sum_{0 \leqslant J < H} x_c(j,w) \tag{4.9}$$

最后,从 FSM 中选择的特征也被提供给 FAM 作为学习对齐偏移的参考。

3. **可视化注意力热图**

注意力热图(attention heatmap)是一种用于可视化注意力机制输出的图像,它可以显示在输入数据中哪些区域受到了注意力机制的关注或突出显示。对于一张输入到 CNN 模型且被分类成舰船的图片,该技术可以热力图的形式呈现图片中每个位置与舰船类的相似程度,这有助于理解神经网络在做出最终分类决策时,哪个局部位置受到了注意力机制的关注。

本章使用 Grad-CAM[70] 作为注意力可视化工具;可视化注意力热图如图 4.9 所示,(a)为原图,(b)为可视化经 CA 注意力机制生成的注意力热图,(c)为特征选择模块生成的注意力热图。对比这两种方法生成的注意力热图,可以发现(c)更加准确地聚焦于舰船对象,而(b)则存在部分注意力在桥梁上,说明相比原始的 CA 注意力机制,特征选择模块能更加精确地定位舰船目标。

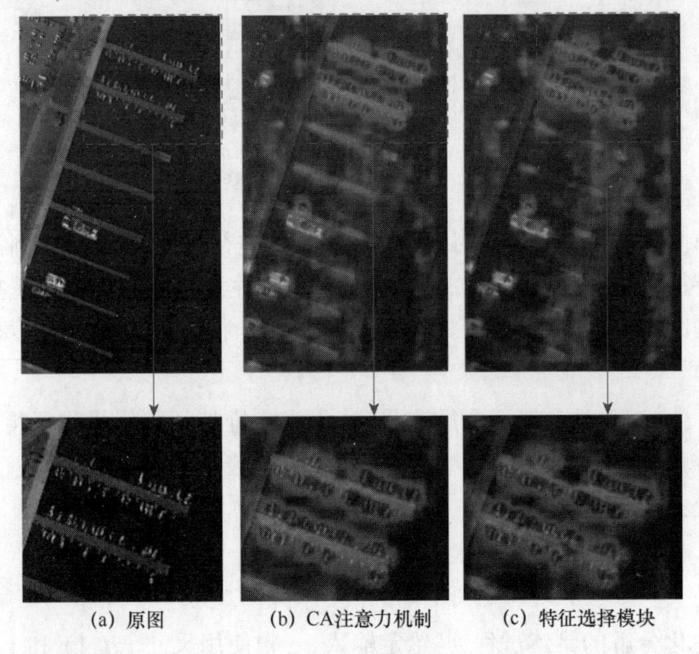

图 4.9 (见彩图)可视化注意力热图

4.1.5 实验结果分析

1. 遥感图像检测算法评估数据集 DOTA

数据集的质量和多样性直接影响深度学习模型的性能。如果数据集中存在噪声或样本不平衡等问题,那么深度学习模型将难以学习到有用的特征,从而影响其性能。另外,如果数据集过于单一,那么深度学习模型将难以应对不同的场景和问题。因此,为了保证模型检测性能和泛化能力,本章使用目前最大的遥感场景目标检测数据集 DOTA,该数据集是目前使用最广泛、规模最大的遥感图像。为了方便比较本章算法与其他算法的性能表现,评估工作将在 DOTA 遥感图像数据集上进行。

DOTAv1.0 数据集由武汉大学实验室发布[71],可以很好地反映真实遥感图像中舰船目标的分布情况。该数据集包含 188282 个实例,每个实例都使用任意四边形框标注或者水平框标注两种方式进行注释,数据集标注示意图如图 4.10 所示。

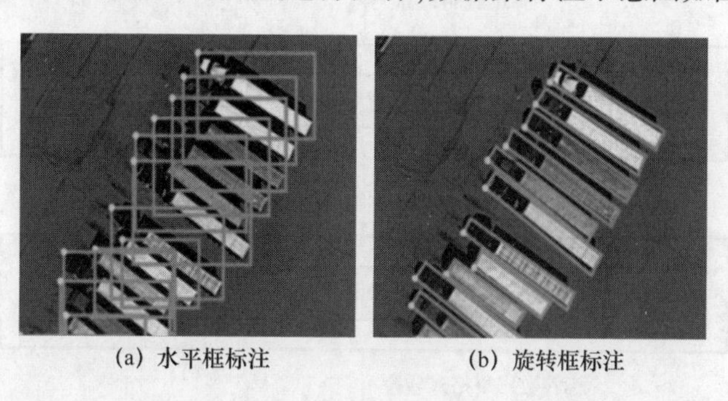
(a) 水平框标注　　(b) 旋转框标注

图 4.10　DOTA 数据集实例标注示意图

DOTAv1.0 数据集包含 15 个常见的物体类别,其中舰船实例目标的数量在所有类别中排名第二[71]。因此,该数据集中的舰船目标训练数据集充足,可以有效地用于舰船目标检测算法的训练和测试数据集样例如图 4.11 所示。

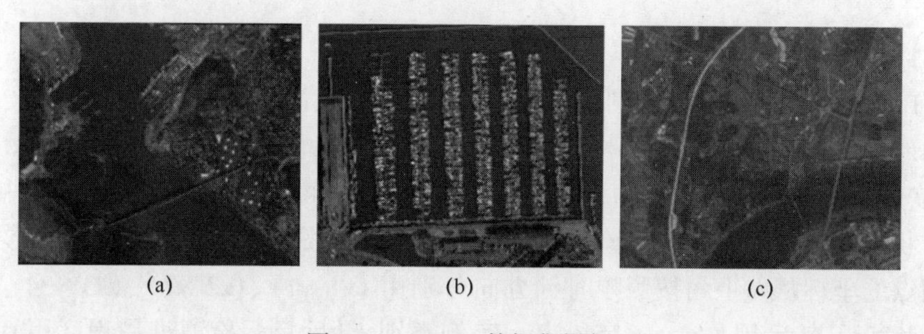
(a)　(b)　(c)

图 4.11　DOTA 数据集样例

2. 数据集预处理

在针对舰船目标的检测实验中,由于不涉及次级分类任务,为防止训练过程发生无法收敛的情况,并且减少所需的训练样本数量,需要对 DOTA 数据集进行筛选,只保留包含舰船目标的子集,而将其他类别的目标剔除。这样一来,就能利用特定类别的数据子集来训练神经网络,实现针对舰船目标精确的目标检测任务。

鉴于 YOLOv5 网络的训练和检测是基于整张图片进行的,使用高分辨率遥感影像不能直接进行训练。因此,需要对遥感数据集进行裁剪操作,以减小图像的尺寸和分辨率,使其适用于模型的训练和检测。此外,由于 YOLOv5 网络在进行训练时所使用的标签格式与 DOTA 数据集的标注格式不同,因此还需要对标注格式进行统一转化。本节中的 DOTA 数据集预处理流程如图 4. 12 所示。

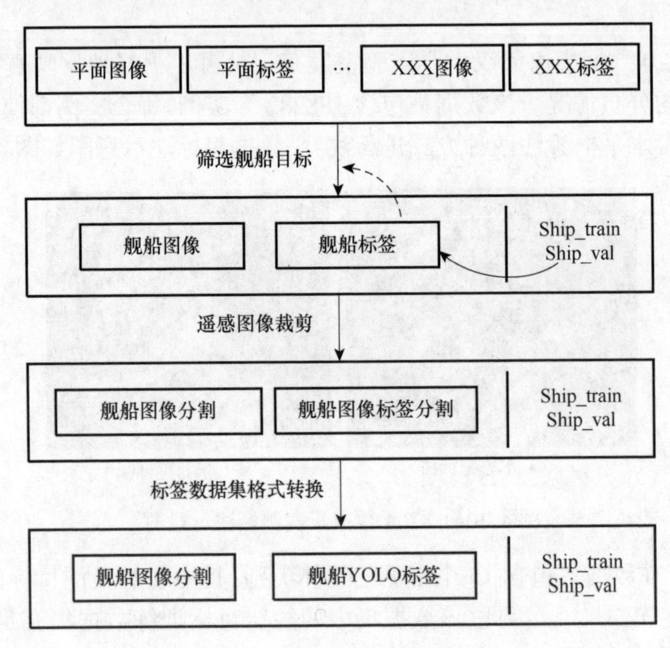

图 4. 12　DOTA 数据集预处理流程

1)数据集舰船目标筛选

DOTA 数据集中的每个图像都有一个相应的标注文件,标注文件使用文本文件的形式保存。在标注文件中,imagesource 字段表示图像来源,gsd 字段表示分辨率;实例目标的标注方式分为水平框标注和旋转框标注方式,本节选择更加贴合目标形状的旋转框标注方式。该数据集的标签格式如图 4. 13 所示:其中四边形框四个顶点的坐标从左上角按照顺时针方向分别用 $(x1,y1)$ 、$(x2,y2)$ 、$(x3,y3)$ 、$(x4,y4)$ 来表示,然后用 category 字段表示实例类别,最后目标检测难易程度用 0 和 1 来表示,其中 1 表示目标识别难度较大,0 表示目标识别难度较小。DOTA 数据集在使用之前需要对多边形实例进行处理，求取其最小外接旋转矩形（minimum bounding rotated rectangle，MBRR），作为该实例的检测框。数据集的标注中包含目标类型字段，在进行舰船目标筛选的时候需要以该字段为评判标准进行筛选。

在进行舰船筛选时：首先，需要去掉标注文件中的图像来源和分辨率信息；然后，按照检测目标类别字段进行筛选，如果目标类别为 ship，则保留该标注文件，否则删除该字段；最后，将无舰船类别的标注文件和对应的图像进行删除。

Imagesource:imagesource			图像来源		
gsd:gsd			分辨率		
$x_1,y_1,$	$x_2,y_2,$	$x_3,y_3,$	$x_4,y_4,$		
$x_1,y_1,$	$x_2,y_2,$	$x_3,y_3,$	$x_4,y_4,$		
左上角坐标	右上角坐标	右下角坐标	左下角坐标	目标类别	识别难度

图 4.13　DOTA 数据集的标签格式

2）数据集遥感图像裁剪

目前，主流的降低图像大小主要方式有以下两种：降低分辨率和对遥感图像进行分割；降低分辨率会损失图片信息，特别是遥感图像中小目标所占比例较大，降低分辨率后会导致其特征在深层神经网络中消失，从而影响模型的训练结果。为了保证网络最终的检测性能，本节放弃这种方案。

为了解决遥感图像在训练和预测过程中可能因其大尺寸而导致服务器显存溢出问题，本节采用官方建议的方法对遥感图像进行裁剪，将其按照像素为 1024×1024 进行裁剪，对于不足 1024 像素的部分进行填充。然而，裁剪操作可能会导致边缘目标信息的丢失。为此，本节在裁剪时保留长度为 512 像素单元的重叠区域，以充分挖掘边缘目标信息。像素为 1024×1024 的窗口大小和 512 像素的滑动步长也是众多遥感图像检测算法进行性能评估的基准。裁剪后的图像对应关系如图 4.14 所示。

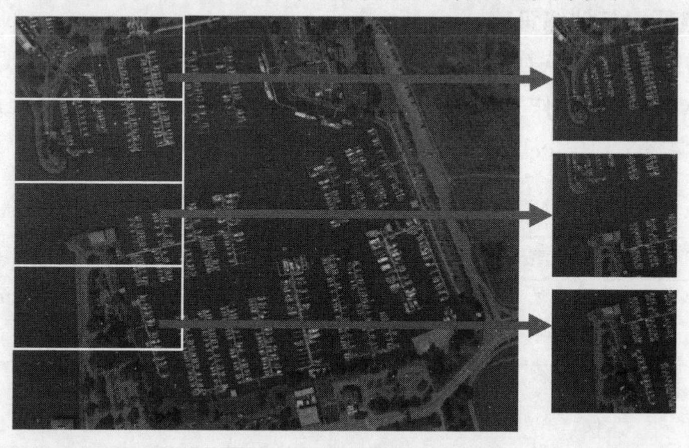

图 4.14　数据集裁剪后的图像对应关系

3)数据集格式统一

为了可以直接使用 YOLO 的环境进行训练,需要将 DOTA 数据集标签格式转化为 YOLO 格式,转换过程示意图如图 4.15 所示,转换后的数据格式为:[类别号,中心点横坐标,中心点纵坐标,长边长度,短边长度,角度]。预处理后的舰船数据集样例如图 4.16 所示。

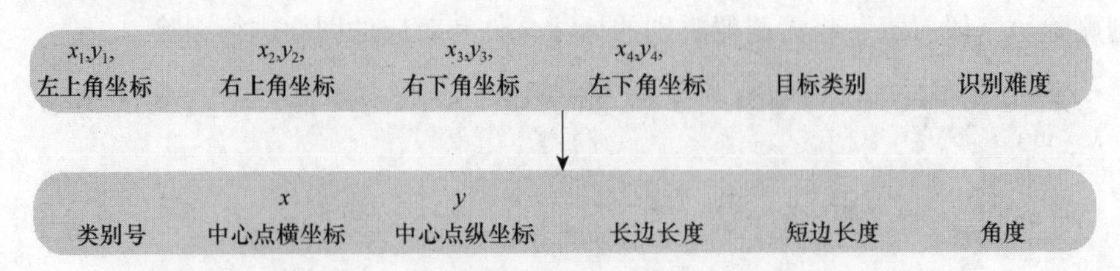

图 4.15　数据集标签格式转换过程示意图

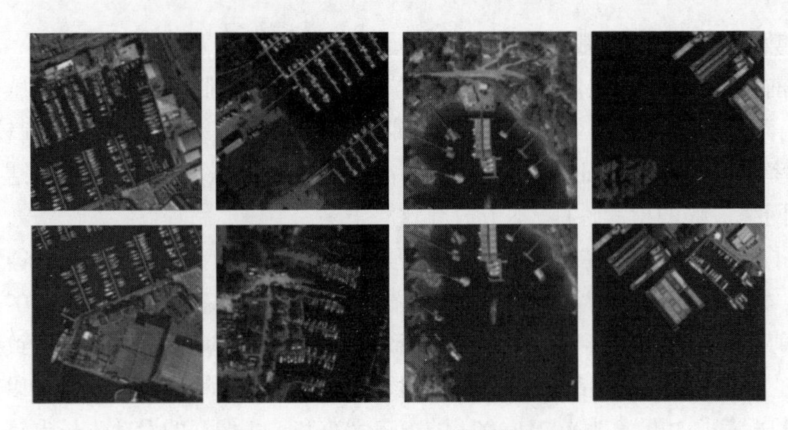

图 4.16　预处理后的舰船数据集样例

3. 实验环境与训练策略

本节的实验环境软/硬件配置如表 4.1 所列;本节使用的 GPU 为 NVIDIA Geforce RTX 2080Ti、操作系统为 Ubuntu 20.04、运算平台 CUDA、编程语言 Python 以及深度学习框架 Pytorch 的版本分别为 11.1、3.8 和 1.9.0。

表 4.1　实验环境软硬件配置

软/硬件配置	型号和版本
显卡	NVIDIA Geforce RTX 2080Ti
操作系统	Ubuntu 20.04
运算平台	CUDA 11.1
框架	Pytorch 1.9.0
编程语言	Python 3.8

当前主流的深度学习框架包括 Caffe、TensorFlow、Pytorch 等。本节之所以选择 Pytorch 框架,主要首先是因为 Pytorch 的设计理念简洁易懂,代码量少,易于阅读和编写;其次它的生态环境较好,不仅提供了完整的教程文档,还有专门的论坛供用户交流。

训练过程中的关键参数如下:采用 Adam 优化器自适应地进行参数优化,设置模型的初始学习率和权重衰减系数分别为 0.01 和 0.0005,模型对训练数据进行 300 轮的迭代训练;为了更快地收敛到全局最优解先迭代三次预热(warmup)训练,在预热训练中的学习率动量和偏差学习倍数分别设置为 0.8 和 0.2;采用余弦退火学习率调整策略,输入图像像素大小为 1024×1024;训练过程中不同 Batch 下的可视化结果如图 4.17 所示。

(a) Batch0　　(b) Batch1　　(c) Batch2

图 4.17　可视化训练过程

4. 对比实验

为了验证 BiFaPN 结构的可靠性,本节将 YOLOv5s 网络的特征融合网络替换为 BiFaPN 网络并进行对比实验。YOLOv5s-BiFaPN 和 YOLOv5s 在 DOTA 测试集上的实验数据见表 4.2。从表中可知,YOLOv5s-BiFaPN 网络的精确度比 YOLOv5s 要高 1.32%,表明 BiFaPN 结构相较于 FPN+PANet 结构有优越性。

表 4.2　YOLOv5s 与 YOLOv5s-BiFaPN 在 DOTA 测试集上的性能对比

模型	方法	输入尺寸	mAP50/%
YOLOv5s	PANet	1024×1024	81.65
YOLOv5s-BiFaPN	BiFaPN	1024×1024	82.97

图 4.18(a)和(b)呈现了 YOLOv5s 和 YOLOv5s-BiFaPN 在 DOTA 数据集上进行可视化检测的结果。可以观察到,YOLOv5s 和 YOLOv5s-BiFaPN 在中等目标的检测方面表现出色。在某些较大的舰船目标上,YOLOv5s-BiFaPN 仍然具有良好的性能,但 YOLOv5s 出现了漏检以及误检的情况,并且对大型目标的预测框并不能完全包裹住舰船目标。通过上述实验结果可以证明,相比现有的多尺度策略,

BiFaPN 结构对于不同尺度分布的目标具有更好的检测性能。

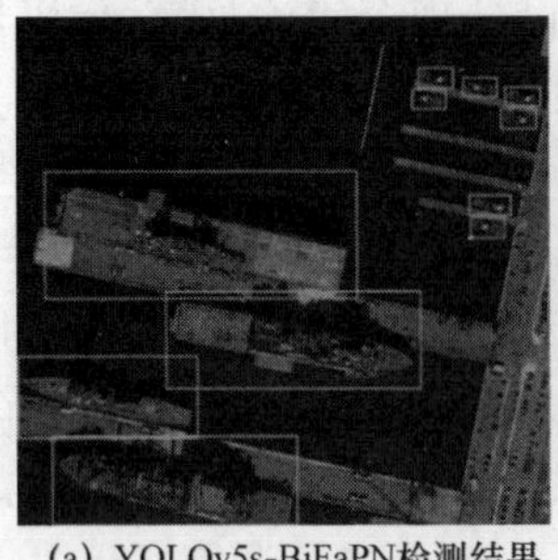
(a) YOLOv5s-BiFaPN检测结果

(b) YOLOv5s检测结果

图 4. 18 YOLOv5s 和 YOLOv5s-BiFaPN 在 DOTA 数据集上可视化检测结果

4. 2 遥感影像旋转舰船目标检测器 RS-YOLOv5 设计

本章针对可见光遥感影像中存在的舰船方向任意以及背景环境复杂的问题，在 YOLOv5s 网络的基础上设计一种遥感影像旋转舰船目标检测器 RS-YOLOv5。

4. 2. 1 基线模型的构建

1. 基线模型的选择

YOLO 系列算法是当前目标检测领域的重要算法之一，也是一阶段目标检测算法的经典代表。相较于只有一种模型结构的 YOLOv4，YOLOv5 在灵活性方面提供了更多的选择。YOLOv5 提供了四种不同的模型版本，包括 s、m、l 和 x 四种版本，每个版本的模型结构和参数配置都不同，可以根据不同的应用场景和需求，选择合适的模型进行训练和推理。在检测速度方面，相比 YOLOv4，虽然 YOLOv5 在特征提取网络和特征融合网络上都进行了改进，但其仍保持 YOLO 系列的端到端设计和单阶段检测特点，在检测速度方面非常快，能够满足实时性要求较高场景的需求。在遥感图像目标检测精确度方面，相比其他 YOLO 系列网络，YOLOv5 中使用的很多新的技术和方法对于遥感场景下舰船目标检测任务非常友好，能极大地提高 YOLOv5 的检测效果。例如：使用自适应锚框（adaptive anchors）、多尺度训练等，以适应遥感数据集中不同大小和比例的目标；使用 Mosaic 数据增强技术来增加数据集中目标的大小和数量，可以改善遥感数据集目标分布不均的问题；使用 FPN 和 PANet 联合的特征融合结构能增强多尺度特征提取能力，在一定程度上解决遥感图像中存在的目标尺度范围广的问题。因此，针对遥感场景下舰船目标检测任务，从灵活性、检测速度以及检测精度三方面考虑，本章选择 YOLOv5 进行改进,并将改进后的 YOLOv5 作为基线算法。

在 YOLOv5 四种不同版本的模型中,YOLOv5s 是最小的版本,采用较浅的骨干网络和卷积核通道数较少的设计,参数量最少,速度最快,适合实时性要求较高的场景。而 YOLOv5m、YOLOv5l 和 YOLOv5x 则依次增加了网络深度和宽度,具有更高的检测精度和更慢的检测速度。本章后续的改进会增加模型的大小并且导致模型的训练时间和推理时间加长,因此综合考虑了模型的精度和效率,将 YOLOv5s 作为本章的基线模型。YOLOv5 有很多版本,本章使用的版本是 YOLOv5v6.0,网络详细介绍参见 2.3 节。本章结合可见光遥感影像舰船目标的特点,对 YOLOv5s 模型进行了相应的修改,并将改进后的基线模型命名为 YOLOv5s-Baseline。其中,改动的主要内容如下。

(1)特征融合网络结构:针对遥感影像舰船目标多尺度分布问题,使用特征融合效果更好的 BiFaPN 结构来代替 YOLOv5 网络的 FPN+PANet 结构。

(2)边框筛选方式:针对由于遥感影像舰船目标环境背景复杂而出现的漏检错检等问题,使用加权框融合(WBF)策略来代替 YOLOv5 中使用单一阈值来进行边框筛选的非极大值抑制(NMS)。

2. 特征融合网络的构建

上一节的实验结果表明,BiFaPN 网络在特征融合方面具有更好的优势。与 YOLOv5 中采用 PANet 结构相比,BiFaPN 使用更高效的多尺度特征融合策略,有效避免了特征错位问题,极大地提高了多尺度特征提取能力。此外,BiFaPN 结构考虑到来自不同阶段的特征图对最终的融合结果的贡献差异,而 PANet 结构忽略了这一点,从而导致特征融合效果受限。为了提高多尺度目标检测性能,本章采用了裁剪后的 BiFaPN 网络结构以适配 YOLOv5 网络的三个不同尺寸输出,其具体结构如图 4.19 所示。

3. 预测边框筛选方式的构建

YOLOv5 采用传统的非极大值抑制方法进行预测边界框的筛选。该方法的基本思想是:在所有预测框中,选出得分最高的框作为检测结果,并将与该框高度重叠的其他框删除,以避免重复检测。虽然 NMS 能够有效地消除冗余检测框,但是在目标检测任务中得分相对较小的预测框也具有部分特征信息,直接将得分较小的预测框删除会导致目标信息丢失,容易造成漏检;而得分最高的预测框可能受到背景信息干扰造成误检。特别是在遥感场景下舰船目标背景复杂多变,容易受到港口的汽车、海浪、云雾的干扰,直接使用 YOLOv5 进行舰船目标检测误检率和漏检率高。因此针对上述问题,本章通过引入 WBF 方法,以提高 YOLOv5 模型的预测框定位精度。

WBF 与 NMS 方法最大的不同在于 WBF 方法更加注重保留目标附近的次优框。这种方法的好处能够更好地利用多个预测边框的特征信息,提高目标检测的

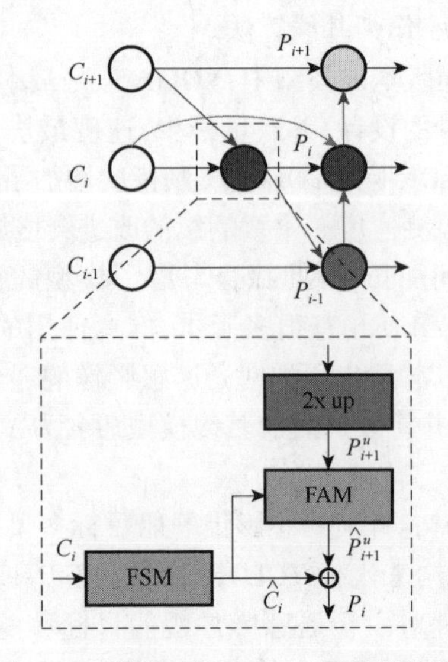

图 4.19　裁剪后的 BiFaPN 网络结构图

准确性和稳定性。从图 4.20 中可以看出，NMS 方法将得分较高的桥梁错误地识别为舰船，而 WBF 方法则通过重新设置阈值来排除桥梁的干扰，正确识别舰船目标。相比于 NMS 方法，WBF 能够有效地解决误检、漏检等问题，提高目标检测准确性和稳定性。

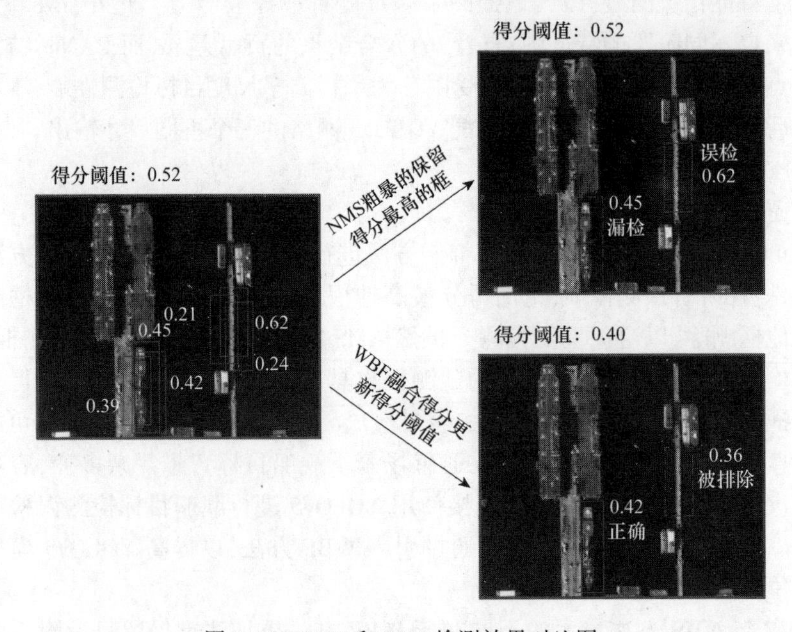

图 4.20　WBF 和 NMS 检测效果对比图

4.2.2 旋转舰船目标检测器 RS-YOLOv5 的构建

在目标检测领域中,水平框涉及的参数较少,简化了检测模型的训练过程。因此,在大多数目标检测方法中,使用水平框来表示遥感图像中目标的大致范围。然而,遥感图像中的物体通常是任意方向的。因此,使用水平框来检测目标会引起两个问题。一是这种类型的物体检测框通常包含许多背景区域,如图 4.21(a)所示,大约 60%的区域属于背景区域。检测框内存在过多的背景区域,不仅增加了分类任务的难度,而且会导致目标范围表示不准确的问题[82]。二是水平框会导致检测框之间出现重叠,如图 4.21(b)所示,从而降低检测精度。

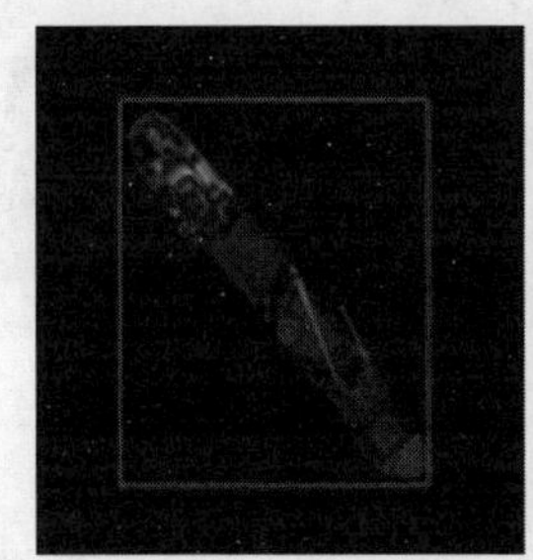
(a) 包含60%背景区域

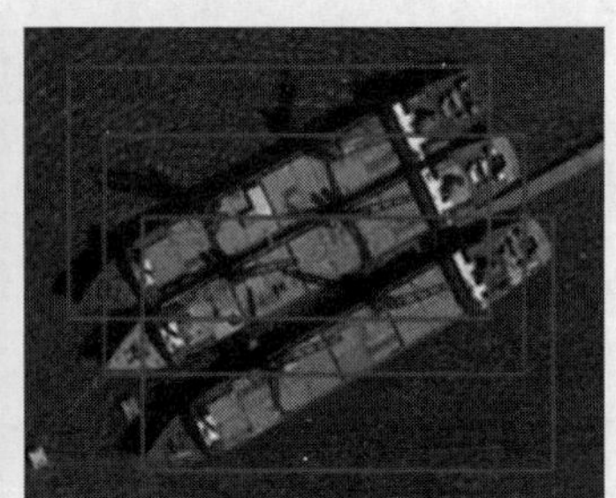
(b) 检测框重叠

图 4.21 水平框舰船检测效果

为了解决上述问题,在基线模型的基础上设计一种适用于遥感场景下的旋转舰船目标检测器 RS-YOLOv5,其网络结构如图 4.22 所示。该网络首先采用长边定义方法将水平框转换为任意方向的旋转框,并相应地优化检测算法;然后使用 BiFaPN 结构替代特征融合部分中 FPN+PANet 结构,使 Neck 部分输出的特征图具有更丰富和准确的特征;最后,针对加入角度信息后出现的旋转框 IoU 不可导问题,本章使用 KFIoU_Loss 替代 CIoU_Loss 实现对边框的回归,并通过使用加权框融合(WBF)代替 NMS 作为预测框筛选方法来解决遥感图像环境下背景复杂的问题。

1. 旋转框的构建

在地面水平视角目标检测任务中,YOLOv5 仅需要输出 (x,y,w,h) 去定位预测框的位置,这些预测框只能拟合水平框;然而,在遥感场景中,由于被拍摄物体呈高空俯视姿态,仅仅使用边界框的中心坐标和长宽无法准确表达目标在图像中的位置和姿态,需要加入目标物体的角度信息才能拟合旋转矩形框[83]。因此,为了实现目标检测模型对旋转框的检测,需要在模型的预处理结构处重新设计锚框的表示方式。目前,主流的旋转矩形框表示方法主要有以下两种。

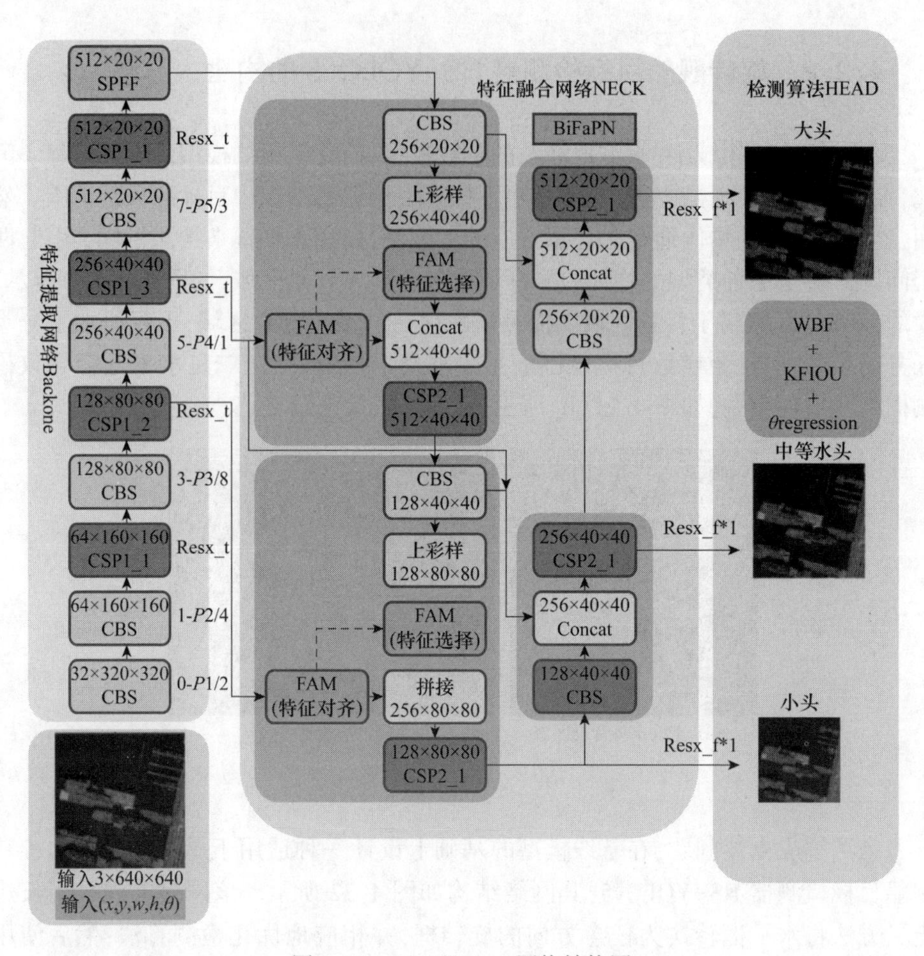

图 4.22　RS-YOLOv5 网络结构图

1)五参数表示法

五参数表示法相比水平矩形框,它新增了一个旋转角度参数 θ 。在早期的旋转检测算法中,θ 与 (x,y,w,h) 一样通过回归分支进行学习,这种学习方法虽然简单但存在一些缺陷,主要在于 θ 的学习难度较大且容易出现二义性问题,因为 θ 的取值范围从 0°到 360°都可能出现。为了解决这些问题,规定了旋转角度的取值范围,并且根据不同的旋转角度范围,五参数表示法被分为 OpenCV 表示法和长边表示法两种流派[84]。

(1)OpenCV 表示法:其表示形式为 (x,y,w,h,θ) ,其中 (x,y) 表示矩形框的中心点坐标, x 轴逆时针遇到的第一条边被定义为 w , h 定义为 w 邻边,用 x 轴逆时针旋转到 w 所经的角度范围来表示 θ ,因为是逆时针所以 θ 的符号为负, θ 的角度范围在-90°和 0°之间。相关示意图如图 4.23 所示。

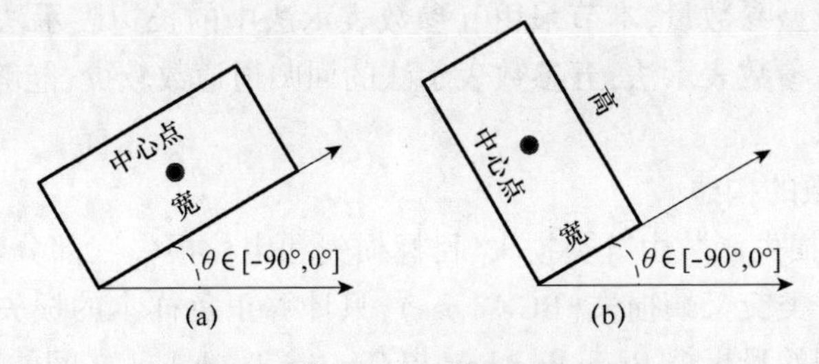

图 4.23 Opencv 表示法示意图

(2)长边表示法:其表示形式为 (x,y,w,h,θ),其中 (x,y) 表示矩形框的中心坐标,最长边使用 w 来表示,h 定义为 w 邻边,x 轴旋转到 w 所经的角度范围用 θ 来表示,θ 的角度范围在-90°和 90°。相关示意图如图 4.24 所示。

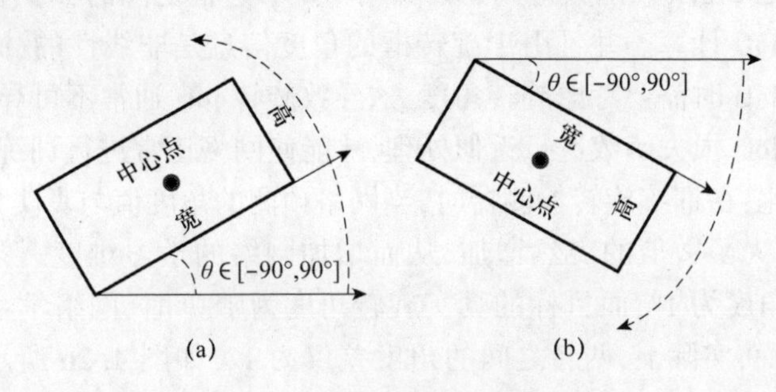

图 4.24 长边表示法示意图

2)八参数表示法

八参数表示法是一种用于表示任意四边形的方法,其形式为 $(x_1,y_1,x_2,y_2,x_3,y_3,x_4,y_4)$,其中 $x_1,y_1,x_2,y_2,x_3,y_3,x_4,y_4$ 分别表示四边形的四个顶点的坐标。这种表示方法通过使用包络框的四个顶点来表示任意四边形,其中顶点按照最左上角的顶点 a 开始排序,其余顶点 (b,c,d) 则按照顺时针或逆时针的方式排序以确定四边形。相关示意图如图 4.25 所示。

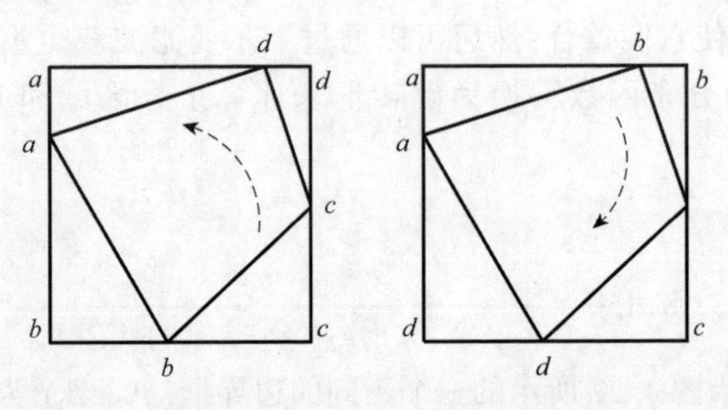

图 4.25 八参数表示法示意图

为了减小模型参数量，本节采用五参数表示法中的长边表示法来定义旋转矩形框。相较于八参数表示法，五参数表示法的回归通道数较少，能够更好地满足模型参数量的要求。

2. 损失函数的构建

YOLOv5 的损失函数由分类损失、目标损失和定位损失三部分组成。其中，分类损失使用二分类交叉熵损失(BCE Loss)，只计算正负样本的损失；置信度损失，指的是模型预测的目标框 Bounding box 与 Ground Truth box 之间的相似程度，计算的是所有样本，仍然采用的是二分类交叉熵损失。

针对采用旋转框来定义样本边框的情况，需要将旋转角度 θ 作为回归任务，并通过旋转 IoU 损失函数进行反向传播来调整自身参数。而在 YOLOv5 中，边框损失函数采用的是 CIoU，该函数适用于计算水平矩形边框之间的 IoU，但不再适用于旋转框之间的 IoU 计算。并且由于旋转框的角度信息是非线性的，同时计算两个旋转框之间的 IoU 时需要考虑旋转角度，这导致旋转 IoU 通常不可导，因此需要对不可导的旋转 IoU 损失函数进行近似处理，才能使网络正常进行训练。此外，角度具有周期性变化，在训练旋转检测器时，当网络预测的角度值与真实角度值相差较大时，会导致损失函数值的突然增加，从而增加网络的学习难度[85]。例如，当网络预测的旋转角度为 1°，而目标的真实旋转角度为 180°时，网络学习到的角度差值为 179°。然而，实际上，两者之间的角度差仅为 1°，如图 4.26 所示。针对上述问题，本节引入基于卡尔曼滤波的 SkewIoU 即 KFIoU[86]。

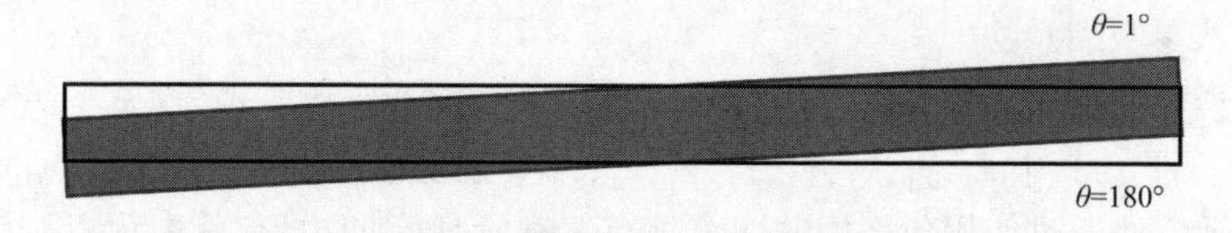

图 4.26　角度 θ 周期性变化示意图

KFIoU 计算流程如图 4.27 所示。首先将边界框转换为高斯分布，移动两个高维分布的中心点，使它们重合；然后可以通过卡尔曼滤波获得重叠区域的分布函数；最后将得到的分布函数转换为旋转框来计算重叠区域和 IoU。KFIoU 定义如下：

$$\mathrm{KFIoU} = \frac{\nu_{B_3}(\Sigma)}{\nu_{B_1}(\Sigma_1) + \nu_{B_2}(\Sigma_2) - \nu_{B_3}(\Sigma)} \tag{4.10}$$

式中：B_1、B_2、B_3 为图 4.27 所示的三个不同的边界框；$\nu_B(\Sigma)$ 为通过高斯分布计算出其对应旋转矩形框的面积，其实就是协方差特征值累乘(协方差特征值对应旋转矩形的两条边)，可表示如下：

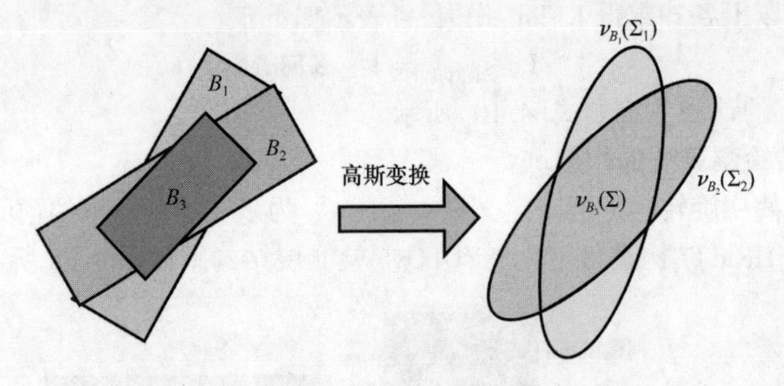

图 4.27　KFIoU 计算流程图

$$\nu_B(\Sigma) = 2^n\sqrt{\prod \mathrm{eig}(\Sigma)} = 2^n \cdot |z^{\frac{1}{4}}| = 2^n \cdot |\vec{z}|^{\frac{1}{2}} \tag{4.11}$$

式中：Σ 为将任意方向的边界框变换为高斯分布 $G(\boldsymbol{\mu},\boldsymbol{\Sigma})$ 之后的方差；

$$\Sigma = \boldsymbol{R}\boldsymbol{\Lambda}\boldsymbol{R}^{\mathrm{T}}, \boldsymbol{\mu} = (x,y,z)^{\mathrm{T}} \tag{4.12}$$

式中：$\boldsymbol{R}$ 为旋转矩阵；$\boldsymbol{\Lambda}$ 为特征值的对角矩阵，可表示如下：

$$\boldsymbol{R} = \begin{bmatrix} \cos\theta & -\sin\theta \\ \sin\theta & \cos\theta \end{bmatrix}, \boldsymbol{\Lambda} = \begin{bmatrix} \frac{w^2}{4} & 0 \\ 0 & \frac{h^2}{4} \end{bmatrix} \tag{4.13}$$

RS-YOLOv5 模型的损失函数由三部分组成，分别为置信水平损失、边界框损失和分类损失。其中，置信度损失函数和分类损失函数采用二分类交叉熵损失函数，与原模型保持一致。边界框和旋转角度的回归模型则采用式（4.14）进行计算：

$$\begin{cases} t_x = (x - x_a)/w_a, t_y = (y - y_a)/h_a \\ t_w = \lg(w/w_a), t_h = \lg(h/h_a) \\ t_x^* = (x^* - x_a)/w_a, t_y^* = (y^* - y_a)/h_a \\ t_w^* = \lg(w^*/w_a), t_h^* = \lg(h^*/h_a) \end{cases} \tag{4.14}$$

式中：(x,y,w,h) 分别为边界框的中心坐标、宽和高；x、x_a、x^* 分别为真实框、anchor 和预测框；y、w、h 也是类似的表示方法。

对于 θ 的回归，因为间接回归是避免边界不连续问题的常用方法，所以采用间接回归，角度回归可表示如下：

$$\begin{cases} \boldsymbol{t}_{\sin\theta} = \sin(\theta \cdot \pi/180), \boldsymbol{t}_{\cos\theta} = \cos(\theta \cdot \pi/180) \\ \boldsymbol{t}_{\sin\theta}^* = \sin(\theta^* \cdot \pi/180), \boldsymbol{t}_{\cos\theta}^* = \cos(\theta^* \cdot \pi/180) \end{cases} \tag{4.15}$$

该模型预测两个向量（$\boldsymbol{t}_{\sin\theta}^*$ 和 $\boldsymbol{t}_{\cos\theta}^*$）来匹配真实框（$\boldsymbol{t}_{\cos\theta}$ 和 $\boldsymbol{t}_{\sin\theta}$）中的两个向量。

最终由以上各式求得 KFIoU 损失,可表示如下:

$$\mathrm{Loss}_{\mathrm{KFIoU}} = 1 - \mathrm{KFIoU} \tag{4.16}$$

式中:KFIoU 的计算方式如式(4.10)所示。

3. 旋转检测算法的构建

在确定使用旋转矩形框来定义样本边框后,为了支持旋转框的预测,还需要对基线算法的 Head 结构进行优化。YOLOv5 检测层结构图如图 4.28 所示。

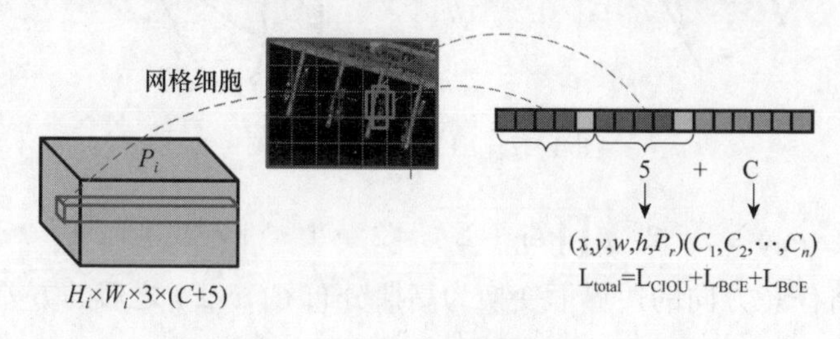

图 4.28 YOLOv5 检测层结构图

在 YOLOv5 的检测层中,图像经过特征提取和融合后,最终到达检测层 P_i ,P_i 的通道维度为 $3 \times (C+5)$,这里的 3 表示每个网格会预设 3 种长宽比例的锚框,C 表示每个锚框负责预测 C 个类别,5 表示边框参数信息 (x,y,w,h) 以及该预测框的置信度 P_r 。在模型训练过程中,类别预测通道 $(C_0,C_1,\cdots,C_n)$ 和预测边框置信度 P_r 通道均通过二分类交叉熵损失函数 BCE Loss 进行调整;由于原 YOLOv5 使用水平矩形框来定义锚框,此时锚框的回归通道 (x,y,w,h) 通过 CIoU Loss 来进行优化,最终实现对水平框的准确预测。

RS-YOLOv5 可以通过在改进后的 YOLOv5 的每个锚框的预测信息中增加一个旋转角度 θ ,用于预测旋转框的角度信息,从而实现旋转框的预测,具体结构如图 4.29 所示。RS-YOLOv5 的 P_i 检测层通道维度则变为 $3 \times (C+6)$,此时 6 表示边框参数信息 (x,y,w,h) ,该预测框的置信水平 P_r 以及边框的角度信息 θ ,与原 YOLOv5 的相比,每个锚框多出来一个角度预测通道 θ 。其中,类别预测通道 $(C_0,C_1,\cdots,C_n)$ 和预测框的前景置信水平 P_r 与原始的 YOLOv5 相同,依旧采用 BCE Loss 进行调整;为了优化旋转框的预测,使用 KFIoU Loss 来作为旋转锚框回归通道 (x,y,w,h,θ) 的回归损失;即仅仅通过 KFIoU Loss 就可以获取 OBB 的位置、形状以及旋转角度预测结果。

4.2.3 实验结果分析

1. 消融实验

DOTA 数据集提供了旋转目标检测任务中的两种不同标注方式,分别为水平

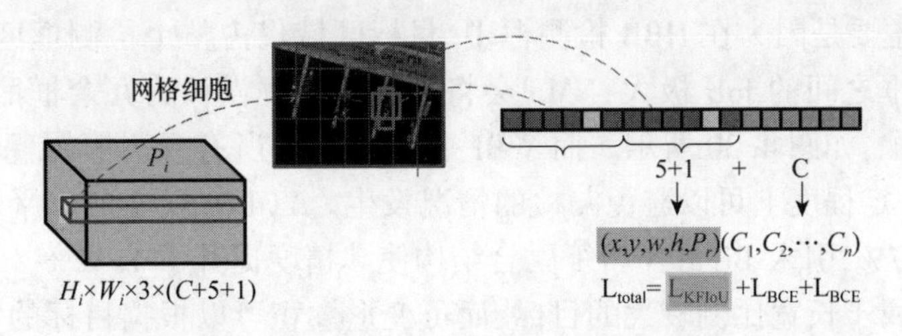

图 4.29　RS-YOLOv5 检测层结构图

框标注 HBB 和旋转矩形框标注 OBB，由于 YOLOv5s-Baseline 不属于旋转目标检测算法，因此在消融实验中，基线算法采用 HBB 标注文件进行训练，得到 HBB 测试结果。而 RS-YOLOv5 则使用 OBB 标注文件来训练基于旋转目标检测的模型，得到 OBB 检测结果，并进行消融实验的对比；最后通过对比不同场景下的实验检测结果，进一步验证旋转目标检测模型的优越性。由于本章着重关注重模型的检测精度，因此只使用了 mAP50 作为评价指标。

1) 基线算法消融实验

为了验证本节改进模块对遥感图像舰船目标检测的影响，对各模块进行评估，本节采用 DOTA 舰船数据集进行消融实验。基线算法在舰船检测测试集上的消融实验数据见表 4.3，其中加粗字体表示最优结果；"yes"表示使用相应策略，"no"表示未使用相应策略；YOLOv5s_1 表示在 YOLOv5s 网络的基础上使用了 WBF 预测边界框筛选方法；YOLOv5s_2 分别表示在 YOLOv5s 网络的基础上使用了 BiFaPN 结构来进行特征融合；YOLOv5s-Baseline 表示在 YOLOv5s 网络的基础上同时采用了这两种策略。

表 4.3　基线算法消融实验结果

模型	HBB/OBB	BiFaPN	WBF	mAP50/%
YOLOv5s	HBB	no	no	81.65
YOLOv5s_1	HBB	no	yes	82.68
YOLOv5s_2	HBB	yes	no	82.97
YOLOv5s-Baseline	HBB	yes	yes	83.51

从表 4.3 中可以看出，YOLOv5s 的水平框检测精度结果为 81.65%，这主要是因为 YOLOv5 本身对遥感图像目标检测任务具有良好的适应性。例如，YOLOv5 的 Mosaic、随机尺度裁剪等数据增强算法很适用于遥感图像检测，并且多尺度训练可以大大提升模型对遥感图像中小目标的检测效果。YOLOv5s_1 的水平框检测精度结果为 82.68%，引入 WBF 预测边界框筛选方法使其检测精度提升了

1.03%。这主要是因为在 HBB 检测框中,目标区域仅占整个检测框区域的 40%,且相邻检测框之间的 IoU 极大,NMS 会将部分检测框误认为冗余框而删除,最终造成漏检现象,如图 4.30 所示。而 WBF 方法则利用所有预测框的置信度来构造融合框,在一定程度上可以避免漏检的情况发生。YOLOv5s_2 的水平框检测精度结果为 82.97%,引入 BiFaPN 特征融合结构使其精度提升了 1.32%。这主要是因为舰船目标属于长宽比例较大的目标,而可变形卷积可以根据目标的实际形状对卷积核进行变形,从而更好地适应目标的形状和尺度变化,这在处理长宽比变化较剧烈的目标识别任务时具有不错的效果。

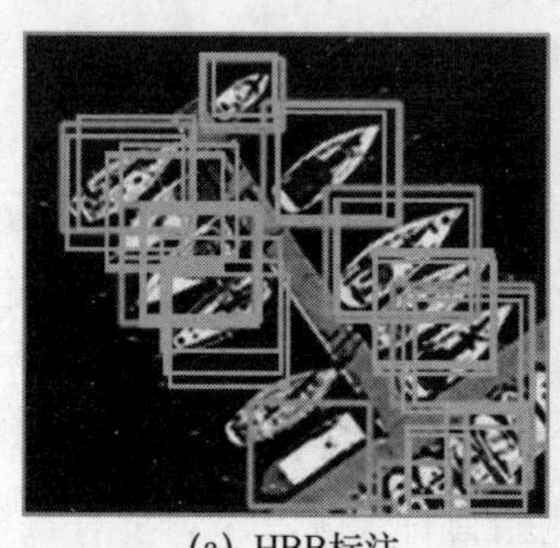

(a) HBB标注

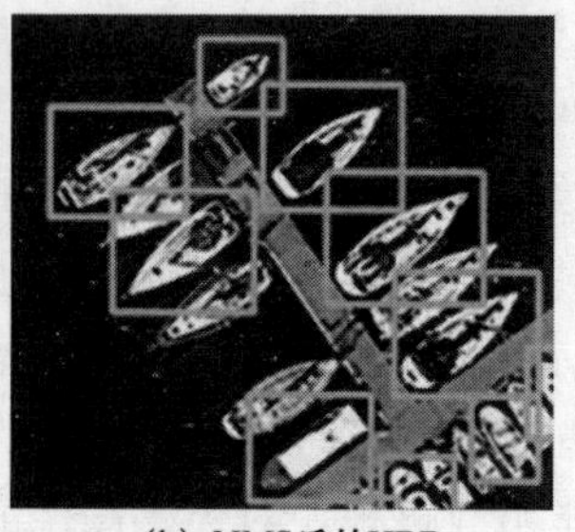

(b) NMS后的HBB

图 4.30 水平框标注方式在舰船呈紧密排列场景中出现的 NMS 漏检示意图

YOLOv5s-Baseline 的水平框检测 mAP50 结果为 83.51%。上述实验结果证明了 BiFaPN 特征融合结构和 WBF 在水平框舰船目标检测任务的有效性,同时表明 YOLOv5s-Baseline 在水平框舰船目标检测任务中拥有不俗的潜力。

2)旋转舰船目标检测算法消融实验

旋转舰船目标检测算法在舰船检测测试集上的消融实验数据见表 4.4。因为要测试旋转目标算法检测性能,所以此次实验中所有算法模型均包含旋转框以及旋转检测 Head;表 4.4 中加粗字体表示最优结果,“yes”表示使用相应策略,“no”表示未使用相应策略。表 4.4 中 YOLOv5s_3 表示在 YOLOv5s 网络的基础上增加了旋转框以及旋转检测算法;YOLOv5s_4 表示在 YOLOv5s_3 网络的基础上使用了 BiFaPN 结构来进行特征融合;YOLOv5s_5 表示在 YOLOv5s_3 网络的基础上使用了 WBF 方法来进行预测边框筛选;RS-YOLOv5 表示在在 YOLOv5s_3 网络的基础上两种策略均使用。

从表 4.4 中可以看出,YOLOv5s_3 网络的旋转框检测精度结果为 85.67%,而在 YOLOv5s_4 网络中使用 BiFaPN 结构进行特征融合后,旋转框检测精度结果提升至 87.29%,在 YOLOv5s_5 网络中使用 WBF 预测边界框筛选方法后,旋转框检测 mAP50 结果为 86.06%。然而,与水平框检测相比,引入 WBF 预测边界框筛选方法对旋转框检测精度提升有限,因为旋转框检测采用 OBB 标注方式,能够更加准确地匹配物体形状,避免了 NMS 所导致的漏检问题,相邻的检测框之间 IoU 约等于 0,因此不会出现因 IoU 过大而被误删的情况。因此,在这种标注方式下,WBF 对算法精度的提升程度非常有限。

表 4.4　旋转舰船目标检测算法消融实验结果

模型	HBB/OBB	旋转检测	BiFaPN	WBF	mAP50/%
YOLOv5s-Baseline	HBB	no	yes	yes	83.51
YOLOv5s_3	OBB	yes	no	no	85.67
YOLOv5s_4	OBB	yes	yes	no	87.29
YOLOv5s_5	OBB	yes	no	yes	86.06
RS-YOLOv5	OBB	yes	yes	yes	87.56

RS-YOLOv5 网络的旋转框检测精度结果为 87.56%,高于其他网络。上述实验结果证明了 BiFaPN 特征融合结构和 WBF 在旋转框舰船检测任务中依旧有效,同时表明 RS-YOLOv5 在遥感影像舰船目标检测任务中检测性能优秀。

3)旋转框和水平框对比分析

由表 4.3 和表 4.4 可知,RS-YOLOv5 在旋转舰船数据集上检测精度提升的根本原因在于采用了更为精确的 OBB 检测方式。如图 4.30 和图 4.31 所示,它们分别表示使用 HBB 标注方式和 OBB 标注方式进行 NMS 后得到的结果示意图,由于 OBB 标注方式可以避免两个水平框之间 IoU 值较大时被 NMS 抑制的问题,所以它比 HBB 标注方式更准确。同时,OBB 标注方式边框能够完美贴合目标物体,几乎不包含背景信息以及其他目标,从而减少背景对物体分类的影响,并提高模型检测精度。最后,相比 HBB 标注方式,OBB 标注方式能更好地获取目标物体的运动方向信息,这对于包含运动方向信息的目标物体识别有重要意义。

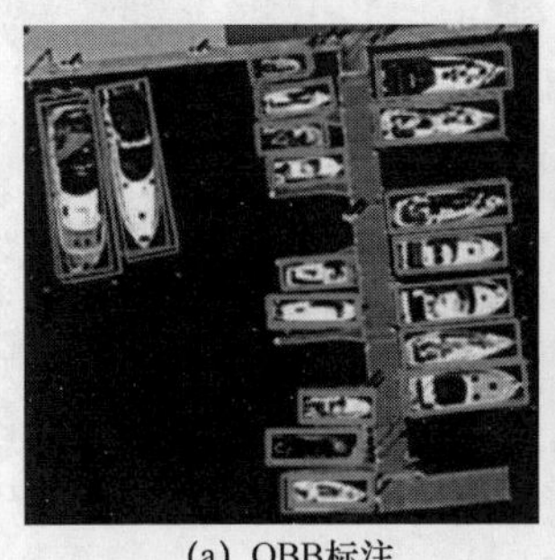

(a) OBB标注

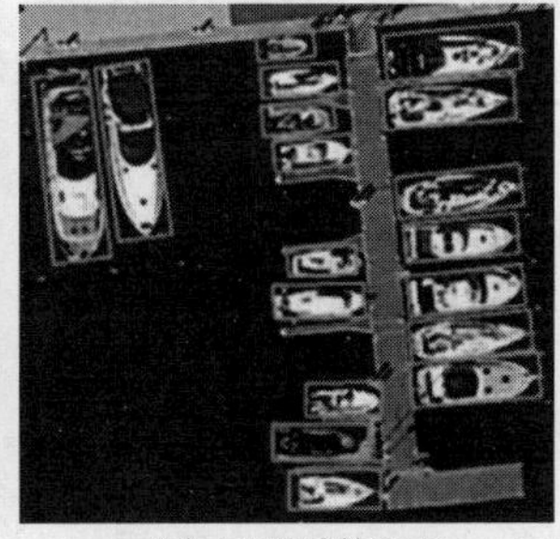

(b) NMS后的OBB

图 4.31　旋转框标注方式在舰船目标呈紧密排列状态时 NMS 后 OBB 示意图

虽然 RS-YOLOv5 网络的检测精度较高，但是由于其引入了方向角度信息，学习参数量会增加。此外，在计算 IoU 时，由于采用了 OBB 标注方式，两个检测框重叠部分会变成任意多边形，因此会增加一定的计算量，导致 RS-YOLOv5 网络的推理速度较慢。

为了进一步验证算法在实际应用中的检测性能，使用 YOLOv5s-Baseline 和 RS-YOLOv5 对遥感场景下舰船目标进行检测，对比二者在实际不同场景中的应用表现。

图 4.32 展示了在一些复杂背景下，YOLOv5s-Baseline 和 RS-YOLOv5 网络的检测效果。在含有港口舰船检测场景中，两种网络均没有出现错检情况，未将岸上的汽车或房屋误检为舰船。然而，在某些舰船目标紧密排列的场景中，YOLOv5s-Baseline 容易将两个目标误认为一个，导致漏检；而 RS-YOLOv5 能够正确识别这些目标。在密集舰船场景中，YOLOv5s-Baseline 网络模糊定位了几个舰船的主体部分，将多个舰船检测为单个舰船，并且预测框出现了交叉、包含等问题；但 RS-YOLOv5 能够准确识别所有的舰船目标。在含有云雾影像的舰船检测场景中，云雾干扰了目标的检测，导致漏检情况的出现。相比之下，RS-YOLOv5 表现出更好的鲁棒性，在一些恶劣天气下的表现也更好。在含有尾浪海面舰船检测场景中，YOLOv5s-Baseline 无法正确识别移动中的游艇目标，因为周围的浪花背景信息干扰了检测；而 RS-YOLOv5 成功识别出游艇与浪花背景信息，并且几乎没有将浪花误判。总的来说，相较于 YOLOv5s-Baseline，RS-YOLOv5 具有更高的精度和更好的模型泛化性。

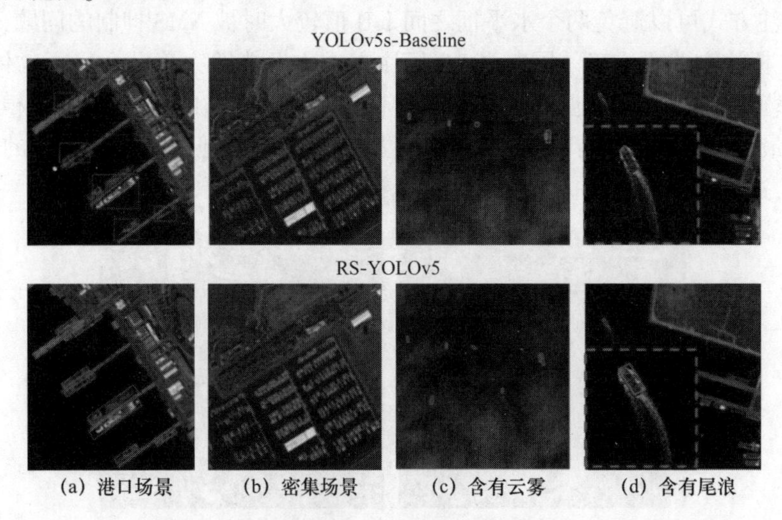

图 4.32 （见彩图）背景复杂下的舰船目标检测结果

图 4.33 展示了在多尺度海面舰船检测场景下，YOLOv5s-Baseline 和 RS-

YOLOv5 网络的检测效果。对于某些大尺度舰船目标，YOLOv5s-Baseline 网络出现了一些漏检情况，但数量较少；而 RS-YOLOv5 没有漏检情况发生。并且对于一些小尺度目标，YOLOv5s-Baseline 网络漏检情况严重，且存在预测框交叉、包含等问题，而 RS-YOLOv5 在小尺度目标上表现良好。

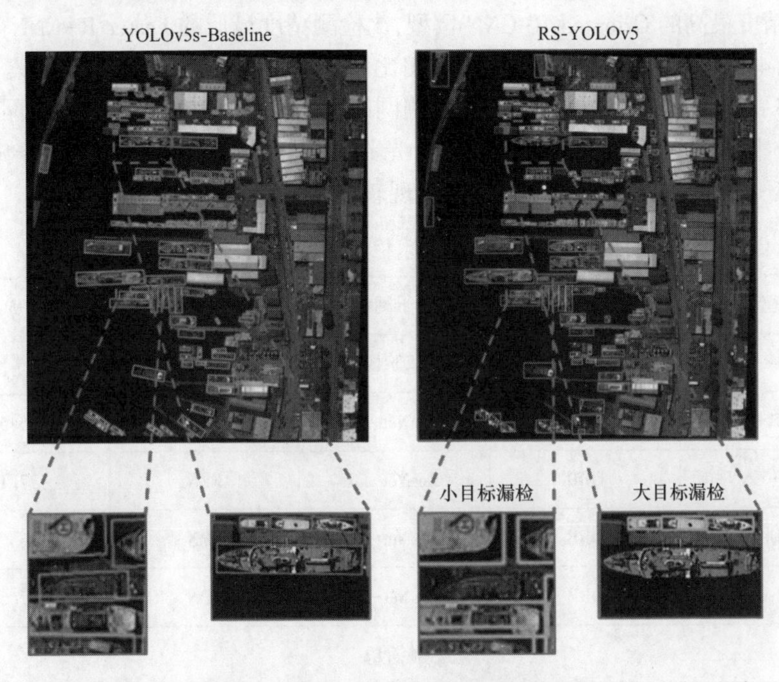

图 4.33　多尺度场景下的舰船检测结果

在图 4.32 和图 4.33 中，针对一些长宽比例较大的目标，RS-YOLOv5 网络表现良好。这主要是由于 RS-YOLOv5 以 KFIoU 为损失函数进行边界框回归，因而在一定程度上提高了长宽比例较大目标的检测精度，并且其 BiFaPN 网络中包含可变形卷积，可以按照目标形状获取相应的特征并进行融合。从图中可以看出，在任意方向的舰船目标检测任务中，RS-YOLOv5 网络仍然表现良好。总之，这两个网络在简单背景下对舰船目标均具有良好的检测效果，但在复杂背景、多尺度和任意方向等场景中，RS-YOLOv5 对目标的检测效果明显优于 YOLOv5s-Baseline。

2. 横向对比实验

为了验证本节提出的舰船目标高效检测算法 RS-YOLOv5 的卓越性能，本节在 DOTA 舰船目标检测遥感数据集上进行实验，并将该算法与其他流行的遥感场景下舰船目标检测算法进行比较。同时为了确保公平，本节使用的骨干网络结构均采用 ResNet-50 或参数量相近的特征提取结构，并在相同的软硬件环境下运行算法模型。

不同遥感图像舰船目标检测算法的单尺度 OBB 测试结果对比在 DOTA 舰船检测测试集上的详细对比实验数据见表 4.5。由表可知,RS-YOLOv5 在的精确度方面在目前流行的遥感图像目标检测算法中都取得了较优的表现。与双阶段检测网络相比,表 4.5 中数据显示在 DOTA 数据集上,RS-YOLOv5 在检测精度方面略高于检测精度最高的 Oriented R-CNN 模型,比检测精度最低的 Faster R-CNN-O 网络高出 10.45%。与单阶段网络检测模型相比,表中数据显示在 DOTA 数据集上,RS-YOLOv5 的效果仍然略高于 S^2ANet 检测网络,比检测精度最低的 R^3Det 网络高出 9.35%。因此,可以得出结论,在可见光遥感图像舰船目标检测任务中,RS-YOLOv5 是当前主流舰船检测算法中表现较优的算法。

表 4.5　遥感图像舰船目标检测算法横向对比实验结果

模型	HBB/OBB	骨干网络	算法	mAP50/%
双阶段				
Mask R-CNN	OBB	ResNet-50	FPN	85.57
Faster R-CNN-O	OBB	ResNet-50	FPN	77.11
SCRDet++	OBB	ResNet-50	FPN	86.05
Oriented R-CNN	OBB	ResNet-50	FPN	87.52
单阶段				
RetinaNet-O	OBB	ResNet-50	FPN	79.11
R^3Det	OBB	ResNet-50	FPN	78.21
PolarDet	OBB	ResNet-50	FPN	85.84
S^2ANet	OBB	ResNet-50	FPN	87.25
RS-YOLOv5	OBB	CSPDarknet	BiFaPN	87.56

4.3　旋转舰船目标检测器 RS-YOLOv5 轻量化

本章将在 RS-YOLOv5 检测器的基础上,分别从轻量化网络结构和模型压缩两个方面对 RS-YOLOv5 检测器进行轻量化处理,以在保证模型精确率的情况下,提高模型检测速度。

4.3.1 轻量化网络结构设计

随着应用需求的不断增加,人们对舰船目标检测算法的运行速度和准确性提出了更高的要求。因此,如何在保证检测准确率的同时提高算法的运行速度,是目前遥感图像舰船目标检测研究的一个热点问题。为了解决这个问题,需要对网络进行轻量化处理。YOLOv5s 和 RS-YOLOv5 模型参数量对比如表 4.6 所列。在参数量、权重文件大小和 FLOP 方面,RS-YOLOv5 都高于基线模型 YOLOv5s。造成这一差异的主要原因是 RS-YOLOv5 在回归角度信息时使用 KFIoU 损失,并增加了一个角度参数,此外还使用了 WBF 加权框融合来进行边界框筛选,而 WBF 的计算复杂度远大于 YOLOv5s 中的 NMS。为进一步提升 RS-YOLOv5 的部署能力,需要对其目标检测模型进行轻量化处理。

表 4.6 模型参数量对比

模型	参数量/M	FLOPs/G	mAP50/%
YOLOv5s	7.21	16.5	81.65
RS-YOLOv5	7.98	17.7	87.56

为了克服上述问题,本章在 Ghost Module 结构的基础上,结合 Squareplus 激活函数以及 Add 特征融合操作提出了 SLG 模块;并在此模块的基础上,对 RS-YOLOv5 的特征提取网络结构进行轻量化改进。本章的主要内容如下。

(1)为了减少 Ghost Module 中计算量,通过对比 Concat 操作和 Add 操作,将该模块中 Concat 操作替换为计算量更少的 Add 操作;为了增强模型学习有效特征的能力,通过对比 ReLU 激活函数和 Squareplus 激活函数,将该模块中的 ReLU 激活函数替换为更加平滑激活性更高的 Squareplus 激活函数。

(2)为了减少 RS-YOLOv5 模型中的计算量和参数量,在其特征提取网络的基础上,结合 SLG 模块设计了一种高效轻量化特征提取网络。

1. 平滑轻量化鬼影模块

YOLOv5s 网络中使用的传统卷积会在生成特征图时产生大量冗余信息,为了解决这个问题,Kai Han 等提出了一种轻量级卷积方法——Ghost Module。该模块具体实现过程如图 4.34 所示,通过低成本的操作生成更多的特征图,具体实现过程包括两个步骤:首先使用原始卷积运算产生少量通道数的特征图;然后使用"廉价"操作对第一步产生的特征图进行简单处理,以生成更多的特征图,最后将这两步得到的特征图合并成与传统卷积同样大小的特征图。

在本节早期的工作中,使用 Ghost Module 模块改进的 YOLOv5s 网络在训练过程中出现了梯度恒为 0 的问题,即网络无法进行更新。这个问题可能是由于 Ghost

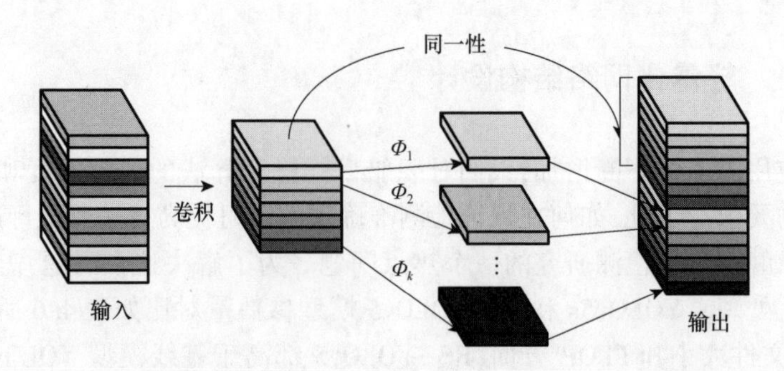

图 4.34 Ghost Module 实现过程

Module 模块中使用的 ReLU 激活函数特性所致，当输入的值为负数时，其梯度为 0，导致神经元无法更新权重，从而无法学习有效的特征，最终影响整个模型的性能，其函数图像如图 4.35 所示。

因此，本节采用 ReLU 激活函数的光滑近似函数 Squareplus 激活函数[87]来代替 ReLU 激活函数，Squareplus 激活函数如下：

$$\text{SquarePlus}(x)=\frac{x+\sqrt{x^2+b}}{2} \tag{4.17}$$

当 $b>0$ 时，它决定了 $x=0$ 附近弯曲区域的大小；当 $b=0$ 时，该函数正好退化为 $\text{ReLU}(x)=\max(x,0)$；当 $b=4\ln^2 2$ 时，该函数可以在原点附近近似 Softplus 形状。具体函数曲线如图 4.36 所示。该函数是 ReLU 激活函数的光滑近似函数，且在所有点上都大于 ReLU 函数。当输入值在区间(−3,0)时函数值不为 0，这有助于避免负梯度信息被稀释，从而提高激活性。在计算成本方面，其他 ReLU 的光滑近似函数，如 Softplus、GeLU、Swish 等[88]，无一例外地至少都使用了指数运算，而 Squareplus 激活函数只用到了加、乘、除和开方，在 CPU 上 Squareplus 要比 Softplus 快约 6 倍。

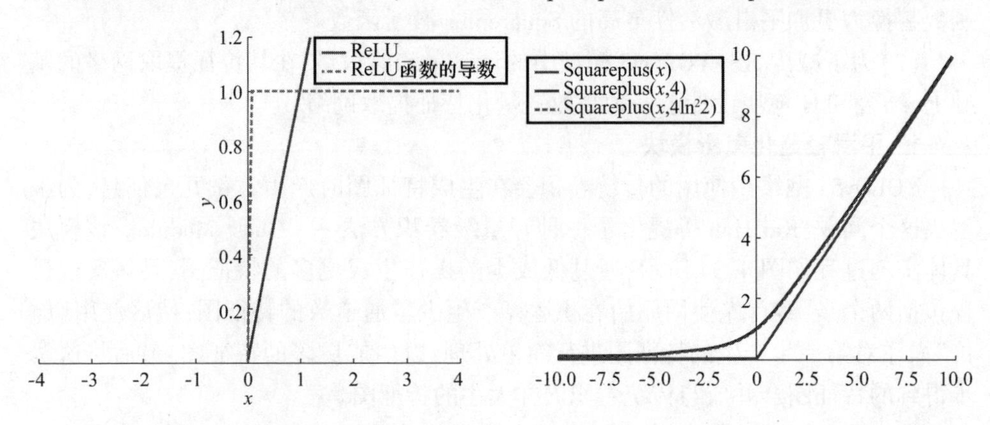

图 4.35 ReLU 函数以及其导数示意图　　图 4.36 (见彩图)Squareplus 函数图像

Ghost Module 使用 Concat 操作将两步生成的特征图进行合并，该操作只保留现有的特征映射，未对获取到的信息做进一步处理[89]。相比之下，Add 操作不仅不会改变特征图通道维度，而且能增加特征图的信息量，因为它还扮演着特征融合的角色；从计算量的角度来看，Add 操作只需对应元素相加，而 Concat 操作需要在通道维度上拼接两个特征图，因此，使用 Add 操作可以显著减少计算量。综上所述，使用 Add 操作代替 Concat 操作可以提高模型的效率和泛化能力。式(4.18)和式(4.19)分别描述了 Concat 操作和 Add 操作的计算过程。

假设两路输入分别为 $X_1, X_2, \cdots, X_C$ 和 $Y_1, Y_2, \cdots, Y_C$，其中 K_i 为各通道系数，C 表示通道数目，则 Concat 操作的输出为

$$Z_{\text{concat}} = \sum_{i=1}^{c} X_i \cdot K_i + \sum_{i=1}^{c} Y_i \cdot K_{i+c} \tag{4.18}$$

Add 操作的输出为

$$Z_{\text{add}} = \sum_{i=1}^{c} (X_i + Y_i) \cdot K_i = \sum_{i=1}^{c} X_i \cdot K_i + \sum_{i=1}^{c} Y_i \cdot K_i \tag{4.19}$$

从式(4.18)和式(4.19)可以看出，Concat 操作计算量是 Add 操作的 2 倍。

本章基于 Ghost Module，采用 Squareplus 激活函数和 Add 操作，提出平滑轻量化鬼影(smooth light ghost，SLG)模块。从图 4.37 中可以看出，SLG 模块由前半部分和后半部分组成，前半部分包括一个 1×1 大小的 CBS 模块，而后半部分以前一部分 CBS 模块输出的结果作为输入，经过一个 3×3 大小的 CBS 模块。在 SLG 模块中，特征图 A 和特征图 B 的生成是相互影响的，特征图 A 由输入特征图经过第一个 CBS 模块输出的，而特征图 B 是由特征图 A 经过第二个 CBS 模块输出得到。因此，特征图 A 中的信息会在后续的特征图 B 生成过程中被利用，增强特征图之间的联系，提高特征图的表征能力。SLG 模块中的 CBS 模块由 $k \times k$ 尺寸卷积层、BN 层和 Squareplus 激活函数组成，其中卷积层用来获取图像特征，BN 层用来对数据进行归一化，加速神经网络训练，激活函数用来激活有效特征。最终，SLG 模块

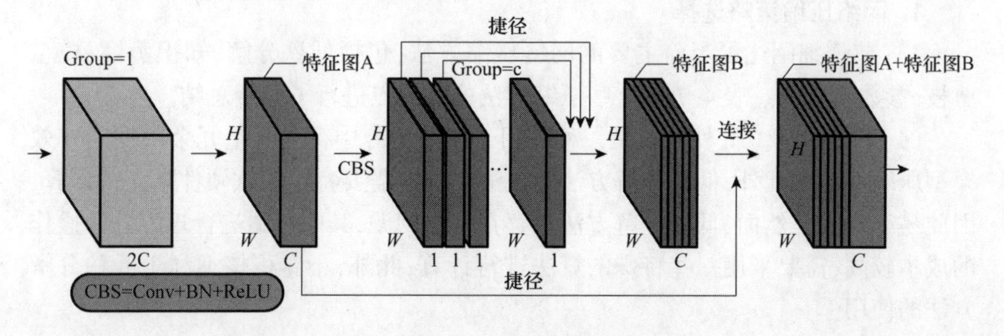

图 4.37　SLG 模块工作流程图

将前半部分和后半部分输出的特征图进行 Add 操作得到最终的输出特征图,而对特征图的操作不会改变其高和宽。

2. 轻量化特征提取网络

相比普通卷积,SLG 模块通过分组卷积的方式来平衡分组效果和卷积数量,大大降低了模型的复杂度,减少了网络参数量,提升了模型运算速度。为了进一步减少网络的参数量与计算量:首先将 RS-YOLOv5 特征提取网络中 CBS 模块中的普通卷积替换为 SLG 模块,并将其命名为 SLG_CBS 模块;然后将特征提取网络中的 CSP 模块、Resx 模块、SPFF 模块中的 CBS 模块替换为 SLG_CBS 模块。值得注意的是,特征提取网络中各模块的堆叠个数、输入/输出长宽大小以及卷积核大小步长均不发生变化;将上述结构作为 YOLOv5 特征提取网络,具体网络结构如图 4.38 所示。

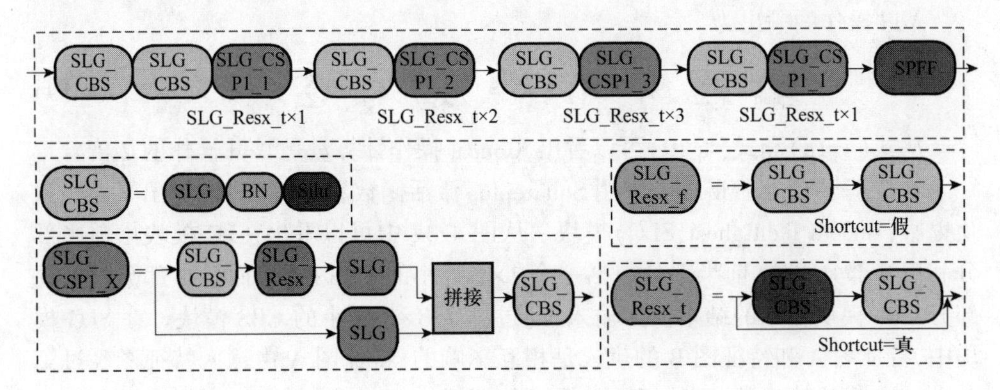

图 4.38　基于 SLG 模块的轻量化特征提取网络结构图

4.3.2　网络压缩

1. 网络压缩策略选择

2.3 节详细阐述了当前主要的网络压缩方法,包括低秩分解、知识蒸馏、模型剪枝、参数量化等。表 4.7 对这些压缩方法的优缺点进行了综合总结。

(1)低秩分解。低秩分解是一种适用于权值矩阵中存在大量冗余数据的有效模型压缩方法。此外,低秩分解方法的优势在于不需要特定的软硬件来支持计算,因此易于实现。然而,低秩分解方法也存在一些问题,其中包括进行矩阵分解操作的成本较高,需要采用一些特殊的算法进行计算;此外,小卷积核不利于低秩分解方法的使用。

(2)知识蒸馏。当数据集规模较小时,知识蒸馏是一种非常有效的模型压缩方法,通过将教师模型的知识传递给学生模型,可以显著减少学生模型的参数数量并提高模型的运行效率。知识蒸馏方法通常适用于具有 Softmax 损失函数的分类任务,而在其他任务中的泛化性可能不佳[69]。

表 4.7　模型压缩策略优点与缺点对比

模型压缩策略	优点	缺点
低秩分解	易于实现,对复杂模型效果较好	向量分解成本高,对小卷积核不适用
知识蒸馏	数据集较小时效果非常好	适用于分类任务,对其他任务泛化性不好,对复杂模型效果较差
模型剪枝	实现简单,支持从头训练,鲁棒性好	对于不同模型需要使用不同剪枝策略,通用性较差
参数量化	减少参数量,降低内存开销	量化到特殊位宽时需要专用的系统架构,灵活性差

(3)模型剪枝。模型剪枝可以有效地剪去冗余通道或神经元,并减小模型的大小,从而提高模型推理速度。其缺点在于,需要根据网络自身的结构特点来定制剪枝策略。

(4)参数量化。参数量化通常指权值量化,即将浮点数权值转换为低精度的定点数或二值数。在模型推理阶段,使用低位数的低精度数值来存储权值,可以减少内存占用和计算时间。然而,对于特定位数的模型量化,许多现有的训练方法和硬件平台可能存在性能瓶颈,需要研发针对性的量化算法和硬件系统以实现高效加速,这限制了模型量化的灵活性[69]。

YOLOv5s 作为一种轻量级检测网络,其具备低冗余度的网络结构。对于可见光遥感影像舰船目标检测任务,由于其较高的检测难度以及复杂环境干扰等特点,低秩分解和知识蒸馏方法并不适用。参数量化方法需要进行特定位宽的量化处理,因此在未来的实际部署中可能会遇到一些困难。最终,本节基于 YOLOv5s 网络结构和舰船检测任务的特点,选择了模型剪枝策略进行模型压缩。

2. 基于 BN 层的通道剪枝策略

在模型剪枝方法中,通道剪枝是最常用的一种,它可以在细粒度的层面上操作。本章利用通道剪枝算法对模型中的权重参数进行修剪,在保持模型精度的同时,压缩模型的结构和参数量,以实现一个精度高、检测速度快、泛化性好的舰船目标检测模型。

基于 BN 层的模型剪枝算法主要步骤:首先,在 DOTA 舰船数据集上进行基础训练,得到一个初始模型;其次,对模型中的每个 BN 层的 γ 系数进行 $L1$ 正则化,以促使大多数 γ 系数趋近 0;再次,根据设定的压缩比例,选取 BN 层的 γ 系数阈值并剪去低于阈值的通道;最后,对模型进行微调,保证剪枝后模型的精度不会下降太多[90],通道剪枝原理示意图如图 4.39 所示。

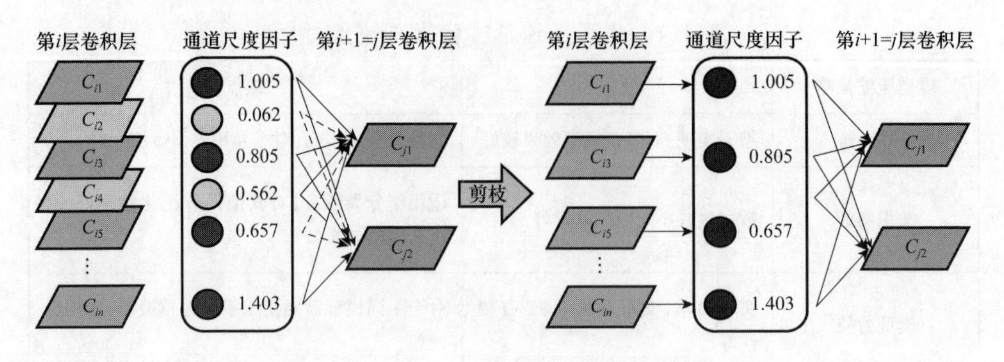

图 4.39　通道剪枝原理示意图

为了平衡目标检测模型的精度和网络大小,在稀疏训练的过程中需要适当调节稀疏率以控制 BN 层的缩放参数 γ[90]。如果稀疏率设置过小,虽然模型的精度损失较小,但模型的参数量和计算量几乎不会改变,无法达到精简模型结构的目的;相反,稀疏率设置过大会导致 BN 层中的 γ 参数被急剧压缩,这虽然可以减小模型的尺寸,但会对目标检测模型的准确性产生严重影响。因此,超参数稀疏率的设置需要通过多次仿真实验找到最优值。

3. 模型剪枝方案设计

模型压缩流程如图 4.40 所示。首先,在舰船数据集上进行基础训练,将其检测精度作为衡量标准;然后,进行多次稀疏训练,根据模型的精度表现选取合适的稀疏率,并将稀疏训练完后的权重文件命名为 Sparsity_best. pt;随后按照不同剪枝比例剪掉不重要的通道,通过对比不同比例裁剪后模型的精度选择合适的剪枝比例,经剪枝后的权重文件命名为 Prune_best. pt;最后,微调恢复原有精度,将微调后的权重文件命名为 RS_YOLOv5_prune. pt。整个流程可以进行循环迭代。

4.3.3　实验结果分析

1. 模型减枝实验

模型剪枝实验是在包含 SLG 模块的 RS-YOLOv5 基础上进行的。软/硬件环境配置与第 3 章中保持一致。

1)稀疏训练

稀疏训练的作用是通过选择模型中最重要的特征,减少模型的参数数量。为确定最佳稀疏率,将稀疏率分别设置为 0.0001、0.005 及 0.01 后对原始模型进行稀疏化训练。总共训练 300 个 epoch,网络训练的优化器使用 Adam。图 4.41 为不

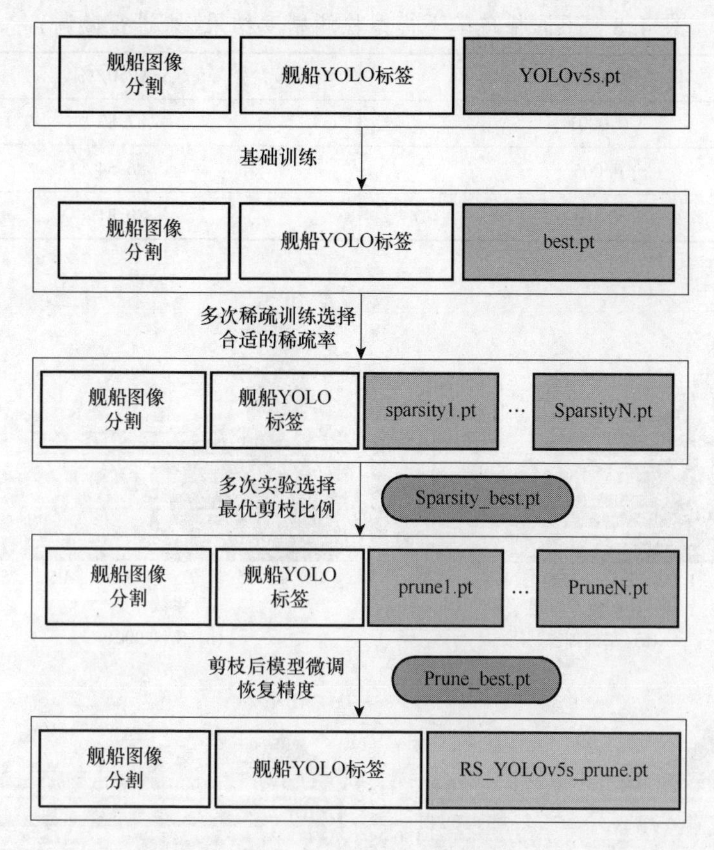

图 4.40　模型压缩流程

同稀疏率对应的 γ 系数直方图,纵轴表示的是迭代次数 epoch,横轴表示的是 γ 系数。表 4.8 为稀疏训练后模型性能对比。图 4.41(a)表示正常训练时候剪枝 γ 系数随着 epoch 直方图呈正态分布。当稀疏率为 0.0001 时,模型检测精度 mAP50 为 87.83%,几乎与原模型精度持平,剪枝 γ 系数随着 epoch 直方图向 0 值趋近速度太慢导致 0 附近的值很少,此时无法进行剪枝,如图 4.41(b)所示。当稀疏率为 0.01 时,模型检测精度 mAP50 为 80.31%,相比原模型精度下降较大,并且此时剪枝 γ 系数随着 epoch 直方图向 0 值趋近速度太快导致 0 值太多,如果直接进行剪枝,会裁剪一些重要通道,严重影响模型检测精度,如图 4.41(d)所示。当稀疏率为 0.005 时,模型精度 mAP50 为 86.54%,略低于原模型精度,但此时从图(c)中可以看到随着训练进行,γ 系数向 0 值逼近的速度不快也不慢,非常适合进行剪枝。因此,综合考虑 γ 系数收敛速度以及模型检测精度,本节选择稀疏率为 0.005 进行稀疏训练。另外,虽然稀疏训练之后精度略微降低,但是之后可以通过微调模型后再训练进行精度恢复。

表 4.8　不同稀疏率下模型检测精度结果(未进行微调)

稀疏率 Sr	mAP50/%
0.0001	87.83
0.005	86.54
0.01	80.31

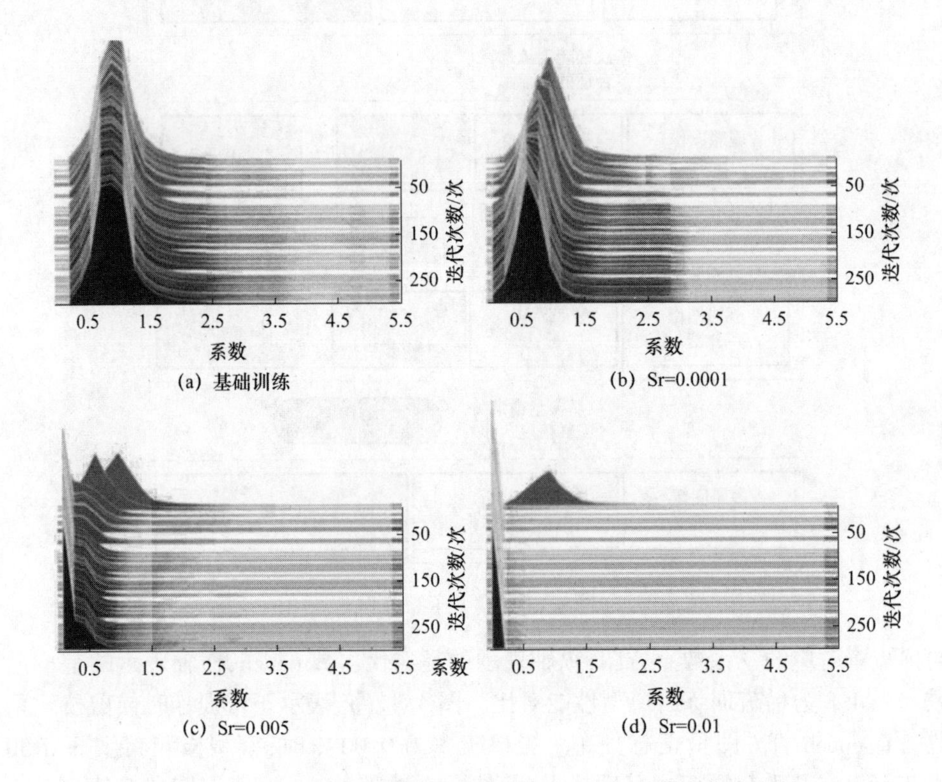

图 4.41　(见彩图)不同稀疏率对应的 BN 层 γ 系数变化直方图

2)网络剪枝和微调

在确定最佳稀疏率后,为了确定最佳的剪枝比例,本章对稀疏训练后的模型进行了不同比例的剪枝,并对剪枝后的模型进行微调恢复模型精度。表 4.9 为稀疏率为 0.005 时,以不同剪枝率进行剪枝并进行微调后的模型参数变化。

由表 4.9 可知,经过不同比例的剪枝和稀疏训练之后,模型的参数量和 GFLOP 均有不同程度的下降,同时模型的性能也受到了影响。具体而言,当剪枝比例为 0.1 时,微调后的模型精度高于表 4.8 中 Sr = 0.005 稀疏训练之后的模型,这主要是因为表 4.9 中的模型稀疏训练之后未进行微调恢复模型检测精度;当剪枝比例在 0.5 以下时,模型的检测精度相对平稳;当剪枝比例大于 0.5 时,模型的检测精度下降速度较快。因此,在保证检测精度的前提下,综合考虑以上因素,本章选择剪枝比例为 0.5,这可以有效压缩模型参数、减少计算量。

表 4.9　不同剪枝比例下的模型性能对比(经过微调处理)

剪枝比例	0.1	0.2	0.3	0.4	0.5	0.6	0.7	0.8
mAP50/%	87.76	87.78	87.71	87.63	87.70	86.83	85.45	81.05
参数量/$\times10^6$	6.71	5.76	5.07	4.37	3.88	3.23	2.92	2.62
GFLOP	10.93	10.25	9.61	8.89	8.13	7.50	6.93	6.43

2. 对比实验

由于本章是对网络进行轻量化设计,因此本章中不仅需要使用精度评价指标,还需要使用参数量、GFLOP 以及 FPS 作为评价指标。表 4.10 中的 FPS 数据均由 MMRotate 框架[91] 在单张 Geforce RTX 2080Ti 上测试得到,网络的输入像素尺寸均为 1024×1024。

1)模型轻量化消融实验

RS-YOLOv5 在 DOTA 舰船检测测试集上的消融实验数据见表 4.10,加粗表示最优结果。在模型精度方面,RS-YOLOv5(SLG)模型的精度略高于 RS-YOLOv5,这主要是因为 SLG 模块相较于常规卷积,其特征提取能力更强。此外,该模块中使用了 Squareplus 激活函数,在特征提取过程中能够激活一些负值信息,从而保留更多有效信息,避免丢失有用信息。

表 4.10　模型轻量化消融实验结果

模型	参数量/$\times10^6$	GFLOP	mAP50/%
RS-YOLOv5	7.98	17.7	87.56
RS-YOLOv5(SLG)	6.34	11.68	88.36
RS-YOLOv5(通道剪枝)	3.88	10.87	87.12
RS-YOLOv5s(SLG+通道剪枝)	**2.97**	**7.62**	**87.70**

在模型参数量和计算量方面,RS-YOLOv5(SLG)的参数量和 GFLOP 均比 RS-YOLOv5 少,这主要是因为 SLG 模块使用了特征提取能力更好、计算量更少的 Ghost Module,且相比原网络中的 Concat 操作和 ReLU 激活函数,Add 操作和 Squareplus 激活函数的计算量更小。RS-YOLOv5(SLG)网络不仅具有更高的检测精度,而且参数量和计算量都更少,从而证明轻量化网络模块 SLG 的优越性。RS-YOLOv5(SLG+通道剪枝)的精度低于 RS-YOLOv5(SLG)模型,但高于 RS-YOLOv5 模型。这主要是因为在 BN 层通道剪枝之后,模型复杂度变低,导致模型

的特征提取能力变弱。RS-YOLOv5(SLG+通道剪枝)的参数量比 RS-YOLOv5(SLG)少了 3.37M,计算量方面也比 RS-YOLOv5(SLG)少了 4.06GFLOPs。由此表明,基于 BN 层的通道剪枝策略可以在牺牲很小精度的情况下,极大的精简模型结构。

2)轻量化模型横向对比实验

不同遥感图像舰船目标检测算法的横向对比实验结果可见表 4.11。其中,RS-YOLOv5 网络是经过轻量化处理后的网络。在检测精度方面,RS-YOLOv5 网络不仅是单阶段网络中最优的,同时在双阶段网络中也是最优的;值得注意的是,S^2ANet、PolarDet 等单阶段网络在遥感场景下舰船目标检测精度已经可以达到甚至超过了双阶段网络的水平,这表明单阶段网络在遥感舰船目标检测领域具有广阔的应用前景。在检测速度方面,与其他网络相比,单阶段网络的推理速度较快,RS-YOLOv5 网络的检测速度达到 58.63 帧/s,明显高于其他网络。这主要得益于 RS-YOLOv5 是以 YOLOv5s 为基线网络设计的,因为 YOLOv5s 本身就是一种轻量化网络,具有很快的推理速度;此外还对 RS-YOLOv5 进行了轻量化处理,简化了网络结构,降低了计算复杂度,进一步提高了检测速度。上述实验结果充分表明 RS-YOLOv5 在遥感图像舰船目标检测任务中不仅检测精度更高,而且更快更小。

表 4.11 不同遥感图像舰船目标检测算法的横向对比实验结果

模型	HBB/OBB	骨干网络	算法	mAP50/%	检测速度(2080Ti)/(帧/s)
双阶段					
Mask R-CNN	OBB	ResNet-50	FPN	85.57	12.2
Faster R-CNN-O	OBB	ResNet-50	FPN	77.11	15.8
RoI-Transformer	OBB	ResNet-50	FPN	86.87	13.3
Oriented R-CNN	OBB	ResNet-50	FPN	87.52	15.3
单阶段					
RetinaNet-O	OBB	ResNet-50	FPN	79.11	16.4
R^3Det	OBB	ResNet-50	FPN	78.21	15.3
PolarDet	OBB	ResNet-50	FPN	85.84	25.1
S^2ANet	OBB	ResNet-50	FPN	87.56	15.6
YOLOv5s-Baseline	HBB	CSPDarknet	BiFPN	83.51	53.54
RS-YOLOv5	OBB	SLG_CSPDarknet	BiFPN	87.70	58.63

如图 4.42 所示,在遥感图像数据集的测试集上,RS-YOLOv5 表现出优异的舰船目标检测效果。在多种不同场景下,RS-YOLOv5 能够准确地检测到目标物体,且极少出现漏检或者误检的情况。并且 RS-YOLOv5 预测的边界框能够精准地包围目标物体的轮廓,准确反映目标物体的形态特征。

经过以上实验分析可以得出结论:RS-YOLOv5 是当前遥感场景下在精度和速度两个方面均表现出色的舰船目标检测算法。此外 RS-YOLOv5 的参数量仅为 2.97M,计算量也仅为 7.62GFLOP,这个计算量和参数量使 RS-YOLOv5 在保证精度和速度的前提下部署到绝大多数的嵌入式平台中。

图 4.42 RS-YOLOv5 在遥感场景下舰船目标检测效果

4.4 遥感图像舰船检测技术展望

本章对可见光学遥感图像场景下的舰船目标检测方法进行了研究,取得了一定的研究成果,并为后续的工程化应用提供了关键技术。然而,本章提出的基于深度学习的舰船目标检测模型还有待进一步改进和优化,需要深入研究。未来的研究工作可以从以下几个方面展开。

(1)使用不规则框描述舰船目标。第 3 章中的研究表明,对于目标轮廓描述越精确,则所建立的目标检测模型精度越高。由于舰船目标通常呈现出不规则的形状,矩形框难以准确地描述目标的轮廓,可能会漏检或误检。相比矩形框,使用不规则框描述舰船目标可以更加准确地反映目标的形态特征,提高目标检测的准确性和鲁棒性。

(2)对舰船进行精细化分类。舰船的种类和用途不同,其结构、大小、性能等方面也会有很大差异。因此,对舰船进行精细化的分类,可以更加准确地判断和识别舰船的种类和用途,为相关领域的决策和管理提供更加可靠的数据支持。

(3)引入多模态数据。海面舰船侦察的方式包括光学成像、红外线成像、合成孔径雷达(SAR)等,每种方式都有其独特的优势和限制。通过多模态数据的融合,可以充分发挥各种方式的优势和互补性,提高舰船目标的探测准确度和鲁棒性。

第5章 遥感图像建筑物提取技术

5.1 基于 DeepLabV3+的建筑物提取方法

本章将对 DeepLabV3+网络进行训练。基于深度学习的方法往往依赖大尺度数据集进行训练,本章首先根据已有的公开数据集,构建丰富的高分辨率遥感建筑图像数据集,训练时修改原本的损失函数以处理高分辨率遥感建筑图像中存在的正负样本不均衡的问题。本章也对其他语义分割经典网络进行训练,利用评价精度指标 MIoU、PA 对模型进行评估,利用可视化结果更直观地分析遥感图像建筑物提取的改进方向。

5.1.1 遥感建筑图像数据集的构建

语义分割是对给定的一幅数字图像中的每个像素进行语义类别判断并赋予标签的过程。对一幅数字图像进行语义分割,其关键点在于如何对呈现出的开放式场景进行语义理解并精准预测某个图像区域内像素集合的语义。目前,常用的高分辨率遥感建筑数据集如表 5.1 所列。遥感图像的语义分割任务需要输入足够多的标注数据以提升训练效果,但目前用于语义分割的数据集并不充足。一方面图像数据集针对的任务都是不同的,并且很多数据集不开源;另一方面数据集图像多为非遥感的城镇场景与自然环境,针对建筑类并且带标签的图像较少。

Inria Aerial Image Labeling Dataset 由法国国家信息与自动化研究所(INRIA)发布,是一个用于城市建筑物检测的遥感图像数据集,其标签分为建筑(building)和非建筑(not building)两种,共包含 360 张空间分辨率为 0.3m 地面真实数据的航空正射彩色图像。这些图像具有不同的照明条件和城市景观,涵盖了不同建筑密度的城市居住点,包含旧金山的金融区,奥地利的高山、城镇等不同地形。虽然相同地区的图像可以用于训练,但设计的模型应在不同的照明条件、城市景观以及一年不同的时间上都能够实现精度较高的建筑物提取,这样的数据集可以较好地增加模型的泛化能力,数据集部分图像如图 5.1 所示。

表 5.1　常用遥感建筑数据集

数据集名称	来源	分辨率/m	特点
SpaceNet	SpaceNet Challenge	0.3	建筑物密集
Inria	法国国家信息与自动化研究所	0.3	泛化能力强
USSOCOM	城市三维挑战赛	0.5	包括 RGB 影像,三维数字表面模型和三维数字高程模型
WHU	新西兰土地信息服务网站	0.3	由航空数据与卫星数据共同构成
阿里天池建筑智能普查	数字中国创新大赛	0.8	影像数据不公开

(a)　(b)　(c)

图 5.1　Inria Aerial Image Labeling Dataset 数据集部分图像

本章基于公开的数据集 Inria Aerial Image Labeling Dataset,将高分辨率图像进行分割,将原本测试集只提供影像未带标签的图片利用 Labelme 软件进行标注,生成语义分割标签图,利用旋转变换,色彩调整等方式进行数据集增强。遥感建筑语义分割数据集构建流程如图 5.2 所示。

1. 数据集标签标注与转换

Inria 数据集中的图像分为测试集 180 张和训练集 180 张,其中训练集的图像带有标注,测试集的图像不带标注。本章将原有测试集进行标注,并对数据集进行增强,对数据集重新进行构建。

语义分割的标签图使用 Labelme 工具制作。图 5.3 展示了 Labelme 软件的工作界面及使用软件进行标注时的标签效果,利用工具栏中的点、线、多边形等划分出建筑区域,给标注区域分配正确的标签,实现语义分割标签的制作。标注时分为

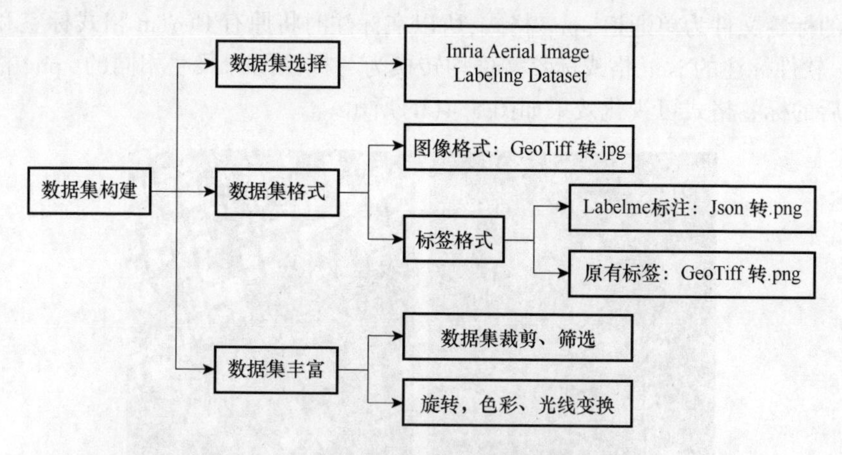

图 5.2　遥感建筑语义分割数据集构建流程

图 5.3　Labelme 软件界面

建筑类别与背景类别，背景就是没有进行标注的区域所对应的标签。在网络训练之前，在代码中将数据集忽略的像素值设定为 0，目标函数在计算时将忽略此类别。

利用 Labelme 软件生成的语义分割标签如为 json 格式，json 是一种文本格式，主要利用键值对图像进行语义标注结果的存储，如图 5.4(a)所示。尽管 json 格式的语义分割标签文件中包含了丰富的语义分割信息，但这种信息的存储方式是坐标数值等，并不能直接体现分割信息。除此之外，语义分割标签的格式还可以用图像表示，一般分为单通道图像格式和多通道图像格式，本章在网络训练阶段设置所读取的标签文件为单通道 . png 格式，所以在标注时将原有 GeoTiff 格式标签和 Labelme 软件标注的 json 格式标签文件均转换为与标注图像尺寸相同的 . png 格式，转换后的标签格式可视化效果如图 5.4(b)所示。

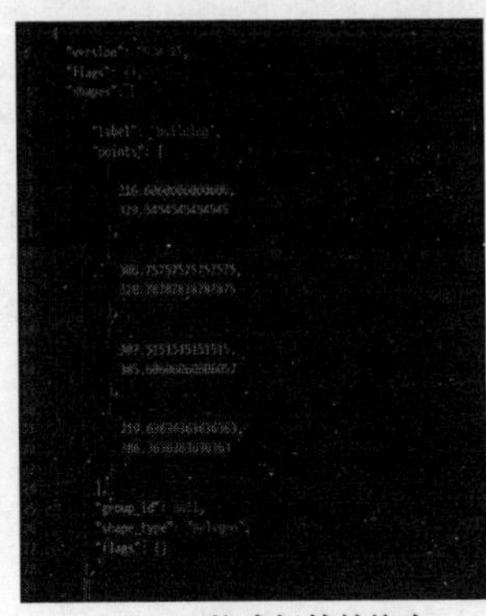

(a) json格式标签转换为.png格式标签的脚本

(b) 单通道格式标签图像

图 5.4　标签格式可视化效果

2. 数据集增强

经过手动标注与转换后，本章共得到语义分割图像 360 张、标签图 360 张。在数据集数量较少时直接用其进行语义分割网络的训练会造成过拟合，且数据集图像的分辨率像素为 5000×5000，需要较高的计算水平，不适用于网络训练。因此本节选择对图像进行剪裁、旋转变幻、色彩变幻来扩充数据量。

1)图形剪裁

该数据集的图像像素为 5000×5000，在训练时运算能力并不能支持如此高分辨率的图片输入，导致网络训练效果不佳。因此，本节在将数据用于训练前把所有的图像都进行裁剪和标准化处理。首先将输入图像像素裁剪为 500×500 大小，此过程中舍弃不存在建筑物的图像；然后通过归一化方法，将裁剪后的图像归一化为 [-0.5,0.5]。这种处理不仅提高了模型的鲁棒性，同时可以使网络更精细地对小尺寸建筑物进行分割。

2)图像变换

(1)旋转变换。人的视觉识别往往不受镜像、旋转等变换操作的影响，识别结果与原始图像相比没有任何不同。但对于卷积神经网络而言，变换后各位置的像素值都发生了变化。由于卷积层在提取特征时对位置信息较为敏感，当输入图像发生位置信息上的改变时，卷积层通过特征提取产生的输出也会发生变化。因此，旋转变化这种方式看似简单，但是能有效地丰富数据集，防止过拟合。

本节对部分图像进行旋转变换，将图像数据顺着中心位置进行随机角度的顺时针旋转。为了统一旋转变换后遥感图像的尺寸大小，将因变换多余的图像尺寸进行切除裁剪，将旋转后的空白部分视为背景进行处理，变换结果如图 5.5(b) 所示。

(a) 原标签图　　(b) 旋转变换　　(c) 色彩变换

图 5.5　(见彩图)图像变换示意图

(2)色彩变换。由于天气、光照不同，遥感卫星拍摄的图像亮度也不相同，建筑物以及数木等地物带来阴影会造成目标间的相互遮挡，影响分割效果，因此在数据集增强中使用色彩变换有助于语义分割更好地模拟真实情况，提高分割精度。色彩变换包括对图像的明度、饱和度、色调进行调整。本章饱和度和明度的系数为 0.5~1.2，色调调整系数为 0.5~0.8。如图 5.5(c)所示，色彩调整仅仅改变了对应位置的像素值，并不改变图片包含的位置信息，所以色彩变换后不需要重新对图像标签进行调整。

经过数据集增强，共得到训练集 16800 张、验证集 5600 张高空遥感建筑物图像数据。

5.1.2　训练策略

1. 损失函数

一个好的损失函数需要满足两个最基本的要求：能够评价模型的准确性，对网络参数可微。对高分辨率遥感图像建筑物的分割属于二分类问题，在图像语义分割二分类任务中，训练网络的损失函数一般使用二元交叉熵损失函数。原模型 DeepLabV3+中使用了逐像素的交叉熵损失，该损失函数分别检查每个像素，将类预测与目标向量进行比较。二分类交叉熵损失表示为：

$$\text{Loss} = -\left[y\lg(p) + (1-y)\lg(1-p) \right] \tag{5.1}$$

式中：y 为标签；1 为正样本；0 为负样本；p 为样本预测为正样本的概率。

使用交叉熵作为损失函数在梯度下降计算的时候可以避免出现梯度弥散导致学习速率下降的现象。但是交叉熵损失函数往往忽视非正确标签预测的结果，只注重正确标签预测概率的准确性，导致网络学习到的特征表达能力不强。并且，当网络中存在正负样本数据不均衡的问题时，交叉熵损失函数无法很好地解决这种问题给网络带来的较差拟合性。高分辨率遥感图像数据集中建筑物与背景的存在面积并不一致,甚至在一些郊区、野外,一整张图片中可能只有1栋房子。针对正负样本严重不均衡问题,2017年何凯明在RetinaNet论文中对交叉熵损失函数做出了改进,提出了Focal Loss损失函数,Focal Loss二分类的形式如下:

$$\text{Loss}_{\text{focal}} = \begin{cases} -\alpha(1-p')^{\gamma}\ln p' & (p=1) \\ -(1-\alpha)p'^{\gamma}\ln(1-p') & (p=0) \end{cases} \tag{5.2}$$

式中:p为实际分类;p'为输出是此分类的概率,在二分类中为Sigmoid输出的概率。该损失函数在CE Loss的基础上增加了动态调整因子,使用α因子判断正负样本的重要性,用来处理样本不均衡的场景;γ因子使预测概率高的Loss变得更低,预测概率低的Loss也降低,但降低程度稍轻,从而获取更多的正样本进行训练,达到难样本挖掘的目的。

Dice Loss来自网络V-Net,称为集合相似度度量函数,该损失函数提出的目的是应对语义分割中正负样本强烈不均衡的场景,该损失函数中使用了Dice系数,表达如下:

$$\text{Loss}_{\text{dice}} = 1 - \text{Dice} = 1 - \frac{2|X \cap Y|}{|X| + |Y|} \tag{5.3}$$

Dice系数用于评估两个样本相似性的度量函数,Dice值越大表示两个样本越相似。式中X是目标类别,Y是真实标签。$|X|$和$|Y|$分别表示这两种元素的个数,分子系数乘2是为了保证交集中X和Y重复计算后的取值范围仍在[0,1]区间。Dice Loss通常用于评估两个样本相似性,意味着它可以衡量交并比指标,对语义分割中的IoU指标进行直接的优化。

Dice Loss更关注前景区域特征的提取,保证网络有较低的假阴性,但直接使用Dice Loss会存在损失饱和问题,一般不能单独使用。本章使用Dice Loss+Focal Loss的形式,可表示如下:

$$\begin{aligned} \text{Loss} &= \text{Loss}_{\text{dice}} + \text{Loss}_{\text{focal}} \\ &= C - \sum_{c=0}^{C-1} \frac{\text{TP}(c)}{\text{TP}(c) + \text{FN}(x) + \text{FP}(c)} - \lambda \frac{1}{N} \sum_{c=0}^{C-1} \sum_{n=1}^{N} g_n(c)[1 - p_n(c)]^2 \ln p_n(c) \end{aligned} \tag{5.4}$$

$$\text{TP}(c) = \sum_{n=1}^{N} p_n(c) g_n(c) \tag{5.5}$$

$$\text{FN}(c) = \sum_{n=1}^{N} [1 - p_n(c)] g_n(c) \tag{5.6}$$

$$\text{FP}(c) = \sum_{n=1}^{N} p_n(c)[1 - g_n(c)] \tag{5.7}$$

式中: C 为分类个数; TP (c) 为真正率,即预测为正,实际也为正的概率; FP (c) 为假正率,即预测为正但是实际不为正的概率; FN (c) 为假负率,即预测为负,但实际为正的概率; N 为全部数据。

本章使用 Focal Loss 与 Dice Loss 结合的损失函数对语义分割网络进行训练,希望能够解决建筑物与背景面积不一致即正负样本不均衡的问题,直接对语义分割评价指标进行提升。

2. 效果评价指标

一般地,语义分割网络训练输出模型性能评估的指标分为像素级和实例级两种,主要有像素精度(PA)、交并比(IoU)、平均交并比(MIoU)。

像素精度表示预测像素正确的像素数占总像素的比例,可表示如下:

$$\mathrm{PA} = \frac{\sum_{i=1}^{N} n_{ii}}{\sum_{i=1}^{N} m_i} \tag{5.8}$$

$$m_i = \sum_{j=1}^{N} n_{jj} \tag{5.9}$$

式中: N 为语义分割类别总数; n_{ii} 为第 i 类被分类成第 j 类的像素数; m_i 为标签第 i 类的像素总数。

IoU 表示每个类别正确分类的预测集合和真实集合的交集与并集的比值,即

$$\mathrm{IoU} = \frac{\sum_{i=1}^{N} n_{ii}}{\sum_{i=1}^{N}\left(m_i + \sum_{j=1}^{N} n_{ji} - n_{ii}\right)} \tag{5.10}$$

MIoU 表示每个类别的预测集合和真实集合的交集和并集的比值取平均,即

$$\mathrm{MIoU} = \frac{1}{N}\sum_{i=1}^{N}\frac{n_{ii}}{m_i + \sum_{j=1}^{N} n_{ji} - n_{ii}} \tag{5.11}$$

平均像素精度和平均交并比这两个指标都处于 0~1 之间,值越接近 1,则代表语义分割的性能越好。

平均像素精度和平均交并比具有简洁和代表性强的优点,广泛用于图像语义分割精度评价。本节训练阶段将使用上述语义分割训练模型评价指标定量评价网络性能,验证网络改进效果。

3. 相关参数配置

本节的训练框架版本和软/硬件配置如表 5.2 所列。在训练参数方面,优化器选择 SGD 优化器,优化器内部使用的 momentum 为 0.9,权值衰减为 10^{-4},设置权

值衰减用来防止网络的过拟合现象。合适的学习率能够使优化器更有效地对模型参数进行优化,本节学习率下降方式为 cos,最大学习率为 7×10^{-3},最小学习率为 $7\times10^{-3}\times0.01$。共计训练 120 个 epoch,每 5 个 epoch 保存一次权值。

表 5.2 训练软/硬件配置

配置名称	版本
GPU	GeForce RTX 3080
内存	10.5GB 显存
操作系统	Ubuntu20.04
编程语言	Python3.6.10
框架	Pytorch v1.10
CUDA	V11.2

5.1.3 DeepLabV3+训练结果分析

本节所有网络都基于前两节构建的高分辨率遥感建筑图像数据集与损失函数进行研究,在同样的实验环境下进行训练与测试,并且网络采取同样的参数配置,保证研究方法的有效性。训练完成后均使用 MIoU 和 PA 指标对网络训练效果进行评估。本节对 DeepLabV3+以及经典的语义分割网络 U-Net、SegNet 进行训练,以便直观分析 DeepLabV3+在遥感建筑图像上存在的问题,并在之后针对这些问题做出相应的改进,训练得到的量化结果如表 5.3 所列。

表 5.3 经典模型训练结果

模型名称	评价指标/%	
	MIoU	PA
DeepLabV3+	81.14	89.6
U-Net	78.54	87.98
SegNet	75.72	85.53

在训练的网络中,DeepLabV3+在 MIoU、PA 指标方面获得了最高的分数,证明了该网络的先进性。SegNet 最早在 2015 年的 CVPR 中由剑桥大学提出,在每次下采样时都将最大池化的位置记录下来,并在上采样时直接将该位置数值还原,其余补 0。尽管 SegNet 网络具有良好的上采样策略,但在该数据集的表现并不突出,相对于 DeepLabV3+模型,SegNet 网络 MIoU 低了 5.42%,PA 低了 4.07%。经典的 U-Net 网络在该数据集上的表现仅次于 DeepLabV3+,相较于 SegNet 网络,该网络

整个特征映射不是使用池化索引,而是从编码器传输到解码器,通过融合高维语义信息和低维细节信息,达到比 SegNet 更好的效果。DeepLabV3+网络虽然在训练速度以及推理速度上略慢于 U-Net,但通过其核心 ASPP 模块中空洞卷积的引入,在一定程度上提高了多尺度信息的融合能力,总体性能表现不错,适合进一步改进。

图 5.6 中两条曲线分别为 DeepLabV3+网络训练集与测试集损失函数的变化曲线。可以看出,网络在训练初期损失迅速下降,训练效果较好,而随着迭代次数的增加,损失函数值变小,且逐渐趋于平稳,说明网络在不断的收敛,训练后期损失函数值变化趋于不变,此时训练达到拟合。

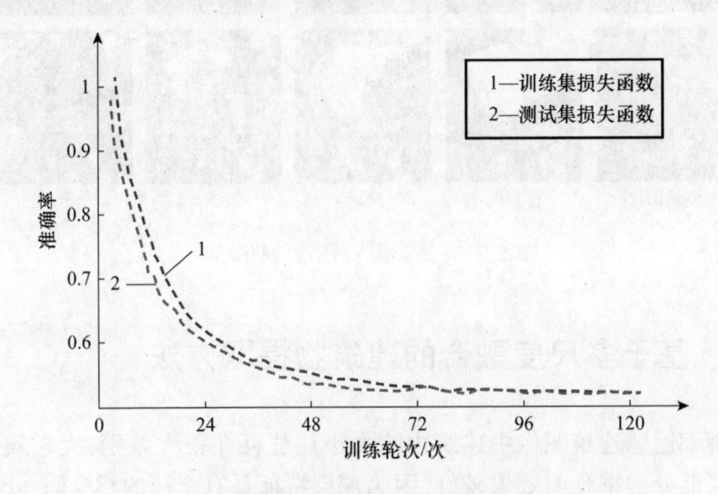

图 5.6　网络训练损失函数的变化

图 5.7 展示几张具有代表性的图像在不同模型下的语义分割结果,选取的图像中建筑物存在形状上的特点,也包含不同大小不同的建筑,图像背景存在树木对建筑造成了遮挡现象,也存在与建筑风格类似的道路。预测结果可以直观地展示遥感建筑提取的可视化结果,便于对各个模型进行对比并对本节研究的高分辨率遥感建筑物提取的优化空间进行分析,在第 5、第 6 章提出相关的解决办法并进行实验。

从图 5.7 中可以看出,用红色框标记的网络的分割结果与用绿色框标记的真实值相比存在明显的不足。具体表现在,首先,当建筑物的形状不规则时,网络无法全面地预测建筑物的全局信息,预测到的结果不连贯;当小型建筑物密度较高时,网络的预测容易丢失一些细节信息,且受阴影和周围环境复杂程度的影响,小建筑出现识别错误的情况。其次,在对稀疏的大建筑物预测时,预测结果中存在空洞现象,尤其因为建筑物顶端与路面材质颜色过于相似,网络很容易将建筑识别为背景。最后,当预测建筑物边缘信息时,当前模型容易丢失建筑物的几何细节和轮廓。

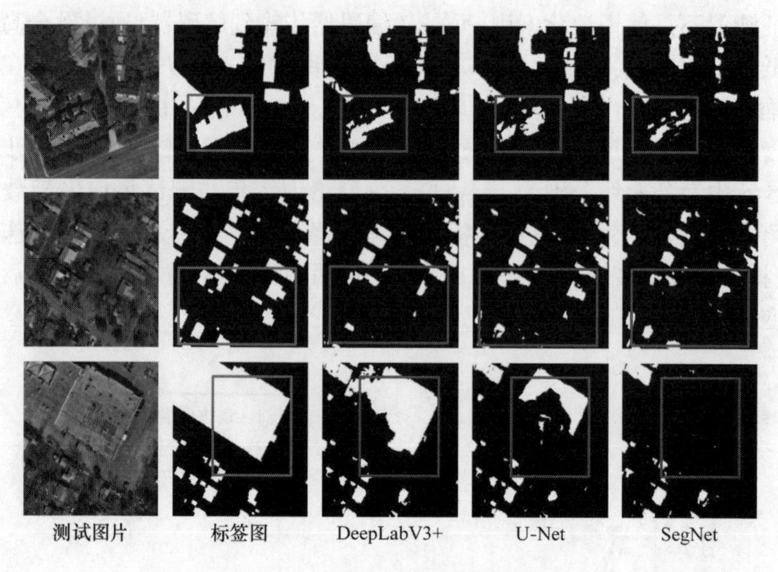

图 5.7 (见彩图)网络可视化结果

5.2 基于多尺度融合的建筑物提取方法

高分辨率遥感建筑图像中建筑物的大小往往存在很大差别,大建筑物的检测在神网络层低分辨率预测效果较好,因为深层特征具有全局的感受野;小建筑物在浅层高分辨率的预测较好,因为一些细节比如边缘在大尺寸图片中更加清晰。第4章实验表明 DeepLabV3+进行图像分割时,特征提取网络忽略了不同深度的特征图中特征重要程度不同的问题,丢失了大量的细节信息,致使分割效果不佳。加强语义信息特征与空间信息特征的增强与融合适合做复杂任务的语义分割,本章从多尺度融合与加强信息表达能力的方向入手弥补建筑物提取时存在孔洞、识别不精确的问题。

5.2.1 跃层特征融合的解码器设计

DeepLabV3+解码器如图 5.8(a)所示,将使用 ASPP 提取后的特征图进行 4 倍上采样与浅层特征进行融合,再使用一个 4 倍上采样结构完成特征图尺寸的还原。经过 Xception_71 特征提取网络处理的图片尺寸为原始图像的 1/16,Xception_71 特征提取网络进行特征提取时,共有 4 次下采样的操作,这些网络层对应的输出图像的大小分别为原始图片的 1/2、1/4、1/8 和 1/16,在图 5.8 中用 $L_{1/2}$、$L_{1/4}$、$L_{1/8}$、$L_{1/16}$ 表示。Xception_71 主干网络进行特征提取后的输出特征图为 $L_{1/16}$,H 表示该特征图经过 ASPP 模块输出的深度特征图。DeepLabV3+的解码器网络中的特征融合结构即使用深度特征图 H 和 Xception_71 特征提取网络中的 $L_{1/4}$,解码器将特征图 H 进行 4 倍上采样与 $L_{1/4}$ 进行特征融合,再经过一个 4 倍上采样将特征图恢复到输入图像尺寸。

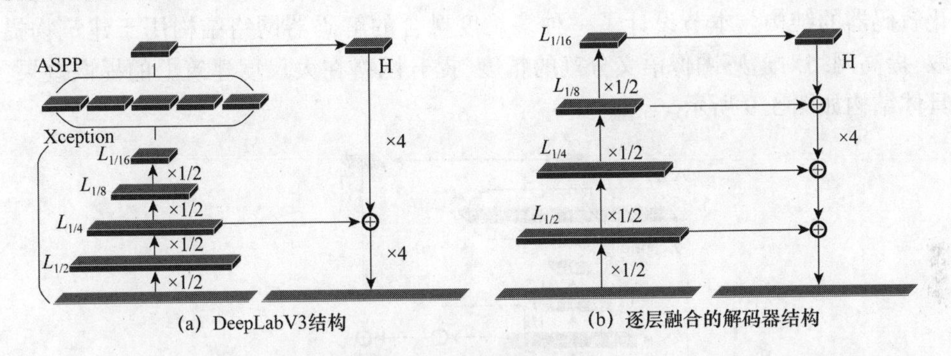

图 5.8　两种解码器结构

语义分割网络是端到端的网络,除了对数据进行编码,将图像恢复到原始尺寸的解码器结构也直接影响了网络的分割精度。编码器结构的研究一直是语义分割网络改进的热点,特征提取网络提取的低层的特征语义信息比较少,但目标位置准确;高层的特征语义信息比较丰富,但是目标位置比较粗略。

解码器的结构有很多种,可以将特征图直接进行上采样操作恢复到原始图像大小,也可以在网络输入前先将图像数据进行放大,但是这两种方式并不利于提高语义分割精度。尽管通过上采样操作可以放大深度特征图的尺寸,且放大倍数不受限制,操作起来方便快速,但盲目的放大会导致空间位置信息的损失,进而导致语义分割精度的损失。经典的语义分割网络对解码器结构做出了许多研究,大多都采用将深度特征图与浅层特征图融合,细化上采样这两种方式进行解码。FCN-8s 中通过将不同池化层的结果进行上采样来优化输出;SegNet 采用了编码解码对称的结构,对上池化操作进行约束,保证特征的还原;本节使用的 DeepLabV3+采取了两个 4 倍上采样的结构;典型的 U-Net 网络采取图 5.8(b)中所示的逐层融合的方式,通过将不同深度的特征图进行融合来提高语义分割的精度。

本节第 3 章中已经验证,DeepLabV3+网络自身的结构可以完成建筑物提取的任务,且精度相比其他经典网络要高。这种方法仅加入了 $L_{1/4}$ 大小的特征图,进行融合的浅层特征有限。对于卷积神经网络的第一层而言,卷积核都相当于一个边缘检测器,这表示浅层的特征可以很好地表示建筑物的边缘信息,有利于保证分割结果中建筑物的边缘完整性。网络浅层的卷积层对输入图片进行特征提取后,图像的细节信息丰富,但是图像的上下文信息少,此时图像中的像素单元只是对图像局部信息的特征提取。图像经过深层的卷积层作用之后,像素单元能看到的原图像的范围要更大,但细节信息缺失。对于高分辨率遥感图像建筑物的提取,浅层特征图带来的建筑物的空间位置信息与深层特征图带来的建筑物上下文联系都是是非常关键的。本节综合考虑 DeepLabV3+网络的原始解码器结构与功能要求,更好地融合浅层特征与深层特征,利用跨层特征将其他不同深度的浅层特征融合,优化解码器的结构。本节设计了一种多尺度融合的解码器网络结构用于建筑物提取,提高网络对遥感图像语义分割的精度,提升网络在大尺度建筑上的提取效果,具体结构如图 5.9 所示。

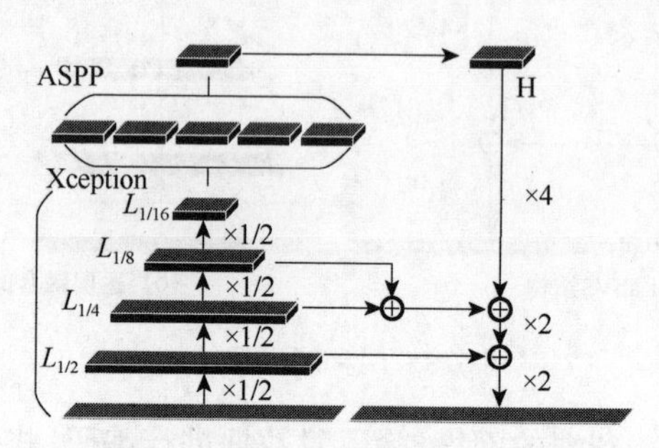

图 5.9　优化后的 DeepLabV3+结构

该结构以 DeepLabV3+解码器的原始网络结构为基础,将 $L_{1/8}$、$L_{1/2}$ 的特征图都进行降维再融合。新的解码器没有采取类似 U-Net 网络中逐层融合的方式,而是通过不同的连接方式改变不同特征图的通道权重来适应本章的建筑提取任务,并在上采样时细化上采样操作。该结构具体介绍如下:将 Xception_71 得到的 $L_{1/8}$ 大小特征图上采样后与 $L_{1/4}$ 大小特征图融合,再与经 ASPP 处理的深度特征图 H 进行特征融合,2 倍上采样后与 $L_{1/2}$ 大小的特征图进行特征融合,再经过一个 2 倍上采样恢复到原始图像大小。

该结构中的特征融合选择合并的方式,在将不同深度的特征图进行融合时,首先将尺寸较小的深层特征图进行双线性插值上采样恢复到浅层特征图的尺寸大小,再连接一个 1×1 的卷积核改变该特征图的通道数。通道数的改变即深层特征与浅层特征权重比例的变化,倘若不进行这步操作,浅层特征将会在之后的提取中权重变大,这将降低网络对深度特征图的分析,影响建筑物提取的准确率。本节参照 DeepLabV3+中原有的比例,深层特征图的通道数为 256,利用 1×1 卷积将浅层特征图的通道数由 256 降维为 48,二者的权重比例为 16 : 3。

本节对 DeepLabV3+的解码器提出的改进,是在原有网络的基础上,引入不同层次的特征图,并在特征图融合时采取更精细的上采样步骤。Xception_71 增加了网络深度,结合新提出的解码器结构弥补损失的位置信息,提高分割精度与细节切分效果。

5.2.2 基于通道混洗的金字塔池化模块设计

金字塔池化模块(SSP)由何凯明等在 2015 年首次提出,该模块的提出是为了解决卷积神经网络中特征图必须是固定大小这一局限性。利用特征映射将卷积层的输出分解成 1 份、4 份、16 份,并对每份进行最大池化,然后拼接。这样的操作使网络最后的输出仅与通道数有关,与特征图大小没有关系。何凯明等在论文中提出,SPP-Pooling 层的加入能够提升网络的准确率。受到该模块的启发,语义分割模型 DeepLabV2 中提出 ASPP 模块,将空洞卷积使用于 Encoder-Decoder 结构。DeppLabv3+中,ASPP 模块使用 5 个不同尺寸卷积对特征图进行处理。DeppLabv3+使用不同空洞率的空洞卷积对 Xception_71 网络输出的特征图进行多尺度的特征提取,即构建不同感受野的卷积核,相当于以多个比例捕捉图像的上下文,利用不同采样率下空洞卷积的感受野不相同的特点,解决图像中包含目标的多尺度问题。本节计划对 DeepLabV3+网络的核心模块 ASPP 进行改进与优化,以提升网络在高分辨率遥感图像建筑物提取上的分割效果。

ASPP 中使用空洞卷积,通过扩展卷积核的覆盖范围增大特征图的感受野,引入多尺度信息,同时不增加卷积核的参数量。上、下层特征图之间连接多个并行的空洞卷积分支,每个分支上使用不同的空洞率,最终得到了对中心的不同距离,图 5.10 展示了空洞率分别为 1 和 6 的空洞卷积。

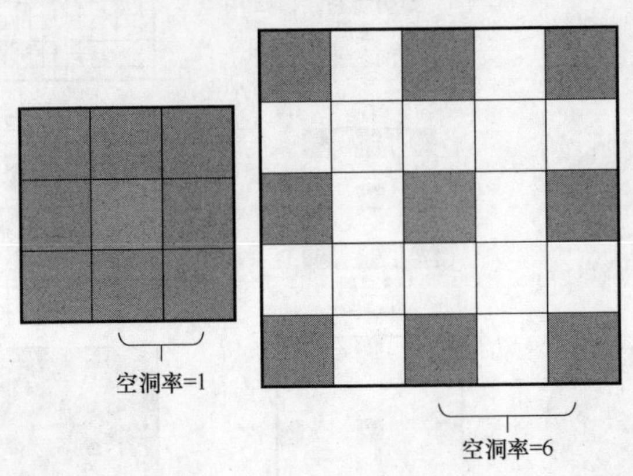

图 5.10 不同空洞率的卷积核

空洞卷积的公式如下:

$$y[i] = \sum_{k} x[i + rk]\, w[k] \tag{5.12}$$

式中:x 为卷积核的输入特征图;y 为卷积核输出特征图;k 为卷积核的尺寸为 $k \times k$;w 为卷积核;r 为空洞卷积的空洞率,即卷积核中各参数之间的间隔为 $r-1$。与普通的卷积核相比,空洞卷积可以将网络感受野从 k 扩展到 $k+(k-1)(r-1)$。

一般的任务中要求感受野越大越好,确保网络做决策时没有忽略重要信息。输入图片在不同的卷积层做特征提取时,卷积核的尺寸影响卷积操作进行运算时对应的图像区域的大小,各卷积所能看到的图像的结构是不同的。传统增大感受野的方法主要是从增加网络深度出发,如 2014 年牛津大学视觉几何小组提出的 VGG 网络中提出了一种增大感受野的方法,使用多个小尺寸卷积核代替大尺寸卷积核。但这种方法下,网络感受野只能呈线性增长,而使用多个空洞卷积串联可以使感受野呈指数级增长,这表明了空洞卷积的先进性。

另一种与感受野相关的模块是 2018 提出的 RFB(receptive field block)模块,具体结构如图 5.11 所示。该模块设计的出发点是模拟人类视觉的感受野从而加强网络的特征提取能力,具体地,RFB 基于 RF 的不同尺度,使用不同的卷积核,设计了多分支的卷积、池化操作,并通过空洞卷积来控制感受野的大小,最后一步重塑操作后,形成生成的特征。从图 5.11 中可知,RFB 也连接了多个分支,与 Inception 结构类似,每个分支使用不同尺度的常规卷积与空洞卷积,通过常规卷积的不同卷积核大小来生成不同感受野大小,各个分支上通过各自空洞卷积所设置的空洞率来生成感受野的扩大比例。

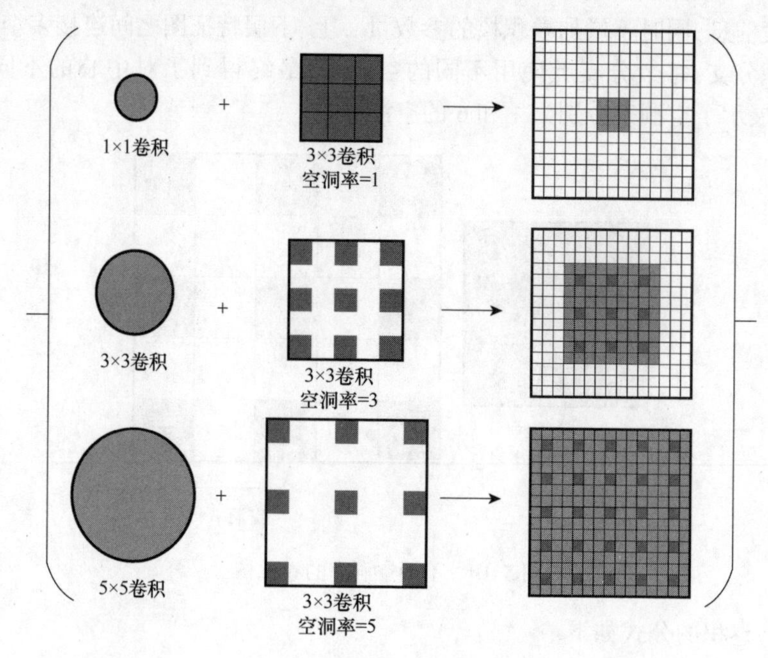

图 5.11 RFB 模型结构

与 RFB 模块相比,ASPP 在空洞卷积前一个特征图上,使用了基于相同尺度的卷积核,这就使提取到的特征判别性降低。并且传统 ASPP 中当空洞卷积空洞率过大时，空洞卷积将退化为 1×1 卷积核，这也导致提取到的特征判别性不足的问题。RFB 模块将感受野的尺度、离心率纳入考虑范围，使轻量级主干网也能提取到高判别性特征，检测器速度更快、精度更高。

因此本节在对 ASPP 模块改进过程中，首先重新设置空洞卷积的空洞率，实现自由的多尺度特征提取；在空洞卷积前使用卷积操作来提升提取到的特征判别性，保证在对遥感建筑进行语义分割时，更好地识别建筑物的本身特征，将建筑物与周边环境分割开。

尽管 ASPP 通过增大感受野，让每个卷积输出都包含较大范围的信息，但网络中 kernel 并不是连续的，即空洞卷积操作不会导致所有的像素都用来计算。将信息看作“棋盘格”的方式会损失信息之间的连续性，这对于逐像素的分割任务来说是很重要的。同样地，Xception_71 在特征提取时使用了深度可分离卷积操作，分为逐通道卷积和逐点卷积。逐通道卷积的一个卷积核负责一个通道，使得卷积操作仅在对应的输入通道组上，虽然有利于降低模型计算的复杂度，但在逐通道卷积后，网络不同组之间是没有任何联系的，这导致对于图像的同一片区域而言，其在不同通道提取到的语义信息无法很好地进行关联，即导致通道之间的特征信息流通充满约束，进而导致网络的精度损失。

目前的 ASPP 及其变体均是将一定数量的层形成一个组。然后每个组使用不同的空洞率进行特征提取，在减少计算量的同时聚合到了更好的特征，但分组卷积是一种稀疏连接，各组输出的特征互不影响，信息不流通。针对信息流通的问题，ShuffleNet 提出了用通道混洗操作来解决，如图 5.12 所示。在相同的计算约束下使用更多的通道数，相当于特征图的数量增加，网络的特征提取能力也增强。本节将这种结构应用到 ASPP 模块中，提升特征图之间的信息流通能力。

本课题结合 RFB 模块与通道混洗操作提出一种新的 ASPP 模块——基于通道混洗的空洞空间卷积池化金字塔（Shuffle-ASPP），具体结构如图 5.13 所示。

本结构基于 ASPP 结构的核心：空洞卷积完成构建，空洞卷积来控制特征图的感受野，完成了特征的多尺度融合。①基于 RFB 模块的思想，在空洞卷积前使用不同的卷积核，以解决具有相同核尺寸的上一个卷积层的特征有相同的分辨率，导致一张特征图的不同位置的重要程度是一致的，从而混淆目标和背景信息的问题。例如，建筑物可能与道路相似，边缘提取不精确。在本节结构设计中，Shuffle-ASPP 在大采样率的组中加入更多的卷积层，在采样时提供更鲁棒性的特征，在空洞卷积前分别使用了 1×1、3×3、5×5 大小的卷积核，但是将 5×5 卷积核用两个 3×3 卷积核代替。这是因为 GoogLeNet 发现，使用两个 3×3 卷积核串联带来的参数数量为 2×(3×3)×Channels；而使用一个 5×5 卷积核带来的参数数量为(5×5)×Channels。两个叠加的 3×3 卷积不仅拥有与 5×5 卷积相同的感受野，而且参数量只有 5×5 卷积的 70%，所以在进行结构设计时，本节使用串联的 3×3 卷积达到 5×5 卷

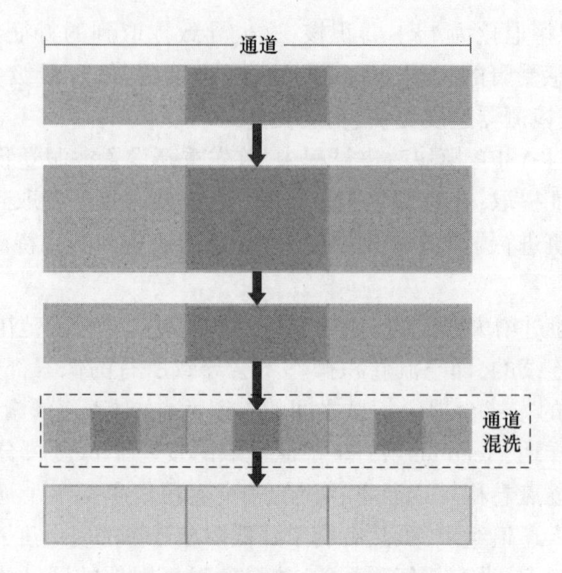

图 5.12　通道混洗操作示意图

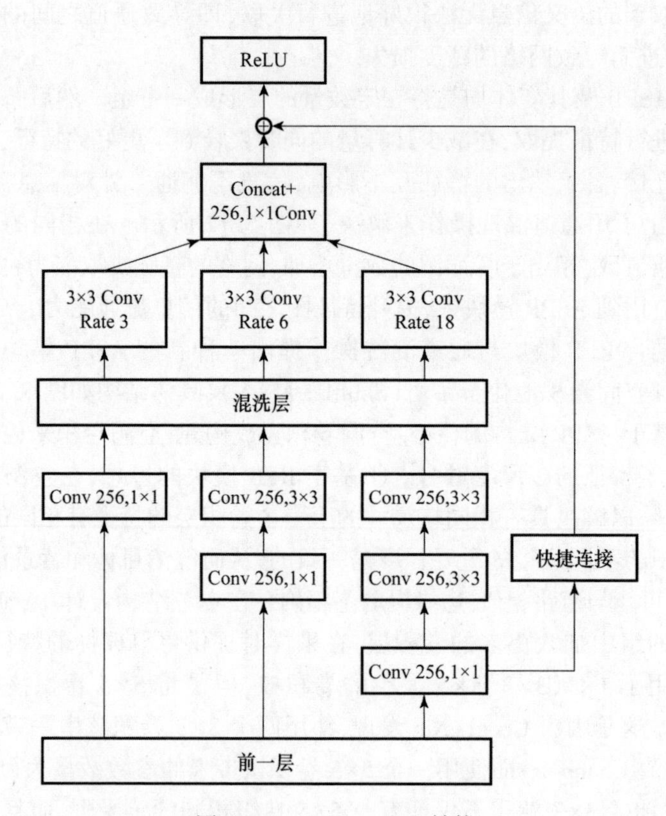

图 5.13　Shuffle-ASPP 结构

积效果。②在空洞卷积前,使用通道混洗的操作,综合不同组的信息,通过这种操作让组与组互相通信,提升网络特征提取能力,提升语义和细节信息互补能力,进一步优化分割效果,达到减少遥感图像建筑提取过程中信息丢失的目的。相比其他先进模型,对于给定的计算复杂度预算,通道混洗的操作能够用到更多的特征映射通道,有助于编码更多信息。该模块主要是对骨干网的特征图进行多尺度语义信息提取,提升特征表达能力,将在 5.2.3 节对该模型效果进行实验分析。

5.2.3 训练与结果分析

1. 验证实验

为了验证所提出方法的可行性,本节对改进后的 DeepLabV3+模型进行实验验证。本章设计的特征融合网络共有三个特征融合结构,表 5.4 展示了三个特征融合结构对应的输入特征图尺寸。其浅层特征与深层特征的权重比例与原网络保持一致,即 16∶3。

表 5.4 三个特征融合结构尺寸图

特征融合网络	特征层原始尺寸	特征层融合前尺寸	特征层融合后尺寸
1	$L_{1/8}$(728 × 131 × 131) $L_{1/4}$(256 × 261 × 261)	(256 × 261 × 261) (48 × 261 × 261)	$M_{1/4}$(256 × 261 × 261)
2	H(256 × 66 × 66) $M_{1/4}$(256 × 261 × 261)	(256 × 261 × 261) (48 × 261 × 261)	$N_{1/4}$(256 × 261 × 261)
3	$N_{1/4}$(256 × 261 × 261) $L_{1/2}$(128×512×512)	(256×512×512) (48×512×512)	(128×512×512)

该模型在训练数据上进行了 120 次迭代,最终模型达到收敛,图 5.14 是训练得到的模型总体准确率变化曲线。可以看出,在网络训练的前 40 个 epoch 内,训练总体准确率和验证总体准确率从 0.5 快速提升到了 0.8 附近,这种现象代表网络对构建的遥感图像数据集具有较好的泛化性能。在训练轮次的后半程,模型的训练准确率与验证准确率都逐渐趋于平稳,虽然有微小的波动,但总体准确率基本不再变化,稳定在 0.91 附近,这也验证了模型的泛化稳定性。

模型训练结果如表 5.5 所列。改进后的模型各评价指标都得到了提升,相比原本的 DeepLabV3+模型,改进后的模型在像素分割精度方面提升了 2.52%,mIoU 指标提升了 2.12%。与经典网络 SegNet 相比,本节提出的模型在该数据

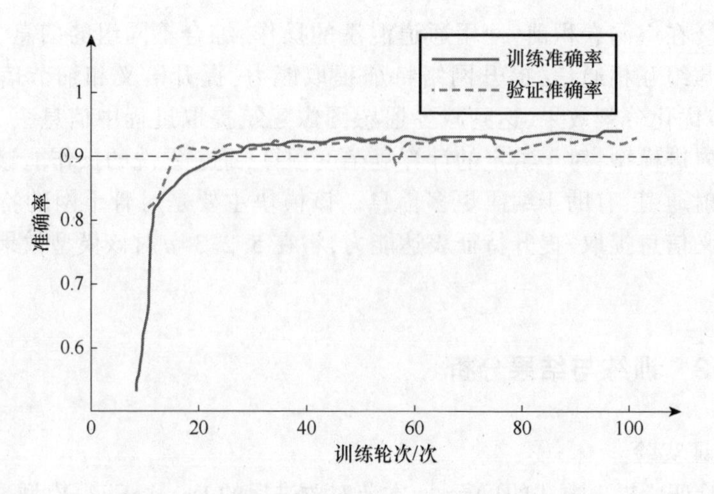

图 5.14 (见彩图)改进 DeepLabV3+准确率变化

集上的表现有了较大提升,像素分割精度方面提升了 6.59%,mIoU 指标提升了 7.24%。

表 5.5 模型训练结果

模型名称	评价指标/%	
	mIoU	PA
改进后 DeepLabV3+	83.26	92.12
DeepLabV3+	81.14	89.60
U-Net	78.54	87.98
SegNet	75.72	85.53

图 5.15 为验证集中部分高分辨率遥感建筑图像的可视化结果,根据语义分割结果图可以看出,图像中大建筑物的内部空洞得到了很大程度的填补,在对图像中不规则建筑分割时,其外形更加清晰;图中对小建筑的分割减少了周围环境的影响,相关联的建筑不会因为树木的遮挡而无法联系;整体上提高了对类似建筑的目标的识别准确率,比如不会把规则的汽车、颜色相近的地板等物体识别为建筑。

总的来说,相比原始 DeepLabV3+网络,得益于深层特征与浅层特征的重新分配,多尺度特征图融合方面的提升,改进后的网络更好地保留了图像细节信息,目视效果更加清晰,另外,基于通道混洗的空洞金字塔池化操作提取了更多的建筑信

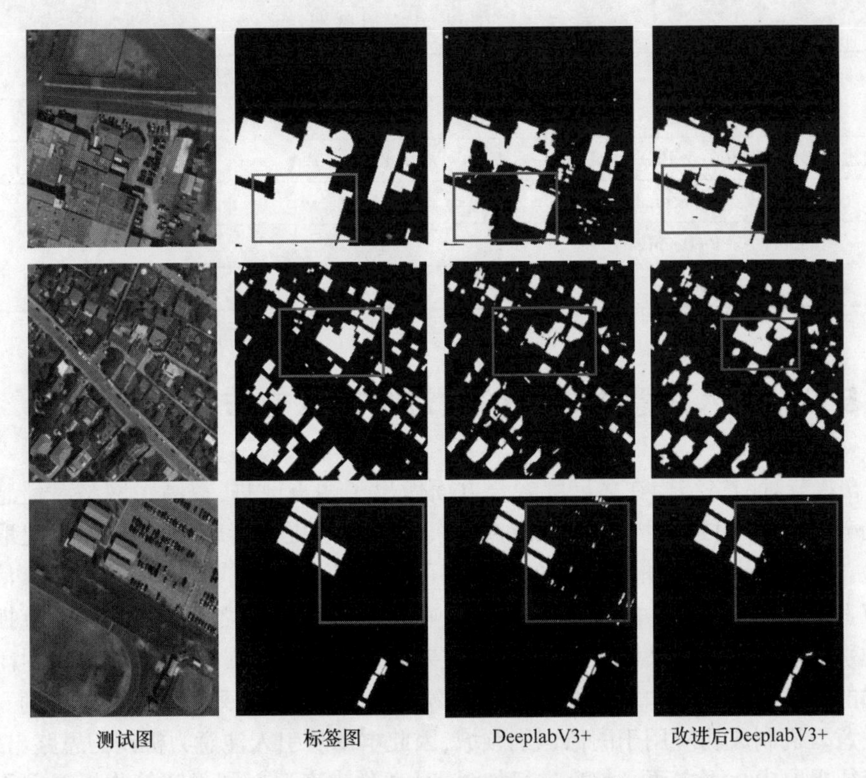

图 5.15 （见彩图）改进模型的可视化结果

息，加强了上下文信息的流通能力，这使得建筑边缘更加平滑，精度得到了提升，说明了改进的有效性。

2. 消融实验

为了验证本章提出的改进编码器结构和 Shuffle-ASPP 模块对建筑提取效果的提升都是有效的，本节在本章总体实验已取得精度提升的背景下对两处改进进行了消融实验验证，具体实验结果如下。

如表 5.6 所列，与原始的 DeepLabV3+相比较，仅 ASPP 替换为 Shuffle-ASPP 的模型 mIoU、PA 指标分别提高了 1.61%和 2.09%；仅改变解码结构的模型，mIoU 和 PA 指标分别提高了 0.43%和 0.72%。这说明两种改进对原网络而言，总体准确率都有提升。同时，Shuffle-ASPP 模块的提出对网络的改进效果更加明显，对比之下本章改进特征融合解码器网络的训练结果提升并不显著。经过对网络分析得出，该结构对网络提升不明显的原因是尺寸为 1/2 大小的特征图没有进行进一步的卷积操作，在融合阶段这一层特征图与最后的结果息息相关，导致融合的浅层特征过多，后续训练将考虑把对该层特征图进行卷积以进一步提取特征，并且将各融合模块根据特征图的重要性分配不同的权重。

表 5.6　消融实验训练结果

模型名称	评价指标/%	
	mIoU	PA
改进编码器+Shuffle-ASPP+DeepLabV3+	83.26	92.12
改进编码器+DeepLabV3+	81.57	90.32
Shuffle-ASPP+DeepLabV3+	82.75	91.69
DeepLabV3+	81.14	89.60

5.3 引入注意力机制的建筑物提取方法

5.2 节对网络结构在多尺度融合方面做出了两点改进,提高了网络对遥感建筑的分割精度,对建筑物的检测更加完整,边缘细节更加清晰,减少了信息提取时错检、漏检的情况。但根据最后的结果图可以看出,分割图与标签本身在像素信息细节上的提取仍存在一定程度上的差异,特别是像素单元之间很容易因为遮挡或者类别相似造成上下文语义信息丢失,主要体现在建筑物提取连通性缺乏,封闭性不强的高细节区域。如复杂形状的建筑物轮廓不清晰会导致边缘定位不准确。当前注意力机制成功应用于图像识别领域,因此本章从引入注意力机制的思路出发,对特征提取中上下文语义信息进行加强,对高分辨率遥感图像建筑物提取网络做出进一步改进。

5.3.1 注意力机制的发展

注意力机制思想的提出时间很早,但其快速发展始于 2014 年 Google Mind 团队在 RNN 模型中使用注意力机制进行图像分类。注意力机制的思想来源于人类视觉特性,在人对大幅图像进行观察时,并不是像计算机一样对全部信息进行处理提取,而是主要观察图像中所关心目标的位置信息,随后再相互联系对全部图像进行模拟,是一种高效的资源分配方式,如图 5.16 所示。Google Mind 团队提出的论文利用 RNN 处理图像序列,获取图像的关键位置进行信息提取,取得了良好的效果。2017 年 Google 机器翻译团队发表的 *Attention is All You Need* 中大量使用了自注意力机制来学习文本表示,自注意力机制也逐渐成为研究热点,并在各种 NLP 任务上进行探索。

自注意力机制在图像信息提取时可以加强特征之间的关联,找到原始图像中不相邻的两个点的关系。近年来,自注意力机制被应用在深度学习的各个领域,并且取得了良好的效果。如 DeepLab 系列的作者 Chen 就在 2016 年研究过将注意力

图 5.16　人类视觉注意力

机制应用到多尺度输入的语义分割网络中,改进全卷积网络受制于较小的有效感受野导致无法充分捕获上下文信息的问题。注意力机制是对模型的每个输入项分配一个权重,这个输入可能是图片中的不同区域,或者是语句中的某个单词。权重的大小表示网络对该部分的关注程度。注意力机制通过调整权重大小来模拟人在处理信息时的注意力侧重点,这种方法有效地提高了模型水平,并且降低了网络的计算量。

根据权重的分配方式,注意力机制可以分为软注意力(soft attention)机制、强注意力(hard attention)机制、自注意力机制。软注意力机制是将每个输入项的权重分配控制在 0~1 之间,这种方法对全局信息都进行了考虑,但对重点区域分配较大的权重,相对来说计算量较大。强注意力机制对每个输入项的权重分配非 0 即 1,与软注意力不同,硬注意力机制只考虑关注的部分,舍弃不相关的输入。这种方法可以减少时间成本与计算成本,但是可能丢失一些重要的信息。自注意力机制对每个输入项分配的权重取决于输入项之间的相互作用,并且通过对输入项特征进行处理来决定应该关注哪些输入信息。

在高分辨率遥感图像语义分割任务中,我们希望网络能够看到图像全局的信息,同时聚焦到重点建筑信息上,建筑物可能因为物体的遮挡被分成两部分,但这两部分在实际中并不是独立的,体现在模型训练中便是上下文信息是关联的,因此本章希望通过引入注意力机制达到对被遮挡建筑的完整识别。下面介绍几个常用的注意力机制模块。

1. SENet

该网络通过关注通道之间的联系,使模型学到不同通道特征的重要程度。SENet 的核心思想在于通过训练时的损失来学习特征权重,为有效的特征图分配较大的权重,无效或者效果小的特征图分配较小的权重。这种方法实现了网络利用全局信息有选择的增强特征图,实现了特征图通道的自适应校准,取得了不错的效果。本节提出的 SE(sequeeze-and-excitation)模块是一个嵌入其他模型中的模块,其结构如图 5.17 所示。

该模块分为三个部分,分别是挤压(squeeze)、激励(excitation)和缩放(scale)。首先将特征图输入全局平均池化中,得到 $1\times1\times C$ 大小的特征图;然后将得到的特

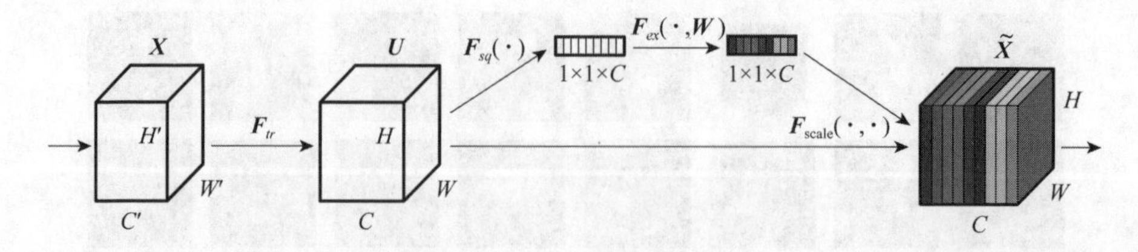

图 5.17　SE 模块结构

征图使用瓶颈层(bottle neck)进行特征交互,先压缩通道数(C'),再重构回原有通道数(C);最后连接 sigmoid,生成通道间 0~1 的注意力权重,最后再将其乘回原输入特征大小。

2. CBAM

Sanghyun Woo 等在 2018 年提出了轻量化的注意力模块(convolutional block attention module,CBAM)。该模块能够提取通道和空间维度上的重要特征,在 ResNet 和 MobileNet 等经典结构上取得了良好的效果。图 5.18 是 CBAM 的通道注意力与空间注意力结构图。这两个模块可以采取并行或者顺序的方式放置,实验表明,顺序排列的结果比并行排列的结果要好。

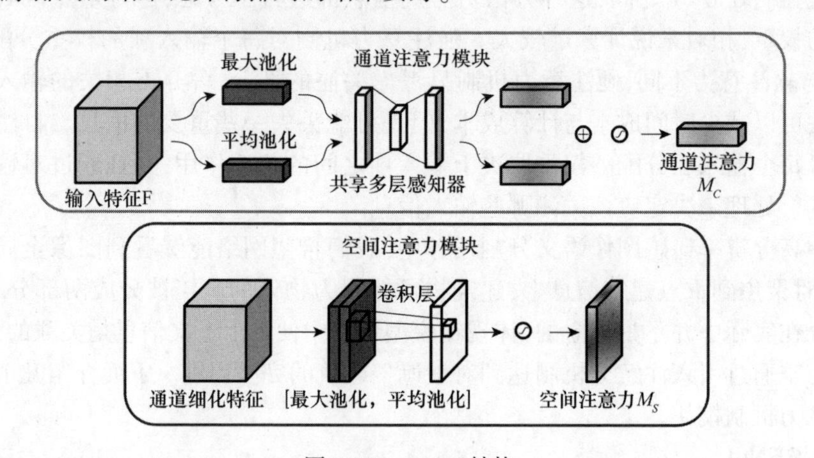

图 5.18　CBAM 结构

如何决定图片中哪块区域更加重要以及怎样对重要的区域分配更多的关注是注意力机制在深度学习中应用的重点,这两部分分别称为位置注意力和通道注意力。位置注意力通过将特征图在通道方向上压缩至一维形成位置权重矩阵;而通道注意力则是将特征图进行宽高维度上的压缩形成通道权重矩阵。

3. DANet

DANet 在 2019 年的 CVPR 被提出,是一种具有自注意力机制的双注意力网络,其模块结构如图 5.19 所示。

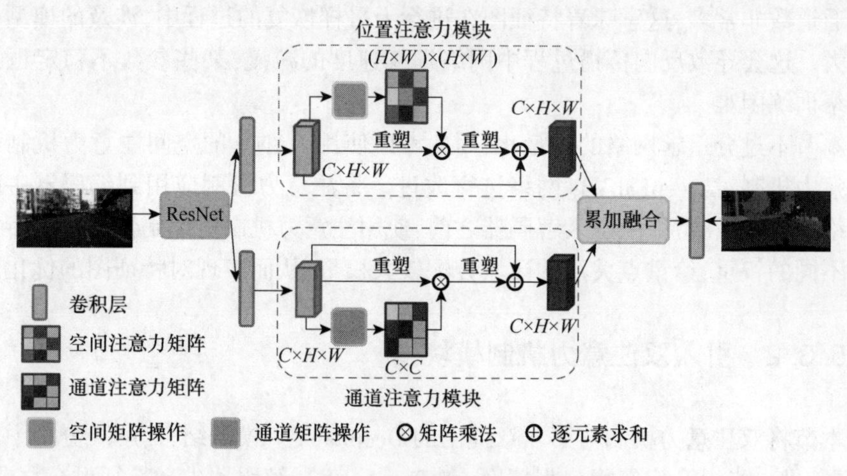

图 5.19 （见彩图）DANet 模块结构

DANet 提出了位置注意力模块 PAM 和通道注意力模块 CAM 增强场景分割中特征的判别能力，在局部特征上建模丰富的上下文相关性，显著地改善了分割结果。在本书中也对 ResNet 的最后几层做了一些改动，加入空洞卷积，将原先 ResNet 下采样倍率从 32 倍降低到 8 倍，也就是 ResNet 最后一层输出的特征图大小为原始输入的 1/8。这样做的好处就是保留了更多的细节信息，毕竟下采样过多倍率以后细节容易丢失。

研究者对 SENet 做出了许多扩展研究，SE 模块中采用全局平均池化来提取通道特征，这可以看作一种一阶的特征提取方法。改进的方案通常采用二阶或高阶的复杂特征提取。而 SE 模块中采用全连接层来生成权重，因此每个通道的权重计算包含了所有通道特征的信息，是一种全局的计算方式。改进的方案通常采用一维卷积操作来进行局部的权重计算，也就是说每个通道的权重计算只与其相邻的部分通道相关。与 SENet 的通道注意力不同，CBAM 的通道注意力模块中，加入了一个并行的最大池化层，相关论文验证这种操作防止池化丢失的信息太多，使网络提取到的高层特征更加全面。

遥感建筑数据集中建筑物的大小各不相同，有面积较大的厂房，也有非常小的住宅，DeepLabV3+通过在 ASPP 模块中引入空洞卷积来增加对多尺度目标的分割能力，但是使用空洞卷积时，过大的空洞率不能做到精确提取存在于图像边缘的建筑目标，并且也无法将大尺度目标内部的特征较好地进行联系，正是这个问题导致了大建筑目标分割地空洞现象。在第 4 章对提出 Shuffle-ASPP 模块后，网络的总体性能得到了提升，但建筑物提取结果中仍存在部分空洞以及边缘分割不准确的现象。

由表 2.2 和表 4.1 可知，改进后的 DeepLabV3+网络在进行特征提取时，特征图的通道数非常多,这意味着特征图在进行上采样恢复的过程中,涉及的模型参数量很大。这会导致反向传播过程中网络训练速度的减慢,某些参数不稳定也会导致网络训练困难。

本节不过分追求网络的轻量化,因此考虑使用 DANet 的空间注意力机制和通道注意力机制对 DeepLabV3+网络进行改进。将注意力机制应用到编码器—解码器网络结构中,在特征图进入解码器之前,使用注意力机制对编码器的输出特征图施加不同的权重,给重点关注的区域分配较大权重,从而实现对特征图的优化。

5.3.2 引入双注意力机制模块

本节将双注意力机制与第 4 章提出的 DeepLabV3+模型结合,解决分割中出现的问题,进一步提升建筑物分割精度,在 DeepLabV3+解码器进行特征融合之前,通过自注意力机制模块来提高特征的判别性,在 DeepLabV3+中加入了 DANet 网络提出的位置注意力和通道注意力机制,进行语义分割网络的改进。

1. 空间注意力模块

空间注意力的目的是找到特种图中哪块区域关键信息最多,使网络训练得到空间权重矩阵,提升特征的判别性。由于卷积神经网络对图像采取了多次下采样操作,特征空间位置的丢失,空间注意力模块可以构建完善的上下文关系,提高语义分割的能力,空间注意力模块结构如图 5.20 所示。

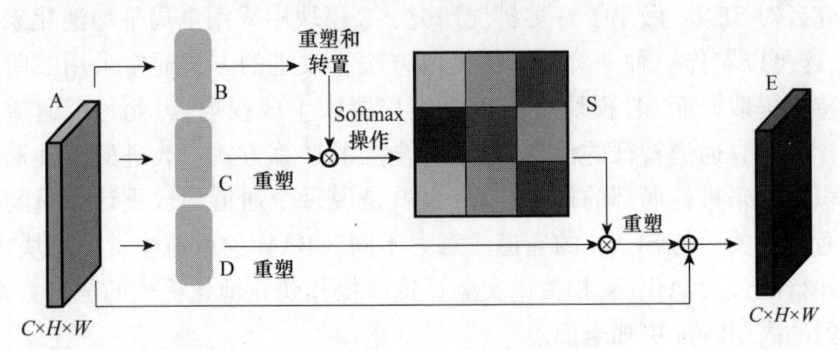

图 5.20 空间注意力模块结构

特征图 A 为经过骨干网络提取后的特征图,大小为 $C \times H \times W$。首先将特征图 A 经过一个卷积操作获得新的特征图 B、特征图 C(特征图 B=特征图 C,大小为 $C \times H \times W$),然后将特征图 B、特征图 C 都重构为 $C \times N$ 大小的特征图,其中 $N = H \times W$。将特征图 B 进行转置后与特征图 C 相乘,获得的结果通过 Softmax 操作,获得大小为 $N \times N$ 的特征图 S。特征图 S 中每行的和为 1,S_{ij} 可理解为 j 位置像素对 i 位置像素的权重,即所有像素 j 对某固定像素 i 的权重和为 1。

同时,将特征图 A 经过另一个卷积操作得到特征图 D(大小为 $C \times H \times W$),同样地,reshape 为 $C\times N$ 的大小。将其与特征图 S 的转置相乘,得到 $C\times N$ 大小的结果图,再将其尺寸重构回 $C\times H\times W$。把结果图乘以系数 α,其中 α 是一个需学习的权重参数,初始值为 0。最后把它与特征图 A 相加,获得融合了位置信息的特征图结果 E。

2. 通道注意力模块

通俗来讲,通道注意力模块的目的是让输入图片更有意义,在语义分割网络中进行特征提取时,网络中不同通道之间的特征图是相互关联的,对这种关联进行研究可以使目标语义信息得到加强。通道注意力模块计算出输入图像中各个通道的权重,即重要性,对包含关键信息的通道施加更多的关注,从而提高特征表示的能力,其结构如图 5.21 所示。

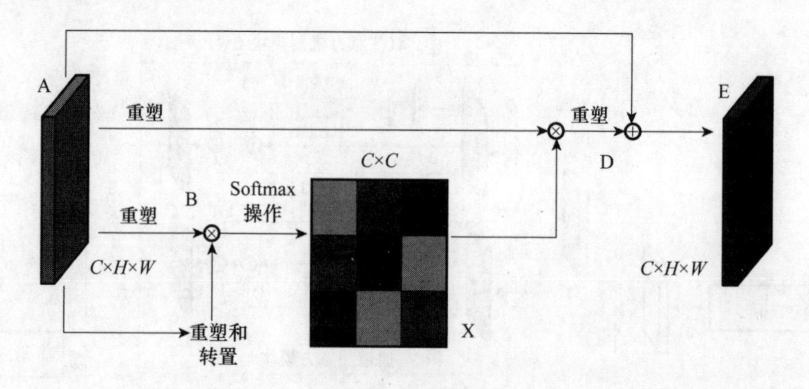

图 5.21　通道注意力模块结构

与 PAM 模块类似,通道注意力模块只是对特征图 A 没有进行卷积操作,而是直接对特征图 A 进行操作。同样地,将特征图 A 重构为 $C\times N$ 大小的特征图,记作特征图 B,接着使特征图 B 乘以本身的转置,然后输入 Softmax 层,输出特征图 X,尺寸是 $C\times C$。把特征图 B 乘特征图 X 的转置,使尺寸重构为 $C\times H\times W$。将输出与参数 β 相乘,其中 β 初始值为 0,得到特征图 D。特征图 A 与特征图 D 叠加得到最后的输出特征图 E。每个特征通道的权重要源于原来所有特征通道,对于不同的任务,便可以学习到不同通道的重要性。

3. 注意力模块与 Shuffle-ASPP 连接方式

注意力机制通常被添加在在语义分割的编码器与解码器之间。对于本节而言,如果将注意力机制添加在编码器 Xception_71 提取特征的阶段,网络性能不会得到太大提升,经过网络层对特征的提取,注意力机制分配的权重会随着网络深度的加深而被削弱。解码器的作用是进行上采样,恢复特征进行预测,若在这个阶段加入注意力机制,注意力机制的作用会受到编码器本身提取的特征表达能力的影响,往往权重的分配受到一定的局限,本节将注意力模块添加到 DeepLabV3+的编码器与解码器之间，与 Shuffle-ASPP 连接共同对特征进行加强，并设计了注意力机制与 Shuffle-ASPP 使用不同连接方式形成的网络结构，来验证双注意力机制在网络中起到的作用。

图 5.22 为双注意力机制模块与 Shuffle-ASPP 并联的结构。在 Xception_71 对图像数据进行特征提取后，将特征图送至两条支路进行处理。一条支路是用第 4 章提出的 Shuffle-ASPP 模块，进行特征图多尺度信息的提取。处理特征图的另一支条支路是采用通道注意力与位置注意力的并行操作，并将两个注意力模块得到的特征图进行叠加融合；将两条支路提取到的特征图进行叠加，使用 1×1 卷积对特征图进行降维操作，随后送入解码器继续图像的上采样解码，最终得出图像分割图。

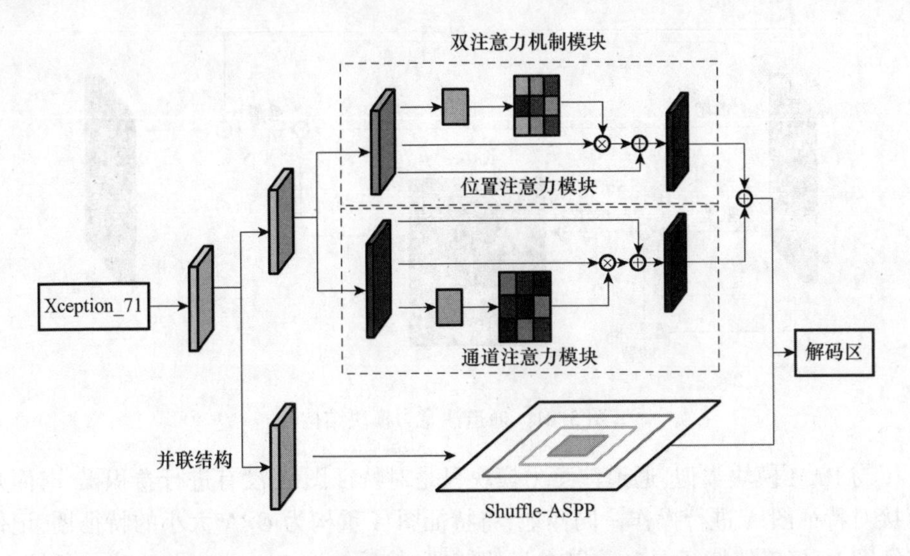

图 5.22　双注意力机制在 DeepLabV3+中的并联结构图

图 5.23 为双注意力机制模块与 Shuffle-ASPP 串联的结构，该结构将经过 Xception_71 提取的特征图首先输入到双注意力机制模块中进行特征图空间与通道注意力的加强，双注意力机制模块采用类似 CBAM 模块的形式，先进行通道注意力加强再进行空间注意力加强，然后将处理后的特征图输入 Shuffle-ASPP 模块中进行尺度特征的提取，最后采用与原结构相同的特征图解码操作。

引入注意力机制的 DeepLabV3+网络，通过使用空间注意力模块与通道注意力模块提取特征图中的低级特征与高级特征，得到丰富的上下文信息，通过注意力模块与 Shuffle-ASPP 共同加强特征表达能力，获得更为精准的特征图，具体结果将在 5.3.3 节通过实验验证。

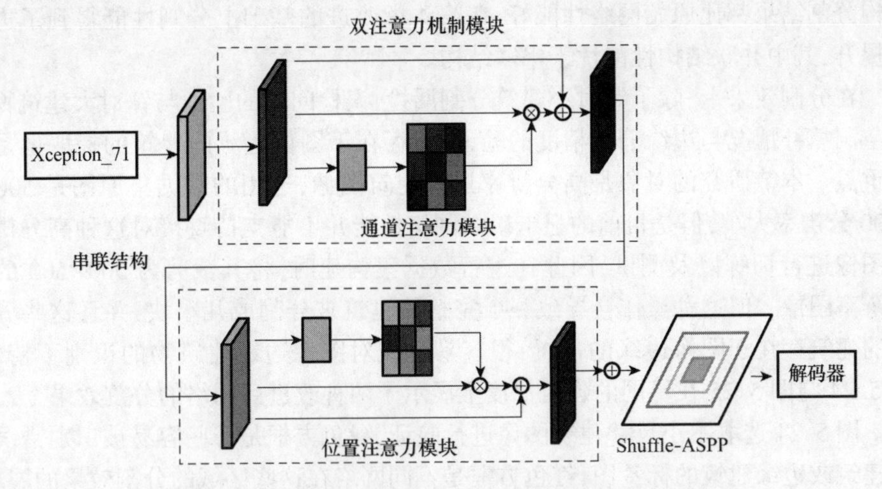

图 5.23　双注意力机制在 DeepLabV3+中的串联结构图

5.3.3 训练与结果分析

为验证在改进 DeepLabV3+结构中引入双注意力机制模块的有效性,5.3.2 节中设计了两种不同的注意力模块与 Shuffle-ASPP(以下简称 SASPP)的连接结构,本节对这两种结构进行验证对比,实验结果如表 5.7 所列。

表 5.7　引入注意力机制模块实验结果对比

模型名称	评价指标/%	
	mIoU	PA
并联结构网络	84.67	93.46
串联结构网络	84.23	92.75
新编码结构+SASPP+DeepLabV3+	83.26	92.12
DeepLabV3+	81.14	89.60
DANet	80.68	88.73

从结果可以看出,在第 4 章改进的基础上引入注意力机制,无论注意力机制与 Shuffle-ASPP 结构采取哪种连接结构,加入注意力机制之后的网络相较于第 4 章改进的 DeepLabV3+,在语义分割性能指标上均得到了提升。在串联结构中,模型在数据测试集中的识别结果 mIoU 比原始网络高出 3.09%,识别精度 PA 比 DeepLabV3+原始网络高出 3.15%,模型的精准率得到了提升;在并联结构中,mIoU 达到 84.67%,比原始网络高出 3.35%,比串联结构高出 0.44%,PA 值相较于原始网络高出 3.86%,比串联结构高出 0.71%,语义分割结果更为精准。结果显示两种

结构分割结果都比原始网络性能好,在第 4 章改进的基础上分割性能得到了进一步提升,其中并联结构性能优于串联结构。

在分割效果上,除了针对小建筑分割漏检,误检问题的验证与针对大建筑物内部空洞填补情况与边缘分割精度的验证,对存在于图像边缘的建筑的提取也是一大重点。本节研究的对象是高分辨率遥感建筑图像,选用的数据集原图是 5000×5000 分辨率大小,但是目前的显卡以及网络性能并不能支持直接对这种高分辨率的图像进行训练以及测试,因此在进行数据集构建时,将其裁剪为 500×500 的小分辨率图像。但这种操作会导致一个完整的建筑被分割成几小块,并且这些分割后的建筑存在于图像边缘的位置,很容易造成对图像边缘建筑物的识别不精确。图 5.24 与图 5.25 在不同的建筑尺度上展示了两种改进后网络的分割效果。

图 5.24 选取了小尺寸建筑图像进行验证,绿色方框是一些容易被识别错误的小建筑或边缘建筑的标签图,红色方框是不同网络在这些区域的分割效果的展现。网络的分割效果主要体现在以下几方面。

(1)对于被树木、阴影遮挡的小建筑而言,加入注意力机制的算法能够有效地减少识别错误现象的出现。小建筑的识别更为精准,对于类似小建筑的汽车等物体,网络错误检测的情况得到改善。

(2)由于边缘建筑被分割导致建筑的整体性特征被破坏,DeepLabV3+模型无法准确地对边缘的建筑物进行提取,网络很容易对这一部分漏检,但在串联、并联结构中,这种现象得到了明显的改善,很小的边缘建筑能够被检测出来,边缘建筑检测的效果得到提升。

(3)DeepLabV3+在对模型形状不规则的建筑物进行识别时无法提取完整的建筑物信息,加入注意力机制的网络能够较为准确地将这些建筑进行识别,建筑物的边缘信息更加清晰。

分析可知,本章加入了双注意力模块的改进 DeepLabV3+网络,可以加强建筑与背景直接的区别,即不同像素之间的类间特征,从而使边缘的建筑特征得到加强,得到更精准的识别,同时注意力模块也加强了图像相同目标之间的特征,从而使建筑的边缘识别更加精准。图 5.24 中两种结构的提取效果均在第 4 章对网络结构改进的基础上得到了进一步的提升,弥补了网络的缺陷。

图 5.25 展示了原始网络与改进后网络在大尺寸建筑目标上分割的效果。可以很明显地看出大尺寸建筑物因为顶部存在阴影在 DeepLabV3+原始网络中无法得到完整的提取,尽管第 4 章进行改进的网络结构在这方面有了进步,但加入注意力机制的网络能够更完整地模拟出整个大建筑的语义信息。另外,大建筑物较为细节的边缘特征也得到了提升,很多拐角、边缘突出的部分在并联结构中提取得更加精细。

分析可知,卷积神经网络在通过卷积操作进行图像特征提取的过程中,卷积实

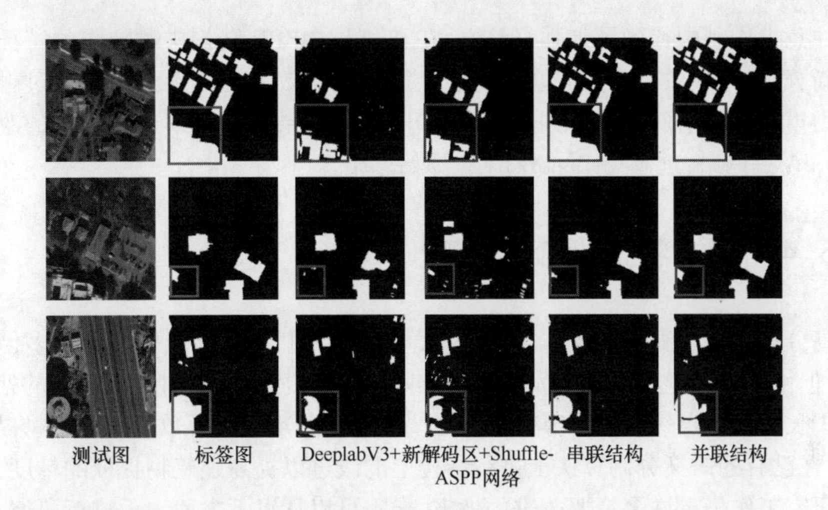

图 5.24 （见彩图）提出的两种结构与 DeepLabV3+原模型在边缘目标分割中的效果

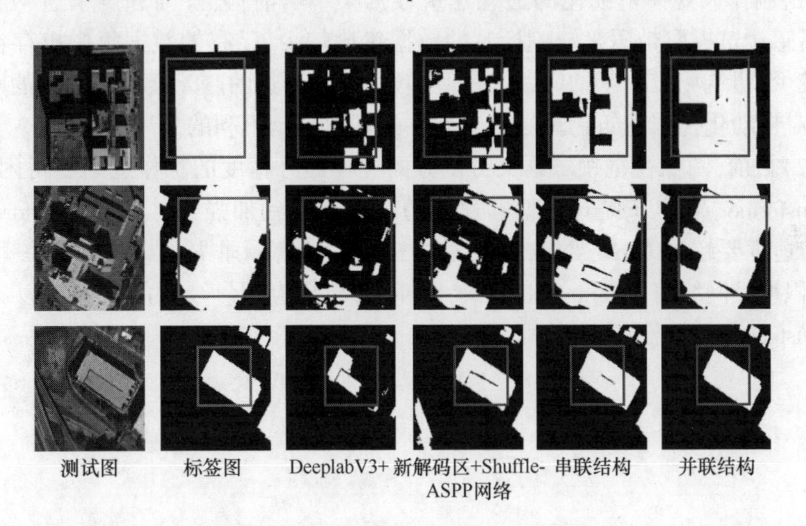

图 5.25 （见彩图）本节所提出的两种网络与原始网络对遥感影响大尺度房屋识别结果

际上是对图像局部区域进行的提取，针对筑物的语义分割任务是对每个像素类别进行分类，大建筑因为顶部存在阴影，局部特征无法体现整体特征，在分类时便造成内部存在空洞，分割不连贯的现象，即大尺度建筑的类内不一致，即使将局部特征进行组合也不能很好地还原全图面貌。Shuffel-ASPP 与双注意力机制的结合，使网络在增大感受野的同时利用不同通道之间的类内关联性使得目标建筑类内一致，进而捕获到图像不同区域特征的依赖关系，能够将两部分区域之间的特征信息连贯起来从而弥补建筑物分割内部存在的空洞。

图 5.25 中显示，并联结构要好于串联结构，这可能是因为串联结构中，特征图

在双注意力机制中得到了加强,但随后在 Shuffle-ASPP 结构中对加强的特征进行了重新分布,导致效果不如并联结构。上述可视化效果均体现了本节通过融入双注意力模块使网络的性能得到进一步提升,分割效果都好于第 4 章提出的改进后 DeepLabV3+网络,远超与 DeepLabV3+原始网络。

5.4 建筑物提取技术展望

高分辨率遥感影像包含丰富的信息,尽管学者们在该领域做出了许多创新性研究,但由于遥感卫星的迅速发展以及实际情况的复杂性,针对遥感图像的处理将是一个长期的热点领域。本节的工作是要针对高分辨率遥感数据集建筑物提取的特点,在已有的语义分割算法上进行结构上的改进以提高建筑物提取的精度,但本节的研究工作仍有许多需要改进的地方,未来可以从以下方面入手进行研究。

(1)制作大规模精细化的遥感建筑数据集。当前,公开高分辨率遥感数据中针对遥感建筑提取带语义分割标签的数据集比较少,已有的数据集中也存在样本数量较少,建筑场景单一的问题。实际应用中,数据集的匮乏会导致较差的网络泛化性,对自动化提取建筑物算法或者软件的开发都是不利的。

(2)目前,图像视觉领域语义分割方向纯粹提升精度的工作逐渐变得困难,使用 Transformer 架构来提升模型的速度精度不断得到加强与扩展。Transformer 的精度与速度要超过 CNN 架构,但其需要进行的计算量非常大。在未来一段时间里,卷积神经网络将和 Transformer 取长补短,结合应用。今后的研究可以尝试结合 Transformer,提出更先进的算法。

第6章
遥感图像土地提取技术

6.1 基于混合注意力和多尺度融合的土地提取方法

高分辨率遥感图像中土地的大小往往存在很大差别,大块土地的检测在神经网络层低分辨率预测效果较好,因为深层特征具有全局的感受野;小块土地在浅层高分辨率的预测效果较好,因为一些细节比如边缘在大尺寸图片中更加清晰。实验表明 DeepLabV3+进行图像分割时,特征提取网络忽略了不同深度的特征图中特征重要程度不同的问题,丢失了大量的细节信息,致使分割效果不佳。加强语义信息特征与空间信息特征的增强与融合适合做复杂任务的语义分割,本章从多尺度融合与加强信息表达能力的方向入手来弥补土地提取时存在孔洞、识别不精确的问题。

6.1.1 跃层特征融合的解码器设计

DeepLabV3+解码器如图 6.1(a)所示,将使用 ASPP 提取后的特征图进行 4 倍上采样与浅层特征进行融合,再使用一个 4 倍上采样结构完成特征图大小的还原。

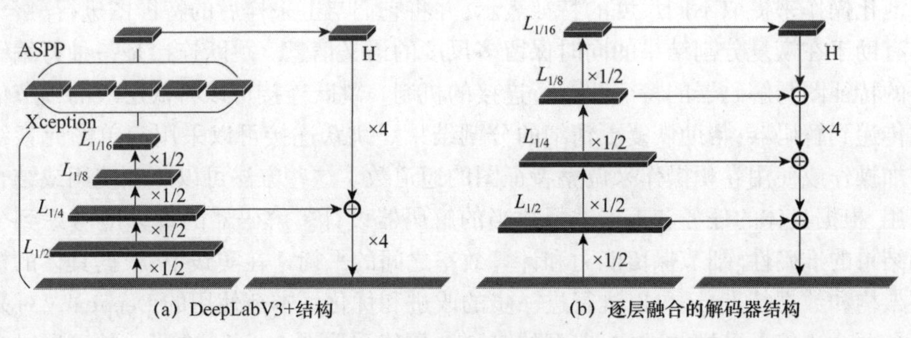

图 6.1 两种解码器结构

目前，主流的编解码器框架利用级联的卷积层对图像进行特征提取，其利用高级解码器的特征无法较好地突出目标对象的细节，而利用低级编码器特征无法抑制复杂背景。针对上述问题，许多研究者尝试使用跳跃拼接以更充分地利用编码与解码特征。然而，编码器中的浅层纹理特征含有大量噪声，该直接拼接特征的方法易造成噪声传播至解码器中，严重影响土地提取性能。综上所述，为了解决高分辨率影像中土地尺度变化较大，多尺度信息利用效率不足，且基于常规的卷积神经网络难以过滤冗余特征的问题，设计一种跃层特征融合网络。下采样部分采用 ResNet-101 网络作为骨干网络来进行遥感图像中土地信息的提取，保证具有良好的特征提取性能且不易梯度爆炸或梯度消失。在上采样和下采样之间加入跃层特征融合模块，其能够更加有效聚合不同层次的多尺度信息，更进一步对多尺度特征融合，并加强语义信息的表达。ResNet-101 在进行特征提取时，共有四次下采样过程，对应的输出分别为原始图像的 1/2、1/4、1/8、1/16，在图 6.1 中用 $L_{1/2}$、$L_{1/4}$、$L_{1/8}$、$L_{1/16}$ 表示。

语义分割网络是端到端的网络，除了对数据进行编码，将图像恢复到原始尺寸的解码器结构也直接影响了网络的分割精度。编码器结构的研究一直是语义分割网络改进的热点，特征提取网络提取的低层的特征语义信息比较少，但目标位置准确；高层的特征语义信息比较丰富，但是目标位置比较粗略。

语义分割解码器的设计在语义分割网络中起着重要的作用，它负责将低分辨率的特征图通过上采样操作恢复为与输入图像相同大小的分割结果。反卷积是一种常用的上采样操作，它通过卷积操作实现特征图的放大效果。反卷积层通常使用步长（stride）小于 1 的卷积核，以增加特征图的尺寸。反卷积操作可以将低分辨率的特征图放大到与输入图像相同大小，从而得到分割结果。在双线性上采样是一种简单而常用的上采样方法。它通过对特征图的每个像素进行插值来放大特征图。双线性上采样能够保持图像的平滑性，但对于复杂的纹理和边界细节可能不够精确。金字塔池化是一种多尺度特征融合的方法。在解码器中，可以使用金字塔池化操作来提取不同尺度的特征表示，并将它们与上采样后的特征图进行融合。这有助于在恢复分割结果的同时保留多尺度的语义信息。跳跃连接是一种将编码器的特征图与解码器的特征图进行连接的机制。跳跃连接可以将低层级的细节信息传递到解码器，帮助恢复更精细的分割结果。跳跃连接可以采用简单的元素级相加操作或使用卷积操作来调整特征图的通道数。这些方法可以单独使用或结合使用，根据具体的任务和需求选择适当的解码器设计。解码器的设计应考虑到分割结果的准确性、细节保留能力和计算效率之间的平衡。在实践中，根据具体的模型架构和数据特点，还可以进行进一步的改进和优化。本节使用的 DeepLabV3+采取了两个 4 倍上采样的结构；典型的 U-Net 网络采取图 6.1(b) 中所示的逐层融合的方式，将不同深度的特征图进行融合来提高语义分割的精度。

前文中已经验证,DeepLabV3+网络自身的结构可以完成土地提取的任务,且精度相比其他经典网络要高。这种方法仅加入了 $L_{1/4}$ 大小的特征图,进行融合的浅层特征有限。对于卷积神经网络的第一层而言,卷积核相当于一个边缘检测器,这表示浅层的特征可以很好地表示土地的边缘信息,有利于保证分割结果中土地的边缘完整性。网络浅层的卷积层对输入图片进行特征提取后,图像的细节信息丰富,但是图像的上下文信息少,此时图像中的像素单元只是对图像局部信息的特征提取。图像经过深层的卷积层作用之后,像素单元能看到的原图像的范围要更大,但细节信息缺失。对于高分辨率遥感图像土地的提取,浅层特征图带来的土地的空间位置信息与深层特征图带来的土地上下文联系都是是非常关键的。

本节综合考虑 DeepLabV3+网络的原始解码器结构与功能要求,更好地融合浅层特征与深层特征,利用跨层特征将其他不同深度的浅层特征融合,优化解码器的结构。本节设计了一种多尺度融合的解码器网络结构用于土地提取,提高网络对遥感图像语义分割的精度,以及网络在大尺度土地上的提取效果,具体结构如图 6.2 所示。

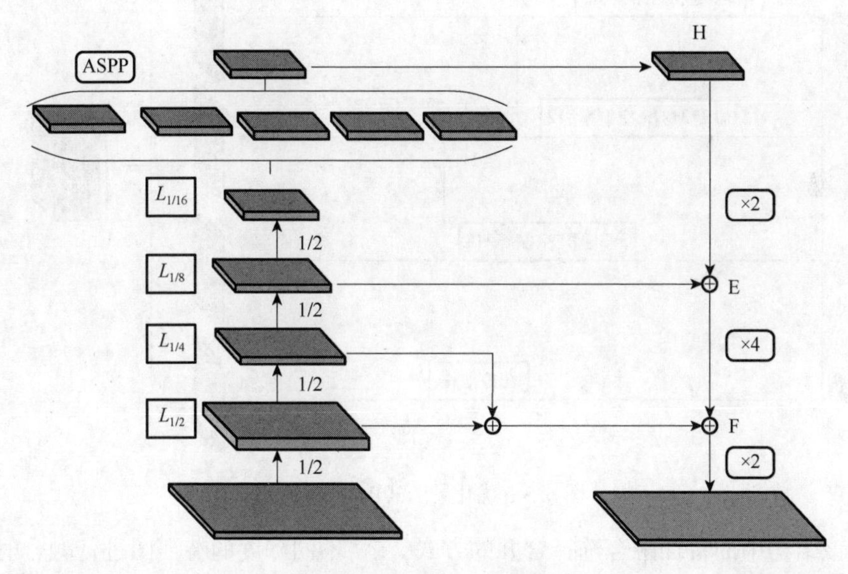

图 6.2 优化后的网络结构

优化后的网络结构以 DeepLabV3+解码器的原始网络结构为基础,将 $L_{1/8}$、$L_{1/2}$ 的特征图都进行降维再融合。新的解码器结构没有采取类似 U-Net 网络中逐层融合的方式,而是通过不同的连接方式改变不同特征图的通道权重来适应本节的土地提取任务,并在上采样时细化上采样操作。该结构具体介绍如下:将原始图像输入骨干网络进行特征提取,经过四次下采样后得到 $L_{1/16}$ 特征图,经 ASPP 处理后得到深度特征图 H,2 倍上采样后与 $L_{1/8}$ 大小的特征图进行特征融合得到特征图

E,再经过一个 4 倍上采样后与 ResNet-101 得到的 $L_{1/4}$ 大小特征图上采样后与 $L_{1/2}$ 大小特征图融合得到特征图 F,最后经过一个 2 倍上采样恢复到原始图像大小。

在编码器中,ASPP 模块通过不同空洞率的空洞卷积,对具有高层次语义信息的特征图进行多尺度特征提取。为了使网络能够更好地对特征进行提取,需增强算法提取特征的能力。

在本节中,采用“优化的 ASPP 模块”结构,如图 6.3 所示。在原 DeepLabV3+网络结构的基础上,将 ASPP 中带有三个不同空洞率卷积核的并行分支连接方式,用一种多分支级联的方式,进行特征提取。将特征提取网络的输出和空洞率较小的卷积核分支进行连接,再和空洞率较大的卷积核进行连接。

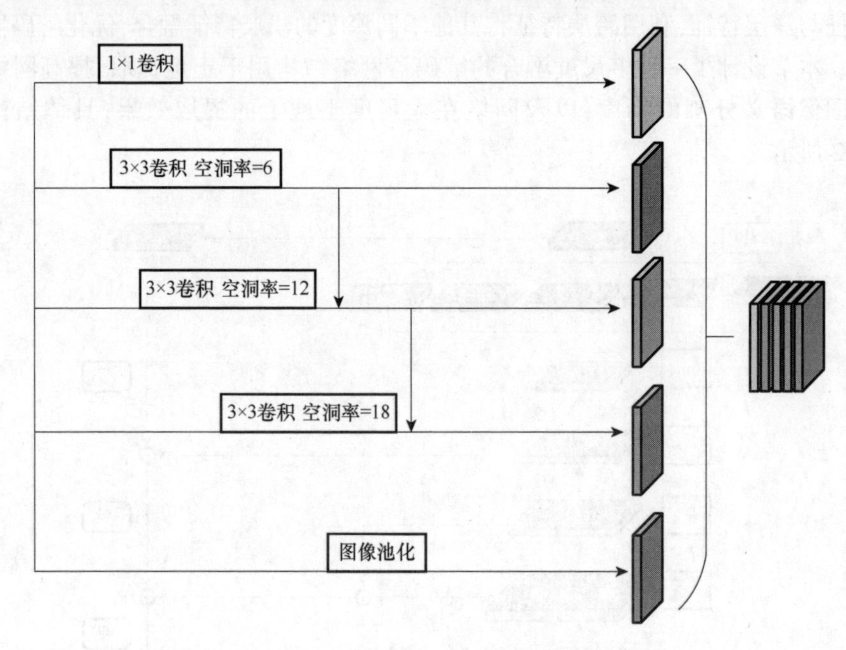

图 6.3 优化的 ASPP 模块结构

该结构中的特征融合选择合并的方式,在将不同深度的特征图进行融合时,首先将尺寸较小的深层特征图进行双线性插值上采样后恢复到浅层特征图的尺寸大小,再连接一个 1×1 的卷积核改变该特征图的通道数。通道数的改变即深层特征与浅层特征权重比例的变化,倘若不进行这步操作,浅层特征将会在之后的提取中权重变大,这将降低网络对深度特征图的分析,影响土地物提取的准确率。本节参照 DeepLabV3+中原有的比例,深层特征图的通道数为 256,利用 1×1 卷积将浅层特征图的通道数由 256 降为 48,二者的权重比例为 16∶3。

6.1.2 混合注意力机制模块

为了捕捉长距离的依赖关系,Encoder-Decoder、跳跃链接等出现,SPP、ASPP、ScasNet 等融合了多尺度的特征以补充全局上下文信息。但这些方法仅仅通过堆叠卷积层并不能在全局范围内获得足够密集的上下文信息,为了获得全局视野下像素之间的密集依赖关系,Non-local 神经网络通过引入自注意力机制,建立了每个位置与全局其他像素的联系,并通过加权和的方式生成注意力图对特征进行了重建。DANet 通过并行的方式,同时引入了空间注意力模块和通道注意力模块来丰富特征的表示。除此之外,许多其他研究也验证了引入自注意力机制对补充全局上下文信息有明显的帮助,比如 CCNe、EMA、Interlace Sparse 等。由于语义分割是一种精细化的分类,需要对逐个像素做出预测,因此要求分割网络有足够广的视野以获取全局语义,对此,基于注意力机制的方法已经被证实是一种有效的方式。然而,当面对遥感图像更为复杂的光谱信息时,使用注意力机制来建立像素对之间的语义关系效果仍然面临挑战。基于上述优秀的注意力方法的启发,本章改进了混合注意力模块,在空间注意力模块和通道注意力模块之外,添加了类别注意力模块,并将多个注意力模块并行地引入分割网络中,从多个角度获取注意力图,补充了注意力的视角,以获取更丰富的全局上下文信息。

如图 6.4 所示,来自骨干网络的输出特征混合注意力模块主要由空间注意力模块、通道注意力模块和类别注意力模块三部分组成。其中,空间注意力模块和通道注意力模块设置,沿用了 DANet 中位置注意力和通道注意力的计算方式。如图 6.5 和图 6.6 所示,这两幅图分别描述了经过骨干网络输出的特征图 $S(C\times H\times W)$ 分别通过空间注意力模块、通道注意力模块获得调整了权重的特征图 S_{pa} 和 S_{ca},其中 H、W、C 分别代表特征 S 的长度维度、高度维度和通道数。

在空间注意力模块中:特征 S 首先经过 3×3 大小的卷积层获得降维的特征以降低计算消耗;然后转换为两个大小为 $C_0\times HW$、$HW\times C_0$ 的特征向量。将这两个特征向量进行逐元素的乘积运算和 Softmax 操作,便可得到空间维度的注意力分布 A_{pa},将其与输入特征 $\boldsymbol{S}$ 矩阵相乘得到该分支输出特征 S_{pa},同样地,在输出时设置了参数 α 来辅助网络学习 S_{pa} 在特征融合中的参与度。参数 α 初始设置为 0,将会在网络训练反向传播的过程中自适应地调整大小。特别地,网络去掉 DANet 在注意力模块中的长距离跳跃连接,避免在并行的三个分支中多次引入原始输入信号。

通道注意力同样采用点积注意力的形式对通道维度之间的关系进行建模。第一步,特征 S 在输入后被重塑为 $\mathbf{Z}(C\times HW)$;第二步,矩阵 $\mathbf{Z}$ 与 $\mathbf{Z}$ 的转置矩阵 $\mathbf{Z}^{\mathrm{T}}$ 相乘,再通过 Softmax 层得到 $C\times C$ 大小的通道注意力图 A_{ca},注意力图上的每个点 A_{ij} 都代表通道 i 对通道 j 的影响;第三步,注意力图与特征图 Z 加权相乘并通过矩阵

变换得到输出特征 S_{ca}。同样,在输出时设置参数 β 用于调节通道注意力在混合注意力模块中的参与度,β 初始化为 0,并随着网络反向传播自适应调节。

空间注意力图充分利用类内信息的紧密依赖性和语义的一致性,具有全局的语境信息。空间注意力模块的引入,将更广泛距离内的上下文信息编码至特征信息中,提高了特征的表现能力。网络深层的特征中,密集的通道与类别之间有着特殊的关联。通过对通道间关系的模拟,通道注意力分布可以提升对特定语义的理解与感知。空间注意力和通道注意力都用了点积注意力对通道、空间的信息进行利用,但这两类注意力都忽略了类别信息对语义分割的重要性(图 6.4)。而类别特征中包含了区分不同类别最具鉴别性的语义信息,缺乏对类别特征的挖掘会直接导致分割网络的分类能力降低。同时,空间注意力和通道注意力都是通过反向传播学习,没有充分利用类别先验知识进行学习,使得上下文信息在获取过程中。对某一像素来说,不同类别的像素权重贡献相同,导致网络学习特征混乱。因此,在混合注意力模块中,本章还设计融入了类别注意力模块,通过在网络中间层输出粗略预测图并基于预测图包含的丰富类别特征信息提取出相应的注意力表征。

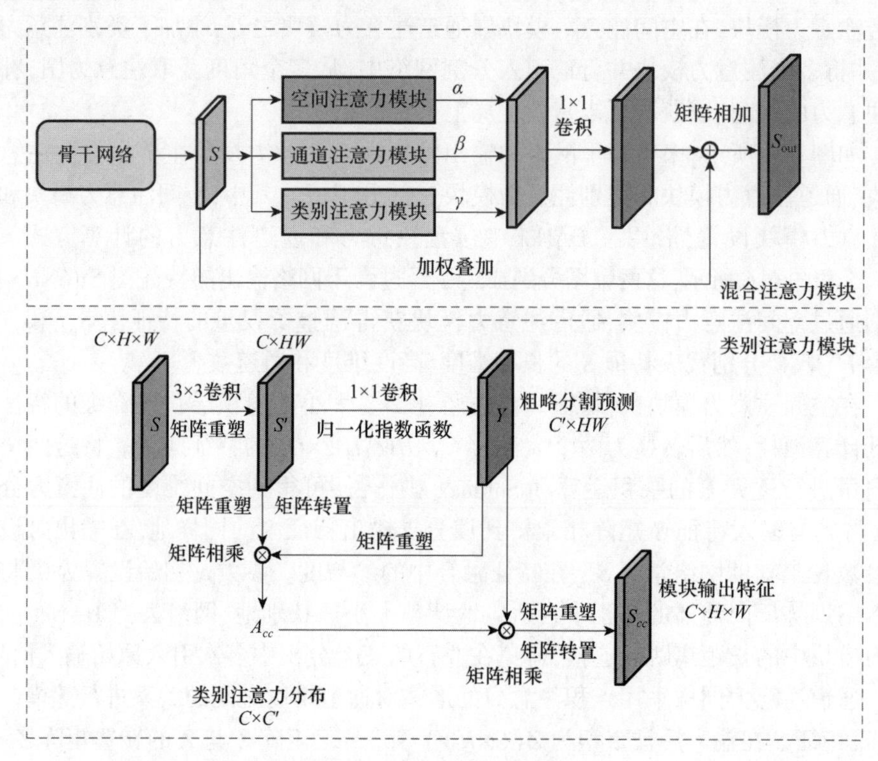

图 6.4　注意力机制示意图

在图 6.4 下方，第三个分支展示了特征进入类别注意力模块的过程。首先，经过编码器提取的特征 S 通过 3×3 大小的卷积层并变形为 $S'(C \times HW)$；然后，经过 1×1 的卷积层和 Softmax 函数得到一个粗略的预测结果 $Y(C' \times HW)$，C' 代表总类别数。Y 由 C' 张概率图组成，每张概率图上的每个像素的值都代表该位置的像素被划分为某一类别的置信水平。Y 通过与特征 s' 的转置矩阵做矩阵相乘运算，再通过 Softmax 函数得到类别注意力图 $\boldsymbol{A}_{cc}$，可表示如下：

$$\boldsymbol{A}_{cc} = \text{Softmax}(\boldsymbol{Y}_0 \boldsymbol{S}'^{\text{T}}) \tag{6.1}$$

通过概率向量的内积计算，可以求得两个向量的相似度。因此，将每个类别和输入图像的每个通道进行内积计算，得到的相似矩阵 $\boldsymbol{A}_{CC}(C \times C')$ 挖掘到了类别和通道之间的依赖关系。将粗略分割图和类别—通道矩阵做逐元素的乘积运算后进行转置与变形，得到类别注意力模块的输出特征 $S_{\text{CC}}(C \times H \times W)$，计算公式如下：

$$S_{CC} = \text{trans}(\boldsymbol{Y}_0^{\text{T}} \boldsymbol{A}_{CC}^{\text{T}}) \tag{6.2}$$

对于具有复杂光谱信息的遥感图像来说，类别信息往往与输入数据中不同的通道光谱信息有着直接的关联。但随着网络的不断加深，通过复杂的特征提取过程，输入数据中包含的类别信息被丢失或模糊，导致网络的分类能力受损。Ding 等和 Niu 等都搭建了类似的类别注意力模块，选择从网络中间层输出粗略分割预测图，将粗略分割图上每个类别之间的像素关系作为先验知识，学习像素同类别的语义约束关系。在这种类别特征的监督下，网络对同类别像素之间的依赖性进行强调，使类别得到了更好的表达。通过将类别与通道之间建立依赖关系，网络对物体类别信息会更加敏感，可以有效提取更具鉴别性的特征。

空间注意力如图 6.5 所示，通道注意力如图 6.6 所示。

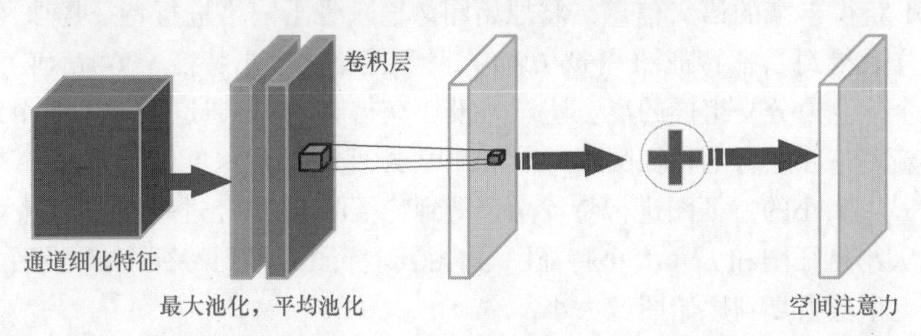

图 6.5　空间注意力

类别注意力机制的计算也是一种非局部的注意力模块，与空间注意力、通道注意力 $O(HW \times HW)$ 的计算复杂度相比，该模块在计算注意力图时使用粗略分割图与特征 S 的变形矩阵相乘得到，计算复杂度为 $O(HW \times C' \times C' \times D)$，其中 C'、C、D 均为常数，因此计算复杂度仅为 $O(HW)$，对计算内存占用少，是一种效率较高的

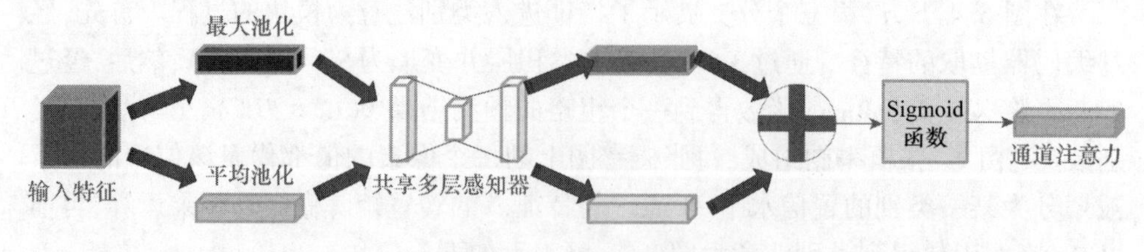

图 6.6　通道注意力

轻量化的注意力模块。空间注意力对空间维度依赖性进行建模,通道注意力学习不同通道特征之间的表征关系,而类别注意力则通过调整类别信息的表达使网络的分类能力增强,三个分支并联将不同注意力模块提取的特征最终交汇融合在一起,从不同的角度丰富上下文信息。通过设置参数 α、β、γ,网络会在训练中自适应地调整不同注意力模块在特征表现中的参与度, 在特征融合时我们使用了叠加拼接融合(concat)而不是逐像素加和(sum),尽管叠加拼接融合相对于逐像素加和来说所需要的内存会略大,但数据维度的增加可以保留更多信息,具体的对比实验将在后续章节中详细介绍。同时,如式 (6.3)所示,原本由骨干网络输出的特征 S 信息也通过长距离的跳跃连接融合到输出特征 S_{out} 中。最终通过混合注意力模块的输出特征进入下一阶段 ASPP 中:

$$S_{\text{out\_concat}} = f(\text{Concat}(\alpha \times S_{\text{pa}} \times S_{\text{ca}}, \gamma \times S_{\text{cc}})) + S \tag{6.3}$$

6.1.3　总体流程框架图

总体网络结构如图 6.7 所示,首先将原图输入编码器中,经过骨干网络 ResNet-101 获得丰富的语义信息。将原始图像输入骨干网络进行特征提取,经过四次下采样后得到 $L_{1/16}$ 特征图 $S(C\times H\times W)$,骨干网络的输出特征 $S(C\times H\times W)$ 输入并行的三个注意力分支组成的混合注意力模块获得在空间、通道和类别三个维度对权重重新调整并融合的特征图 S_{out},经 ASPP 处理后得到深度特征图 H,2 倍上采样后与 $L_{1/8}$ 大小的特征图进行特征融合得到特征图 E,再经过一个 4 倍上采样后,与 $L_{1/4}$ 大小特征图和 $L_{1/2}$ 大小特征图融合得到特征图得到特征图 F,最后经过一个 2 倍上采样恢复到原始图像大小。

6.1.4　实验结果分析

1. 对比实验

为了验证提出的基于 SegNet 的改进网络 E-SegNet 性能,将其与其他先进的语义分割模型进行比较,包括 SegNet、U-Net、DeepLabV3、PSPNet、TernausNet。网

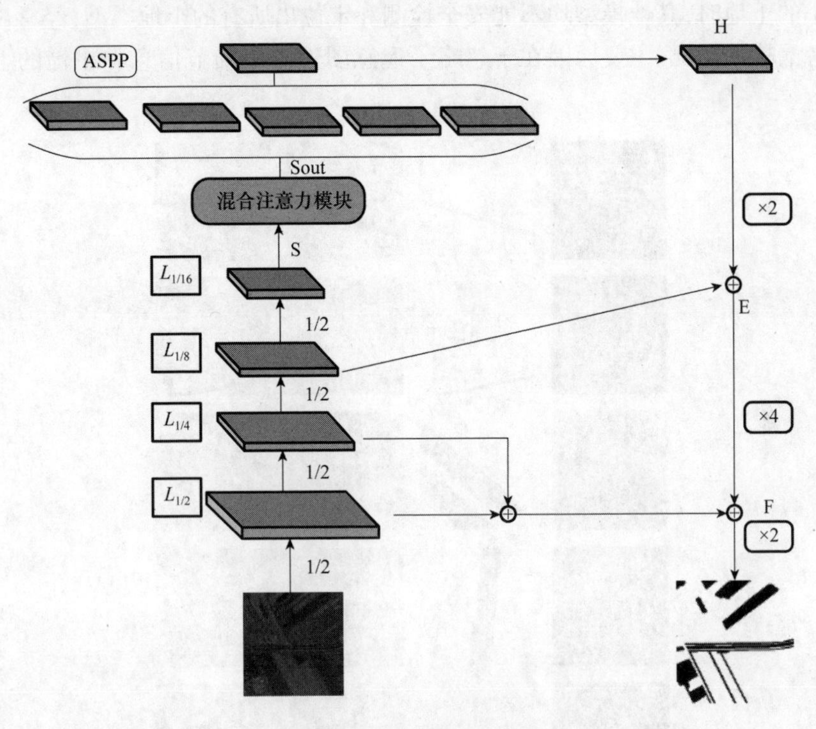

图 6.7　总体网络结构图

络皆从零开始训练并且在相同的实验环境中进行。

表 6.1 中显示了各个模型在数据集上的评价指标。可以看出,所提出的算法和其他先进语义分割模型都取得了不错的效果,由此可知在遥感图像中提取土地类型,深度学习算法相比传统方法有着显著的优势。

表 6.1　经典网络分割结果实验数据　　单位:%

模型	Pa	IoU	Re
SegNet	92.31	64.61	67.52
U-Net	93.46	63.34	68.35
DeepLabV3	92.57	62.24	68.29
PSPNet	94.41	64.15	68.71
TernausNet	93.64	64.23	68.62
E-SegNet	95.10	65.13	68.91

为了更直观地感受模型改进对分割性能带来的影响,本节对各个模型语义分割的预测图做了可视化分析。图 6.8 所示是各模型在遥感土地数据集上的可视化比较图,可以看出所提出的算法在可视化图中具有较好的表现。在面对密集的尺

寸较小的土地时,其他模型均不能安全检测和定位出所有的土地类型,经常出现误检或者漏检的情况,主要原因在于忽略了遥感图像中的细节信息和粗糙的上采样过程。

图 6.8 各模型分割结果

2. 消融实验

为了验证所提出的网络结构的有效性,在数据集上进行消融实验,验证组件包括混合注意力模块、ASPP 及跃层连接模块(表 6.2)。

通过消融实验可以看出,混合注意力机制、ASPP 及跃层连接模块共同作用时的网络结构分割结果更好。混合注意力机制可以从不同的维度对上下文信息进行捕获,互为补充,在共同作用时网络分割性能达到最佳;ASPP 模块通过不同空洞率的空洞卷积,对具有高层次语义信息的特征图进行多尺度特征提取,使网络能够更好地对特征进行提取,增强算法提取特征的能力。而跃层连接模块可以跨层特征将其他不同深度的浅层特征融合,优化解码器的结构。使分割结果更加优异(图 6.9)。

表 6.2　各网络结构所含模块示意表　　　　单位:%

实验组号	骨干网络	混合注意力模块	ASPP	跃层连接模块	Pa	IoU	Re
1	√				92.18	63.41	68.16
2	√	√			93.49	63.67	68.34
3	√	√	√		94.36	64.35	68.43
4	√	√	√	√	95.21	65.11	68.91
5	√	√		√	93.52	64.13	68.62
6	√		√	√	94.33	63.91	68.39

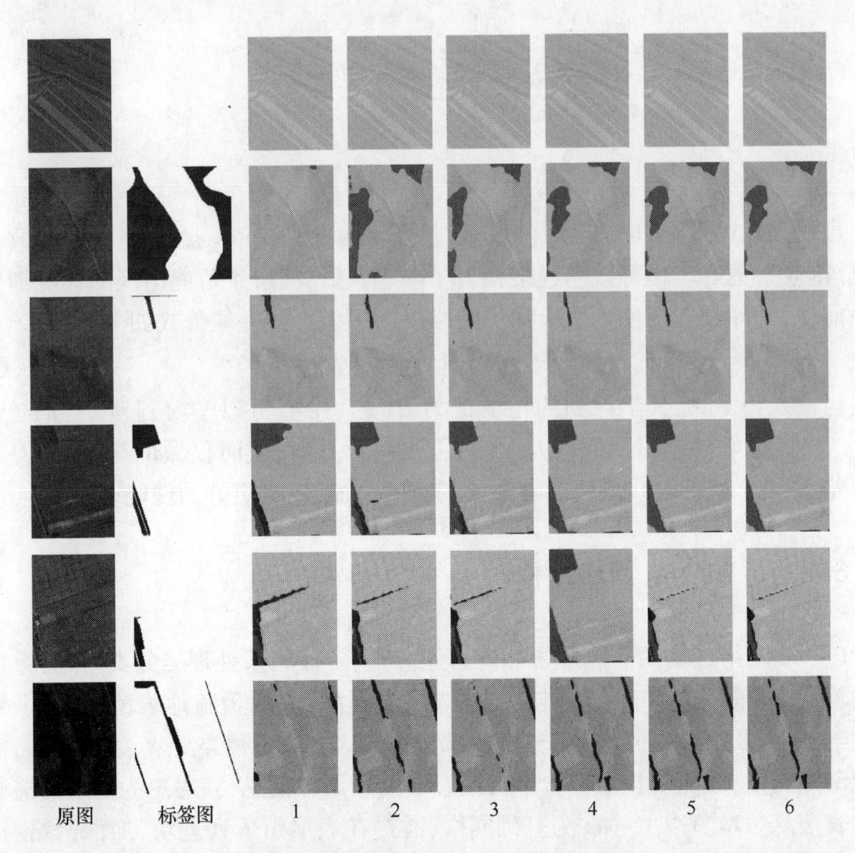

图 6.9　消融实验所产生的预测结果

6.2 基于 DCAUNet 神经网络土地提取方法

卷积神经网络越深,提取到的特征越丰富,包含的语义信息越多。但随着网络层数的增加,出现了“模型退化”现象。ResNet 的提出,将网络模块化,又在结构中加入了残差操作,大大加深了网络的深度。残差块结构如图 6.10 所示。

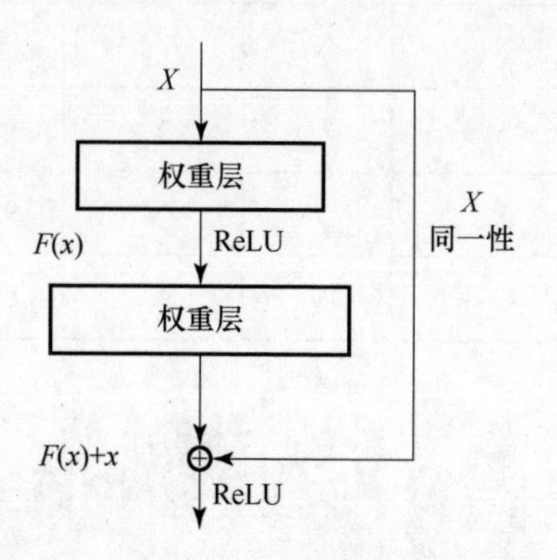

图 6.10 残差块结构

虽然 ResNet 比 VGG 更深,但是残差模块的存在,使 ResNet 网络的参数量更少,分割效果更好。恒等残差连接相当于同等映射,缓解了可能出现的梯度消失以及性能退化等问题,也使训练极深的网络成为可能。残差块公式如下:

$$y = F(X, \{W_i\}) + W_s x \tag{6.4}$$

当输入为 x 时,其学习到的特征记为 $H(x)$,希望可以学习到残差为 $F(x)=H(x)-x$,则原始的学习特征是 $F(x)+x$。残差为 0 时,此时仅做恒等映射,但实际上残差不会为 0,所以残差块能够学习到新的特征,拥有更好的性能。

6.2.1 DUNet 网络结构

U-Net 网络最初用于医学领域的影像分割,一般用来处理二分类问题,数据复杂度较低、背景简单。本节所研究的地表覆盖遥感图像,覆盖地表范围广,携带数据量丰富,涉及地质、环境等诸多领域,光谱差异大,地物种类复杂,难以分辨,需要比较深的网络,才能够提取包含丰富信息的高级语义信息,获得更为复杂的遥感图像地表信息。本节以 U-Net 为基础网络,通过在底层引入残差块,加深网络,提取更加复杂的信息,改进后的 U-Net 为 DUNet(Deep-UNet),DUNet 网络结构如图 6.11 所示。

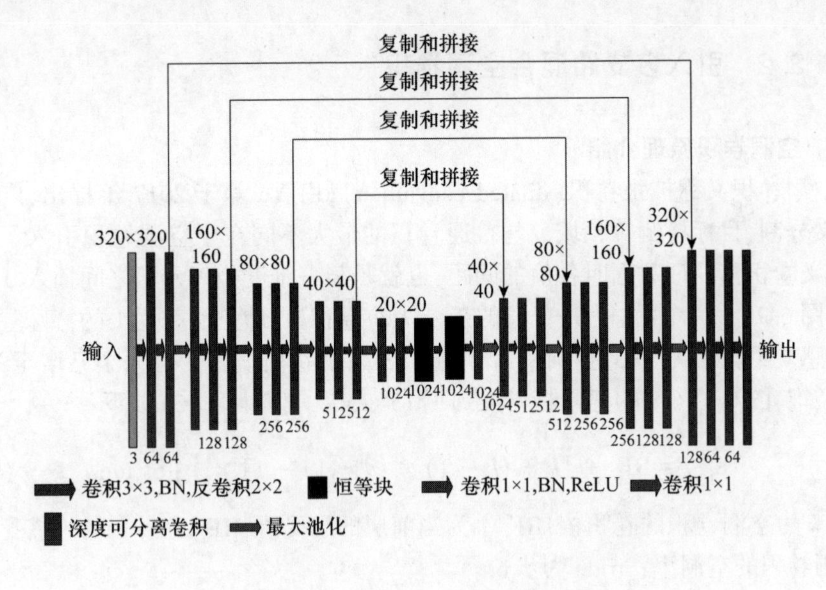

图 6.11　(见彩图)DUNet 网络结构

该网络结构仍为对称的编码解码结构,可以更好地融合图片特征。其改进的核心部分在于第 5 组卷积,添加了两组恒等块,使得网络加深,能够提取到更多的全局信息,而残差块内部的跳跃连接使得加深后网络也不会出现性能退化问题。

输入图像像素尺寸大小为 320×320,编码过程中,通过四次下采样,不断进行特征融合和降维,使得网络可以把全局信息传播到更高分辨率层,有利于提取高维的语义信息。

随着训练的深入,迭代次数增加,中间层输出的特征值不断更新,后续层输入数据会不断变化,分布受到影响,会使上一层输出的特征值逐渐朝着激活函数的取值区间的上下两端逼近,致使反向传播过程中梯度消失,网络收敛越来越慢。而 BN 能够把中间层输出特征值的分布调整到均值为 0、方差为 1 的标准正态分布下,使特征值分布在激活函数较为敏感的区域。

U-Net 在网络底层添加两个残差块,而不是多个普通的卷积块,卷积运算以后加入批处理层,对每层网络的特征图进行归一化,解决 ICS 问题,其中的跳跃连接操作可以解决因网络加深而导致损失误差增大的问题,避免训练陷入局部最优,防止网络加深引起性能退化等问题。网络右侧解码部分与编码部分对称,进行了四次上采样,反卷积后每层特征与其对应的上采样的特征通过拼接,充分融合深层和浅层的语义信息,更利于细节信息的恢复。

6.2.2 引入多支路混合空洞卷积

1. 空洞卷积原理介绍

空洞卷积又称扩张卷积(dilated convlution),由 Yu 等于 2017 年提出,广泛用于语义分割、目标检测等领域。与普通卷积的最大不同在于空洞卷积引入了空洞率,定义卷积核处理数据时各值的间距,也就是某一维度相邻元素之间插入 0 的个数,如图 6.12 所示,最左边是普通的 3×3 大小卷积核,即空洞率为 1 的特殊空洞卷积,其感受野大小为 3×3;空洞率为 2 的 3×3 大小卷积核感受野大小已增至 7×7,以此类推,图 6.12(c)的感受野增大到了 15×15。具体计算公式如下:

$$\mathrm{RF}_{i+1} = \mathrm{RF}_i + [k + (k-1) \times (d-1) - 1] \times \prod_{i=1}^{n} \mathrm{Stride}_i \tag{6.5}$$

式中:k 为空洞卷积的卷积核;RF_{i+1} 为当前层的感受野;RF_i 为上一层的感受野;d 为空洞卷积的空洞率;Stride 为步长。

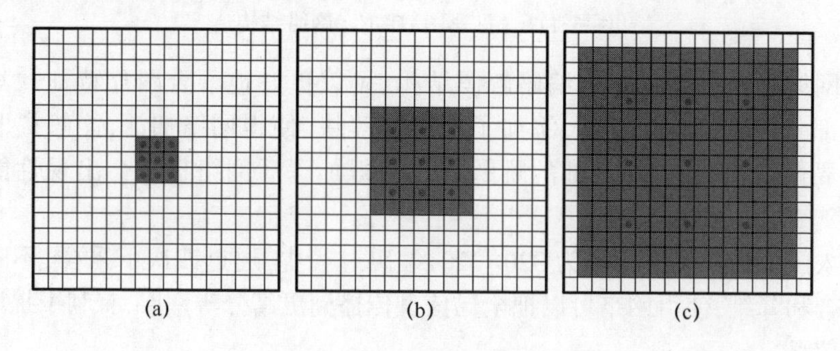

图 6.12 空洞卷积示意图

综上可知,在深度相同的网络中,空洞卷积的感受野比普通卷积大很多。此外,空洞卷积还能够捕获多尺度上下文信息,当其空洞率设置为不同的参数时,多种不同的感受野就会获取多尺度信息。

但是空洞卷积也存在网格效应(gridding)问题,经过空洞卷积提取的特征图中,邻近的像素有可能是从相互独立的子集中卷积得到的,相互之间缺少关联,造成局部信息丢失,不过合理的空洞率能够有效地避免该类问题。

2. 深度可分离卷积

深度可分离卷积由 Howard 等在 MobileNet 网络中首次提出,主要用在轻量级网络架构中,能够有效地减少训练参数。由深度卷积和逐点卷积两部分组成,共同提取特征。

对于普通卷积来说,其卷积过程如图 6.13 所示,输入通道为 3,卷积核大小为 3×3,经过一个包含 4 个滤波器的卷积层,最终输出 4 个特征图,尺寸与输入层相同,卷积层的参数数量是 4×3×3×3=108。

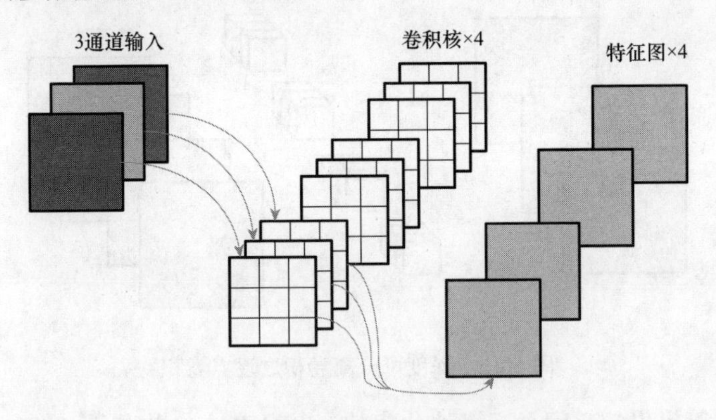

图 6.13　普通卷积过程

深度可分离卷积在卷积过程中分为两个卷积,首先逐深度卷积(滤波),将单个卷积核应用到每个输入通道。如图 6.14 所示,一个三通道的图像经过卷积后生成了三个特征图,参数数量是 3×3×3=27。

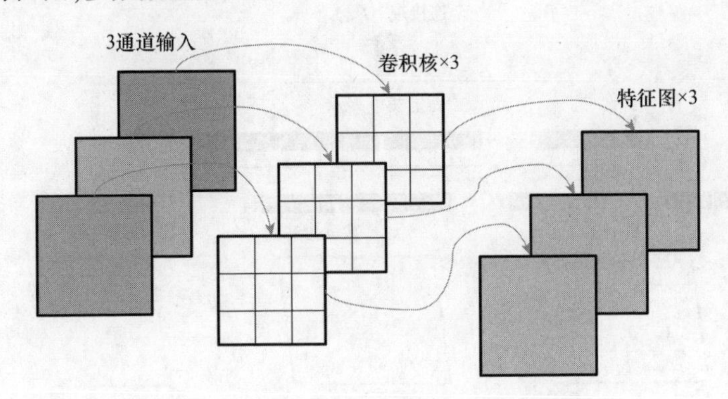

图 6.14　深度可分离卷积之逐深度卷积

然后逐点卷积,如图 6.15 所示,用 4 个 1×1 大小的卷积核遍历上面 3 个特征图,计算参数量为 4×3×1×1=12 。两步共需参数 27+12 =39,如图 6.15 所示。

综上所述,普通卷积的参数为 108 个,而深度可分离卷积的参数仅为 39 个,参数个数仅占标准卷积的约 1/3。在网络训练的过程中,大大降低了参数量。

3. 多孔空间金字塔池化

训练神经网络过程中,使用多尺度方法提取特征信息,能够获取更丰富的信息,提高语义分割的精度。一般多尺度的方法是对原始图像通过裁剪(crop)和拉伸(warp)等方式进行尺度变换,再将其特征图图像大小变化(resize)到相同尺寸,最后进行特征图连接,得到预测结果。但这种传统的方式不仅扭曲了原始的特征,还大大增加了计算量,导致速度慢。

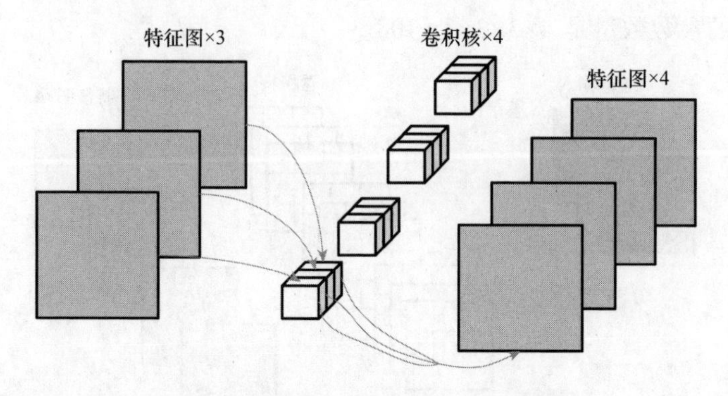

图 6.15　深度可分离卷积之逐点卷积

何凯明等提出的空间金字塔池化模块(SPP)基本结构如图 6.16 所示。首先通过将待输入的特征图划分为多个不同尺寸的网格;然对每个网格内都做最大池化,在不改变原始图像特征的前提下获得了多尺度信息,而且后面的全连接层依旧能够得到固定的输入,且输入图像的大小不受限制。

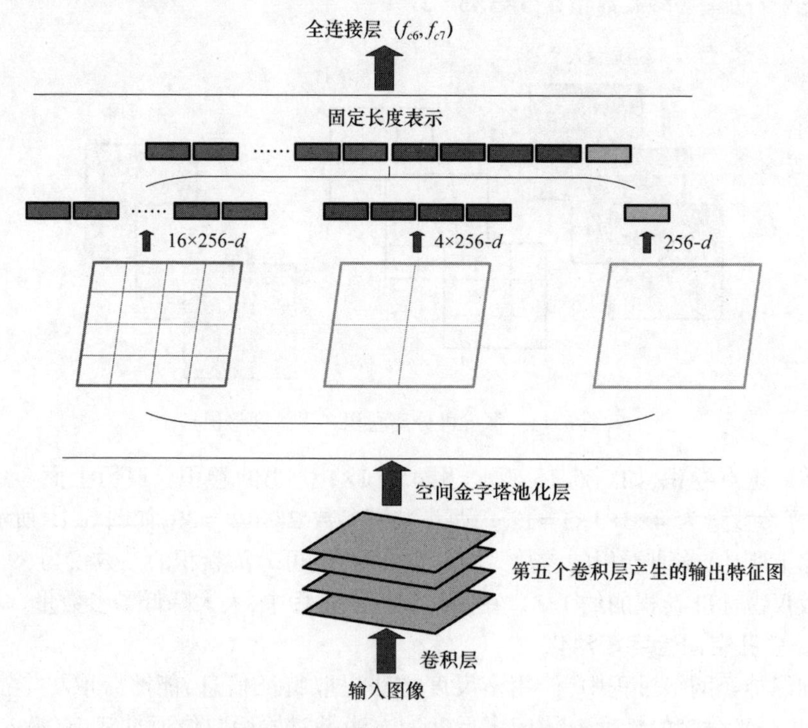

图 6.16　空间金字塔池化模块基本结构

由于空洞率不同的空洞卷积具有不同的感受野,能够获取多尺度信息,多孔空间金字塔池化(ASPP)于 2017 年被 Chen 等提出,其基本结构如图 6.17 所示,并行使用不同空洞率的空洞卷积,有利于获取大小不同的感受野,捕获多尺度特征,充分融合语义信息和位置信息,进一步提高分割精度。

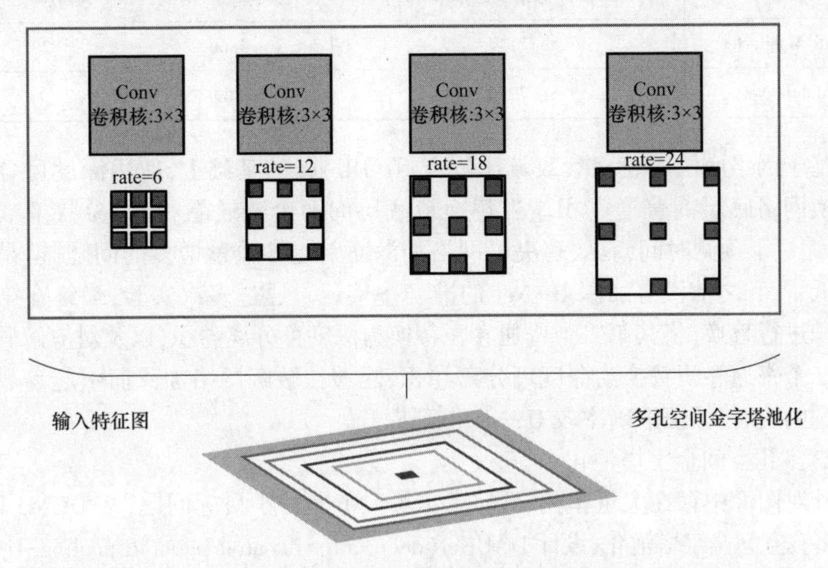

图 6.17　多孔空间金字塔池化基本结构

改进后的网络 DUNet,特征提取能力得到提升,但应用于遥感图像语义分割仍存在以下问题。

(1)网络加深会引起参数量大量增加,导致模型训练时间、预测时间增加。

地表覆盖遥感图像,具有大范围小目标,如低矮灌木、车辆等,以及某些类别内部目标尺寸大小不同的问题。

(2)网络多次池化会使分辨率大幅度下降,并且池化层中的参数都是超参数,是学习不到的,从而损失了原始信息,且在上采样过程中难以恢复。

通过全卷积神经网络得到的特征图,其边界的分割效果不够精细。针对上述问题,本章改进的 DUNet 网络的基础上进行改进,提出了 DAUNet 网络。

4. DAUNet 网络结构

1)深度可分离卷积

网络加深能够增强图像特征提取能力,但是会导致训练参数大量增加,使得网络训练计算量变大,时间变长。而轻量化网络 MobileNet 的基本单元深度可分离卷积,能够在保持准确率的同时,减少大量参数和计算量,表 6.3 是深度可分离卷积在 ImageNet 数据集上的有效性对比实验结果。

由表 6.3 可知,在 ImageNet 数据集上,MobileNet 在计算量消耗减少 1/8,参数量降低将近 1/7 的情况下,较普通卷积,准确率只差 1%,达到了准确率与速度的较好的平衡。

表 6.3 深度可分离卷积有效性实验

类型	ImageNet 数据集上准确率/%	计算量/$\times 10^6$	参数量/$\times 10^6$
Conv MobileNet	71.7	4866	29.3
Mobile Net	70.6	569	4.2

基于网络底层的卷积参数量比较大,在 DUNet 的基础上,使用深度可分离卷积替换网络底层的普通卷积。当替换最底层的两个普通卷积时,参数量减少近 28%,缩短了预测时间,有效解决了网络加深而引起参数量增多的问题,但是准确率降低了,和之前没有加深 U-Net 的准确率接近。通过多次实验,最终在第四组的卷积进行替换,将其第二个普通卷积替换为深度可分离卷积,以及对应解码阶段的第二个普通卷积替换为深度可分离卷积,能够在缓解网络加深而引起参数量增多问题的同时,保证准确率较 U-Net 得到提升。

2)多孔空间金字塔池化

针对图像中存在大量车辆、低矮灌木等大范围的小目标问题,在 DUNet 底部,引入多孔空间金字塔池化,设计 DAUNet(deep-atrous spatial pyramid pooling-U-Net)网络,结合不同卷积层中的语义信息和位置信息,采用空洞率分别为 6、12、18 的空洞卷积,不同空洞率的空洞卷积捕获不同的感受野,能够获取多尺度信息与远距离的信息,同时,小目标信息也能得到图像边界的响应,使得高层语义信息与低层位置信息充分融合。再利用 1×1 卷积调整通道个数,其具体结构如图 6.18 所示。

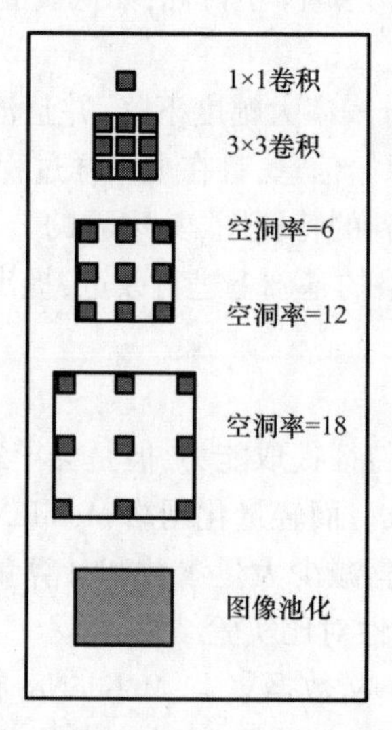

图 6.18 多孔空间金字塔池化具体结构

DAUNet 在 DUNet 的基础上,使用深度可分离卷积替换网络底层的普通卷积,并引入多孔空间金字塔池化,具体网络结构如图 6.19 所示。

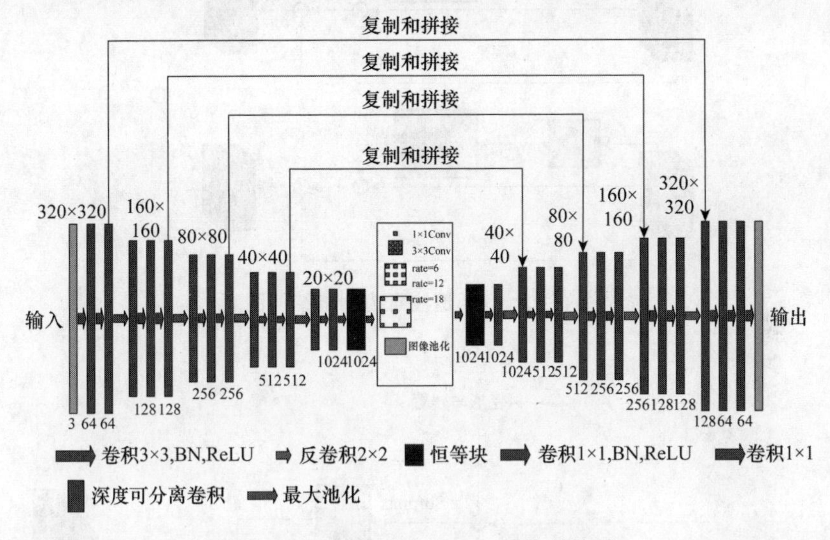

图 6.19 (见彩图)DAUNet 网络结构图

编码部分采用改进的 DUNet,对图像进行特征提取。输入大小为 320×320 的图像,经过前 4 组的卷积和池化,分别生成原图的 1/2、1/4/、1/8、1/16 大小的特征图,在基础网络之后,采用恒等块、多孔空间金字塔池化结构,进一步提取不同尺度的特征。解码部分,每一层特征图上采样后与编码器对应的浅层特征图通过 Concatenate 拼接,逐层融合,从而恢复特征图分辨率至输出尺寸。

6.2.3 引入双通道注意力机制

本节选择对小目标地物敏感的 Attention U-Net 为基础网络,由于 Attention U-Net 注重局部特征信息,在一定程度上忽视了全局信息,为了增强模型获取丰富的全局信息,本节在 Attention U-Net 网络底端引入并联的空间注意力机制以及位置注意力机制。双通道注意力网络结构如图 6.20 所示,不同的注意力模块发挥不同的作用,网络底端的双重注意力模块能够捕捉分类任务中相似地物的空间信息,获取通道之间的关联特征,自适应集成不同尺度中的相关特征,能够进一步建立不同类别之间的全局依赖关系,提高对地物类别的完整识别。注意力门控模块则更注重局部特征,增强地物细节信息的识别能力。

1. 位置注意力模块

位置注意力模块(position attention module,PAM) 结构如图 6.21 所示,首先对原始特征 $A \in \mathbf{R}^{C\times H\times W}$ 进卷积降维操作,得到特征图 $B \in \mathbf{R}^{C\times H\times W}$、特征图 $C \in$

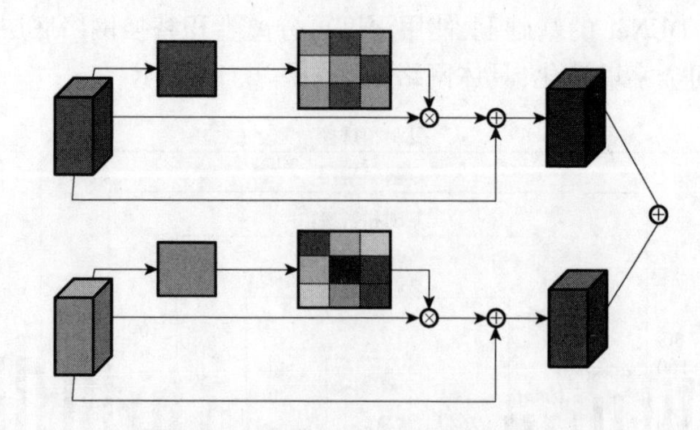

图 6.20　双通道注意力网络结构图

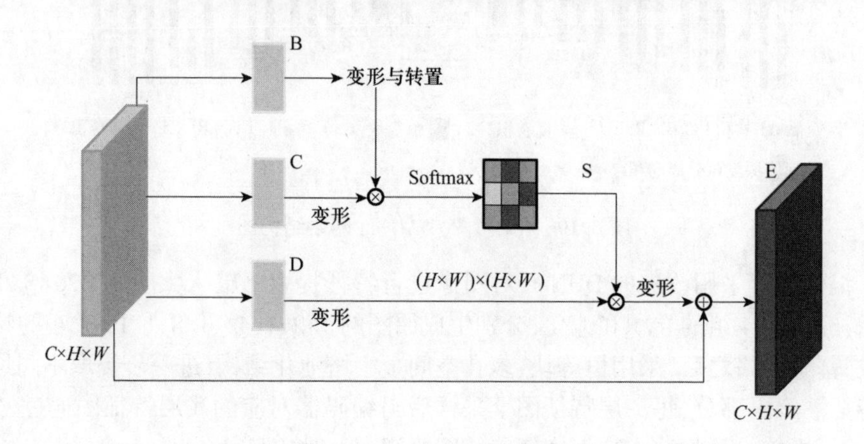

图 6.21　位置注意力模块结构图

$\mathbf{R}^{C \times H \times W}$ 和特征图 $D \in \mathbf{R}^{C \times H \times W}$。

然后将特征 B 的大小从 $H \times W \times C$ 转换为 $C \times (H \times W)$ 后，与特征图 C 进行矩阵乘积运算得到矩阵 $(H \times W) \times (H \times W)$，再对其进行 Softmax 函数归一化得到位置权重矩阵 $\boldsymbol{S} \in \mathbf{R}^{N \times N}$，$\boldsymbol{N} = H \times W$，则表达如下：

$$S_{ij} = \frac{\exp(B_i \cdot C_j)}{\sum_{i=1}^{N} \exp(B_i \cdot C_j)} \tag{6.6}$$

式中：i、j 分别为特征图中像素单元的行列号；N 为特征图中像素单元的总数，式(6.6)计算像素单元的位置权重；S_{ij} 为任意两个位置之间的关联程度，二者之间特征表征越相似，则关联性越大，对应的权重也大。

接下来将特征图 D 向量化为 $\boldsymbol{R}^{C \times N}$，与位置权重矩阵 $\boldsymbol{S}$ 转置后的结果进行矩阵乘法，并还原到原始特征 A 的大小 $\mathbf{R}^{C \times H \times W}$，然后在此基础上乘一个尺度参数，获得全局上下文信息，再与原始特征 A 进行相加，最终得到加权位置特征图 $E \in$

$\mathbf{R}^{C\times H\times W}$,其计算公式如下：

$$E_j = \alpha \sum_{i=1}^{N} (s_{ij} D_i) + A_j \tag{6.7}$$

式中：E_j 为具体某个位置的加权特征图；α 为尺度参数，初始化为 0。E_j 通过对所有位置的特征进行加权求和得来，其中加权值不受距离影响，由位置间的相似性决定，能够提高土地覆被中不同类别的语义一致性。

2. 通道注意力模块

通道注意力模块（channel attention module，CAM）结构图如图 6.22 所示。

(1)将原始特征 $A \in \mathbf{R}^{C\times H\times W}$变换为$\mathbf{R}^{C\times N}(N = H \times W)$，将得到的两个通道特征进行矩阵相乘运算，得到其关联强度矩阵，再经过 Softmax 操作得到通道注意力图 $X \in \mathbf{R}^{C\times C}$ ，其计算公式如下：

$$x_{ij} = \frac{\exp(A_i \cdot A_j)}{\sum_{i=1}^{C} \exp(A_i \cdot A_j)} \tag{6.8}$$

式中：i,j 分别为特征图中像素单元的行列号；C 为特征图中的通道总数；x_{ji} 为第 i 个通道对第 j 个通道的影响。

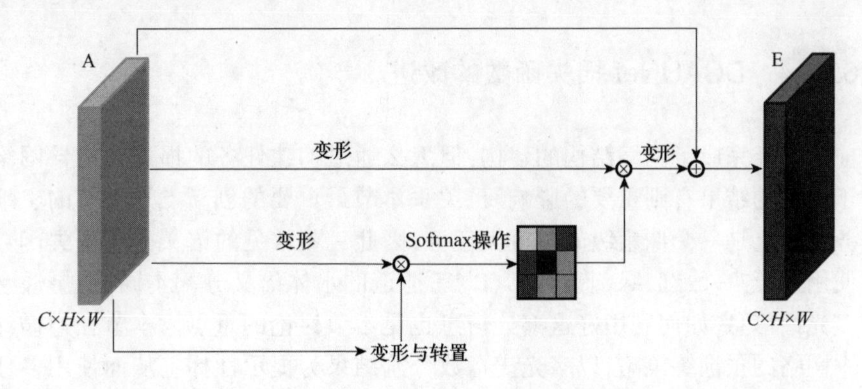

图 6.22　通道注意力模块结构图

(2)把 X 与原始特征的转置做矩阵乘积运算，得到矩阵 $\mathbf{R}^{C\times N}$，对其进行变换后得到$\mathbf{R}^{C\times H\times W}$，再乘以尺度参数$\beta$ ，并与原始特征图 A 进行相加，使各个通道之间都能产生全局的关联，获得更强的语义相应的特征，其公式如下：

$$E_j = \beta \sum_{i=1}^{C} (x_{ij} A_i) + A_j \tag{6.9}$$

式(6.9)计算通道权重，C 表示特征图中的通道数，尺度参数β 初始化为 0。

(3)把空间注意力模块和通道注意力模块进行相加，在不同的土地覆被类别中从空间上和通道间建立语义关系，挖掘空间上的关联关系以及通道上的依赖关系，增强各个类别的信息识别能力。

最终改进后的网络如图 6.23 所示。

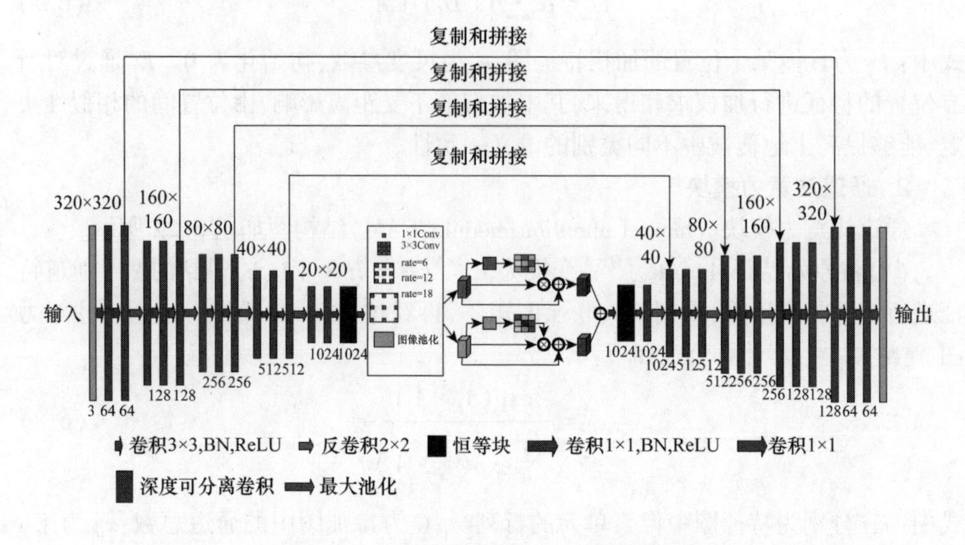

图 6.23 （见彩图）DAIAUNet 网络结构图

6.2.4 DCAUNet 损失函数的改进

前面已经完成了网络结构的建构，但怎么通过构建任务的损失来指导网络训练对于网络的结果有则重要的影响，也关乎本节最重要的创新点。本节的土地分割任务整体上是一个像素级的二分类任务，因此一些常见的语义分割损失函数便可以使用，但与一般红、绿、蓝（R、G、B）三通道的水体语义分割不同，卫星遥感图像有多光谱信息，如何利用好这部分信息也是本节讨论的重点。本节在遵循深度学习中网络的预训练策略，以多光谱指数分割结果为提示性标签从而使用多任务的联合损失函数来利用这部分额外的信息。这样做的目的在于能够使用预训练的网络参数，有效避免过拟合同时加速网络的收敛同时能利用多光谱、高分辨的遥感数据，后文的实验结果表明设计的多任务学习网络的有效性。

1. 多任务学习概述

多任务学习（multi-task learning）是和单任务学习（single-task learning）相对应的一种机器学习方法。在单任务学习中学习算法是指一次仅针对一个任务进行学习。多任务学习实质上是一种联合学习，多个任务并行学习。首先通过将复杂的学习任务分解成相互独立的子问题；然后针对每个子问题进行学习；最后通过对子问题学习结果的结合从而解决全局学习问题（图 6.24）。

多任务学习相较于单任务学习的优势在于相关任务间的窃听机制、表示偏执机制和正则化机制从而使泛化性能得到提升。其中，窃听机制在于不同任务间学习任务所对应重要特征难易层度不同，多任务学习允许网络使用容易学习任务去学习难以学习任务的对应特征，如使用一个任务来直接预测最重要的特征进而帮助最终分类任务区分。表示偏执机制则是指，当多任务学习更偏好于学习其他任务也强调的表示时，网络会对来自同一环境的新任务表现良好，从而提升网络对新任务的泛化能力。

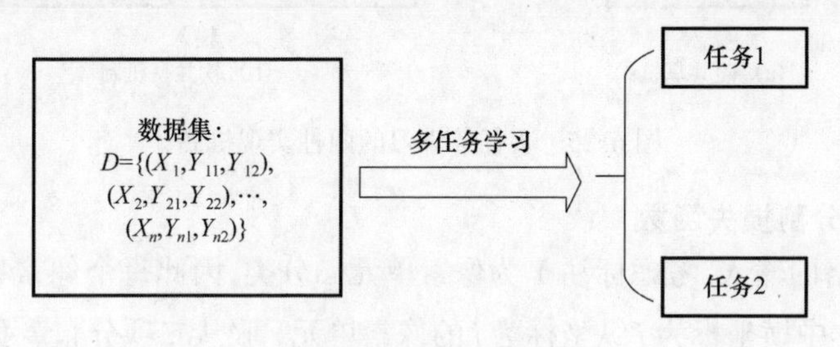

图 6.24　多任务学习

常见的多任务学习形式主要有联合学习(joint learning)和辅助任务学习(learning with auxiliary tasks)等多种形式。其中联合学习即多任务学习将地位相同的共同训练，如 Kendall 等在处理图像分割任务时同时使用语义分割损失和实例分割损失作为联合损失函数，二者联合展现出更好的性能表现。Hashimoto 等则是针对自然语言处理(natural language processing)使用了多任务学习范式。辅助任务学习是指尽管我们关注多任务学习中的重要任务，但存在辅助任务使模型在学习辅助任务时能帮助我们完成重要任务学习的学习范式。这些辅助任务可以是相关任务、提示性任务等形式，如使用头部姿势估计与面部特征属性推断辅助脸部轮廓检测任务或在情感分析中将一个输入句子中是否包含正负面情感词作为辅助任务。

2. 多任务学习实现机制

多任务学习范式依靠网络参数共享实现，具体来说，在不同任务间共享部分参数，这部风参数会受到两个任务的归纳偏执，从而使网络的泛化能力得到提升。目前的参数共享机制有硬共享机制(hard share)和软共享机制(soft share)，二者的差异在于中间层参数的依赖形式不同。在硬共享机制方面，如目标检测任务中预测目标所处位置以及目标对应类别两个任务共享来自上层卷积神经网络的参数。软共享形式的多任务学习则是建立不同任务间隐藏之间的联系，如 LadderNet 的半监督学习模型中通过最小隐藏层之间的 $L2$ 范数距离实现半监督中监督任务和重构任务之间的联系(图 6.25)。

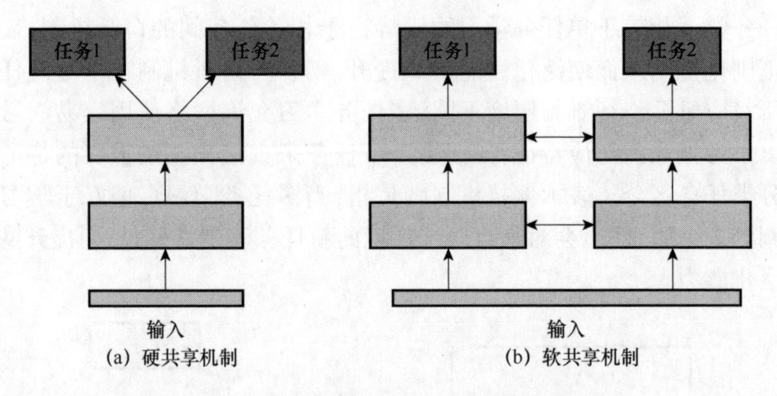

(a) 硬共享机制　　(b) 软共享机制

图 6.25　多任务学习的两种实现机制

3. 语义分割损失函数

对于网络的输入,考虑标注 Y 为像素单元二分类,因此每个像素单元 $Y_{n,i,j}$(第 n 个图像样本中横坐标为 j 纵坐标为 j 的像素单元) 服从二项分布。我们假设图像内标注 $Y_{n,i,j}$ 之间为相互独立的随机变量,便导出图像标注 $Y_{n,i,j}$ 的联合分布,由此可以得到网络的似然函数如下:

$$\text{Likelihood} = \prod_{N} \prod_{\text{Height}} \prod_{\text{Width}} p_{\text{model}\ Y_{n,y,j}} \times (1 - P_{\text{model}})^{(1-Y_{n,y,j})} \tag{6.10}$$

$$\text{LogLikelihood} = \sum_{N} \sum_{\text{Height}} \sum_{\text{Height}} + \{Y_{n,i,j} \times \lg(P_{\text{modle}}) \times (1 - Y_{n,i,j}) \times \lg(1 - P_{\text{modle}})\} \tag{6.11}$$

$$\begin{aligned}\text{LogLoss} &= -\sum_{N} \sum_{\text{Height}} \sum_{\text{Height}} + \{Y_{n,i,j} \times \lg(P_{\text{modle}}) \times (1 - Y_{n,j,j}) \times \lg(1 - P_{\text{modle}})\} \\ &= -\text{LogLikelihood}\end{aligned} \tag{6.12}$$

当用采样最大似然方法估计网络参数时,为了方便计算,首先将似然函数的累乘进行对数变化。由于最大似然等价于最小负对数似然,得到二分类交叉熵损失函数即对数损失(logLoss)函数。二分类交叉熵损失函数作为水体识别的损失函数是可行的,但实际中由于我们待分割的水体目标往往占据整个图像的比例很小,即存在类别不平衡问题。因此在类别严重不平衡的二分类语义分割任务中,学者提出了更好的分割损失函数 Dice Loss。

Dice Loss 根据 Lee Raymond Dice 命名的损失函数,由 U-Net 使用在医学影像病灶分割上。其背景在于在医学影像中,病灶区域往往占据整个图像比例非常小,而使用二分类的交叉熵损失函数在处理这种不平衡数据时,往往出现数据倾斜,导致模型在小类上预测效果很差。笔者针对这一问题,提出了在二分类分割任务使用 Dice Loss。在 Dice Loss 中首先需要定义 Dice Coefficient,它是一种集合相似度度量函数,通常用于计算两个样本的相似度(值范围为[0, 1]),公式如下:

$$\begin{cases} \text{Dice Coefficient} = \dfrac{2 \times |\text{Predict} \times \text{Trueth}|}{|\text{Predict}| + |\text{Trueth}|} \\ \text{Dice Loss} = 1 - \text{Dice Coefficient} \end{cases} \tag{6.13}$$

Dice Coefficient 的分子为预测值与真实值之间乘积的 2 倍,其中分子中的系数为 2 是因为分母存在重复计算预测值和真实值之间的共同元素。当预测全部正确时,Dice Loss 为 0。使用 Dice Loss 作为损失函数的原因除了最大化 Dice Coefficient 类似等价最大化语义分割的 IoU 指标类,还因为 Dice Loss 对于类别不均衡问题效果更优,可表示如下:

$$J(\theta) = E_{x,y \sim P_{\text{data}}} L(f_\theta(x)\ ,y) = \sum_{N} \sum_{\text{Height}} \sum_{\text{Height}} \left(1 - \frac{2 \times |f_\theta(x) \times y|}{|f_\theta(x)| + |y|}\right) \tag{6.14}$$

4. 多任务土地语义分割网络损失函数

一般图像语义分割网络接收数据的输入都是 R、G、B 三通道输入而拟合的目标往往只包含人工标注的结果。在本项目中,一个重要的议题是卫星遥感是多光谱的数据,除了可见光 RGB,还包含 NIR、MIR 等多光谱数据,因此如何有效地利用这些数据也是本项目对比研究的重点。在水体等背景下,土地与水体的区分度十分明显,此时 NDWI 分割很容易识别土地区域。而在复杂的城区环境中,受到城区建筑的阴影以及城区大量新建道路的影响,指数分割存在很多噪声,将水体识别为土地。同时如前文所述受限于现有标注工具,在人工对图片标注时无法准确地描绘土地区域的边缘轮廓出现人工标注结果的误差,针对这些问题,本节给出了建立联合多任务的训练框架。网络需要拟合两个目标,分别为人工标注的土地标签 Ylabel,以 NDWI 指数分割的结果 Yndwi,即将 NDWI 土地识别结果作为提示性标签。所以网络最终会有两个损失,分别对应人工标注的标签损失以及 NDWI 阈值分割结果损失。其中,NDWI 土地识别的分割阈值设置为在训练集上的最优 IoU 指标阈值 0.48。多任务损失函数被定义为下式,其中 β 为 NDWI 任务损失对应权重,其可能的取值区间为[0,1],原因在于相较于指数分割结果,人工标注土地的精度更高、用于监督模型学习的有效信息更多,因此在损失构建上利用占更高比重:

$$J_{\text{multi-task}}(\theta) = J_{\text{label}} + \beta \times J_{\text{ndwi}} \tag{6.15}$$

联合多任务学习框架解决了额外通道信息的利用问题以及人工标注的噪声问题。一般利用额外输出的信息就是直接将其作为网络的输入,但这样操作会导致输入通道维度改变而不能使用预训练模型。但是,实验证明预训练网络微调对于模型的表现有着重要影响而不可或缺,多任务学习顺利解决这一问题。同时由于 NDWI 指数是逐像素级计算,因此在每个像素单元上都会有对应的指数分割结果,像素级的识别结果可以部分修正人工标注的噪声。

5. 网络微调

深度学习网络一般在样本充足的情况下可以直接建立网络并使用当前数据集训练网络,大量标注数据配上深度学习网络大量参数带来的高容量模型,使深度学习在视觉任务的性能表现取得巨大飞跃。但实际中大多数情况下训练的数据样本往往并不充足,而样本不足导致网络最终的效果不能达到所预想的。

一种有效在小数据训练网络并防止过拟合的方法是对网络参数进行微调(fine-tune),即使用预训练网络的参数来初始化任务网络部分参数。微调策略的有效性一方面依据迁移学习的理论,在通过大量任务相关数据集训练的网络往往具有很好的泛化能力,这些预训练的网络能够学习到图像任务的一些抽象表示,而这些抽象表示在应用与其他领域的任务也具有一定的适用性。另一方面从网络初始化角度理解微调,由于深度学习网络一般使用机梯度下降的优化方法学习网络的参数,而基于梯度的优化需要初始化网络的参数。网络参数的初始化对网络的影响巨大,因此许多学者提出了不同的初始化策略,如 Glorot 等提出使"Xavier"网络参数初始化方法以及 He 等提出使用"He Normal"的初始化方法。网络的微调有效性就在于通过预训练参数来初始化当前网络的部分参数,能确保网络参数被初始化在一个相对易于优化的位置,一方面可以加速训练,同时也能防止过拟合提高网络性能。

在样本数据量有限的情况下,本节中微调部分网络参数。具体来说本节所设计的 DAIAUNet 使用在 ImageNet 图像大数据集上预训练得到的 DenseNet 网络参数来微调 DAIAUNet 的编码器。而对于空洞空间金字塔池化与解码器模块的参数,本节使用"Xavier"初始化方法初始这部分模型参数。

6.2.5 实验结果分析

1. 实验环境

本节实验的硬件配置和软件配置信息分别如表 6.4、表 6.5 所列。

表 6.4 硬件配置信息

名称	配置信息
CPU	Inter(R) Core(TM) i5-10500 CPU
GPU	GPU NVIDIA GeFore RTX2070
内存	32GB
显存	8GB

表 6.5　软件配置信息

名称	配置信息
操作系统	Windows 10
编译器	Python 3.6
框架	TensorFlow-GPU 1.9.0+Keras 2.2.0
CUDA	CUNA 9.0
CUDAA	cuDNN 7.6.4

2. 实验过程

为了验证归整分割网络对遥感图像土地覆盖分类的效果,本节将 AISD 的遥感图像裁剪为 256×256 大小的图片,共有 24000 张分辨率为 256×256 的图片用于训练。本节进行图片预处理时,会以 50%的概率随机进行水平翻转,以 25%的概率随机进行均值滤波处理,以 25%的概率随机进行双边滤波处理,以 25%的概率进行高斯滤波处理,以 25%的概率进行 γ 系数变化。另外,图片的尺寸随机缩放对训练网络至关重要,因此本节会对图片随机进行 0.5~2.0 倍的尺寸缩放处理(会通过图像样本进行线性插值,以及对标签的最近插值来实现尺寸的缩放处理)。在随机缩放过程中,若尺寸小于 256×256 的分辨率,本节会用(0.0,0.0,0.0)的三通道值对样本进行填充,用 255 的像素值对标签进行填充而在验证网络时,本节并不会采用尺寸缩放处理。

本节在训练模型时选用了小批量随机梯度下降(mini-batch stochastic gradient,SGD)优化器来进行模型的优化,它的动量为 0.9,权重衰减率为 0.0001,batch size 为 8。在设置学习率时,本节采用了 poly 学习率策略,表达如下:

$$lr = lr_b \cdot \left(1 - \frac{\text{iter}}{\text{max\_iter}}\right) \tag{6.16}$$

3. 评价指标

语义分割领域主要按以下指标衡量网络的好坏,包括准确率(accuracy)、精确率(precision)、召回率(recall)、交并比(IoU)、$F1$ 等。假设数据集中共有 $k+1$ 个类,包含 k 个目标和背景,P_{ij} 表示第 i 类数据元素被标记为第 j 类数据元素的数量,P_{ji} 表示第 j 类数据元素被标记为第 i 类数据元素的数量。P_{ii}、P_{jj} 均为正确分类。通过混淆矩阵来计算各种指标,其中列代表预测类别,每列的总数表示预测为该类别的数据的数目;行代表了数据的真实归属类别,每行的总数表示该类别的数据实例的数目,如表 6.6 所列。

表 6.6　混淆矩阵

真实情况	预测结果	
	正例(positive)	反例(negative)
正例(positive)	TP(true positive)	FN(false negative)
反例(negative)	FP(false positive)	TN(true negative)

在混淆矩阵中,TP 表示样本的真实类别是正例,且预测的结果也是正例;TN 表示样本的真实类别是负例,且其预测结果为负例;FP 表示样本的真实类别是负例,但是其预测成为正例;FN 表示样本的真实类别是正例,但其预测成为负例,各个评价指标具体计算过程如下:

准确率是指预测正确的样本占总样本的比值,可表示如下:

$$\text{accuracy} = \frac{\text{TP} + \text{TN}}{\text{TP} + \text{TN} + \text{FP} + \text{FN}} \tag{6.17}$$

精确率是指所有预测为正例的样本中,预测正确的正例占比,可表示如下:

$$\text{Precision} = \frac{\text{TP}}{\text{TP} + \text{FP}} \tag{6.18}$$

交并比(IoU)是指预测结果与正确结果的交集除以预测结果与正确结果的并集,可表示如下:

$$\text{IoU} = \frac{\text{TP}}{\text{TN} + \text{FP} + \text{FN}} \tag{6.19}$$

召回率(Recall)是指所有实际为正例的样本中,预测正确的正例占比,可表示如下:

$$\text{Recall} = \frac{\text{TP}}{\text{TN} + \text{FP}} \tag{6.20}$$

$F1$ 分数($F1$-score),又称平衡 F 分数,它被定义为精确率和召回率的调和平均数。当该值比较大时,说明网络较好,可表示如下:

$$F1 = \frac{2\text{Precision} \cdot \text{Recall}}{\text{Precision} + \text{Recall}} \tag{6.21}$$

同时,运行时间或处理速度也是一个很重要的度量标准,但该评价指标容易受到硬件资源等设备条件的影响。一般很难统一度量,不考虑硬件资源,片面地通过执行时间来衡量网络好坏有失公平。然而提供系统运行的硬件环境及执行时间等相关描述,对于后继研究人员具有一定的参考价值。

对语义分割模型来说,内存也是一个重要评价指标。因为在一些硬件设备上,内存是很珍贵的,即使是高端 GPU,内存也有一定的限制,所以具体训练神经网络时,设备内存的消耗也需要评估考量。

4. 实验结果

1)基于 DUNet 网络的对比试验

采用不同的语义分割网络进行实验,对比 U-Net、SegNet 和 DUNet 三种网络的分割结果,分析训练损失和精度曲线,并利用混淆矩阵来计算 Precision、Recall、IoU、$F1$ 等指标进行综合评价。

通常在训练过程中,训练集和验证集损耗越低,精度越高,表明网络的性能越好,由图 6.26 可知,U-Net 在训练过程中,收敛速度比较快,曲线整体比较平滑,偶尔有些波动,但迭代 30 次后,整体上趋于平缓。SegNet 训练过程中,前期验证集的波动有些大,不太稳定,但到了后期验证集和训练集都比较平缓。DUNet 初期验证集损失波动有点大,但迭代 3 次后,曲线就很平缓,验证集的准确率不断接近训练集的准确率。

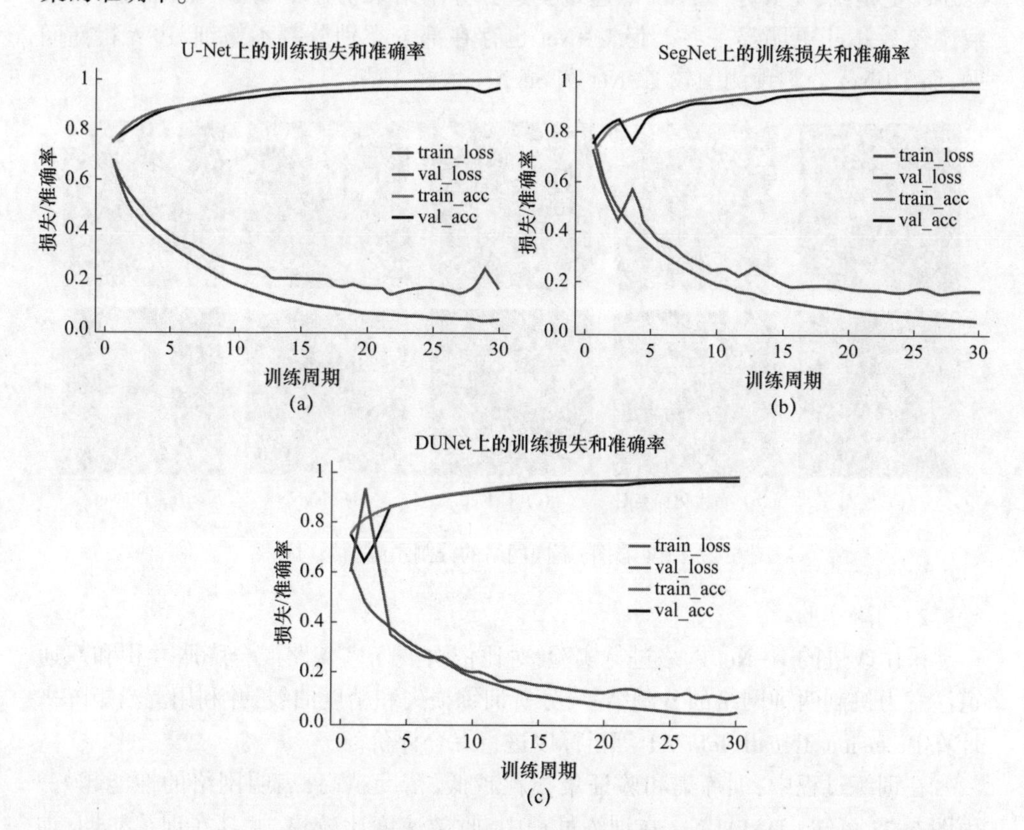

图 6.26 (见彩图)不同网络损失和精度曲线图

迭代 30 次后,具体损耗值和精度值如表 6.7 所列,可知,DUNet 训练集和验证集的精度值高于 U-Net,损耗值相对低一些,性能表现更优。

表 6.7　迭代 30 次后损失值和精度值

网络	训练集		验证集	
	精度值	损耗值	精度值	损耗值
U-Net	0.9601	0.0807	0.9401	0.1883
SegNet	0.9536	0.0924	0.9281	0.2010
DUNet	0.9726	0.0716	0.9538	0.1719

不同网络的分割预测结果对比如图 6.27 所示,可以看出 U-Net 的分割结果比 SegNet 更精细,尤其是 SegNet 的建筑类边界分割结果明显不如 U-Net 精细,拼接痕迹较 U-Net 更明显一些。但 U-Net 也存在部分类别分割不精细、边界粗糙问题,而 DUNet 分割预测图较 U-Net 和 SegNet 稍好一些。

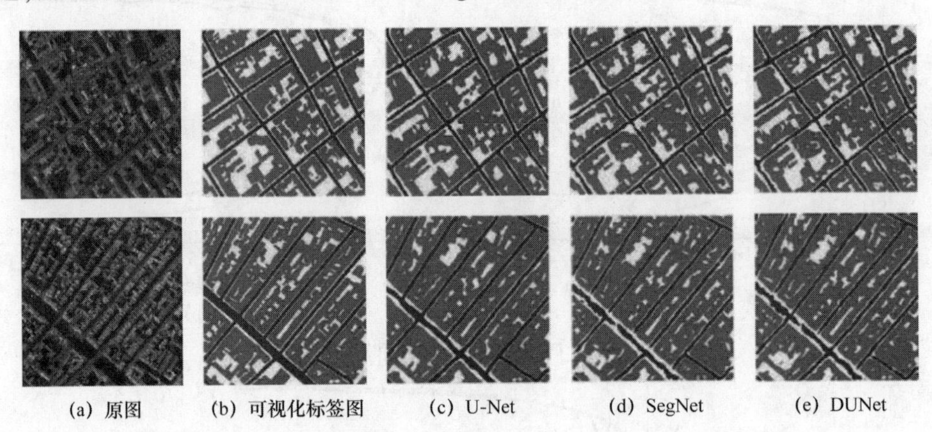

图 6.27　(见彩图)不同网络的分割预测结果对比图

2)消融实验

采用改进的 U-Net 网络进行实验,对比依次嵌入多支路混合膨胀卷积和双通道注意力机制两种网络的分割结果,分析训练损失和精度曲线,并利用混淆矩阵来计算 Precision、Recall、IoU、*F*1 等指标以进行综合评价。

在训练过程中,训练集和验证集损耗越低,精度越高,表明网络的性能越好。由图 6.28 可知, DAIAUNet 在训练过程中,收敛速度比较快,尤其在训练初期,训练集和验证集的精度值明显高于 DAUNet,其损耗值也比较低,迭代 15 次左右,曲线逐渐趋于平缓。

各模型迭代 30 次后,具体结果如表 6.8 所列,DAIAUNet 的训练集精度值略高于其他三个网络,验证集的精度值也是,其损耗值也低一些。

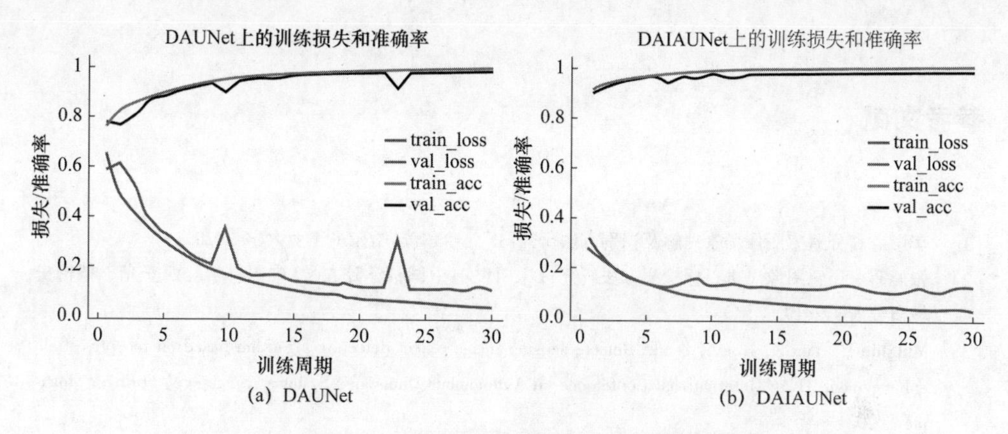

图 6.28 （见彩图）不同网络损失和精度曲线图

表 6.8 各模型迭代 30 次损失和精度

网络	训练集		验证集	
	精度值	损耗值	精度值	损耗值
U-Net	0.9601	0.0807	0.9401	0.1883
SegNet	0.9536	0.0924	0.9281	0.2010
DUNet	0.9726	0.0716	0.9538	0.1719
DAUNet	0.9803	0.0450	0.9608	0.1308
DAIAUNet	0.9882	0.0280	0.9681	0.1012

不同网络在 Vaihingen 测试集上的分割预测结果如图 6.29 所示，可以看出 DAIAUNet 的分割结果更精细，小目标物体及边界信息损失较少，表明改进后的网络所提取的特征图包含更丰富的位置信息和语义信息，精度更高。

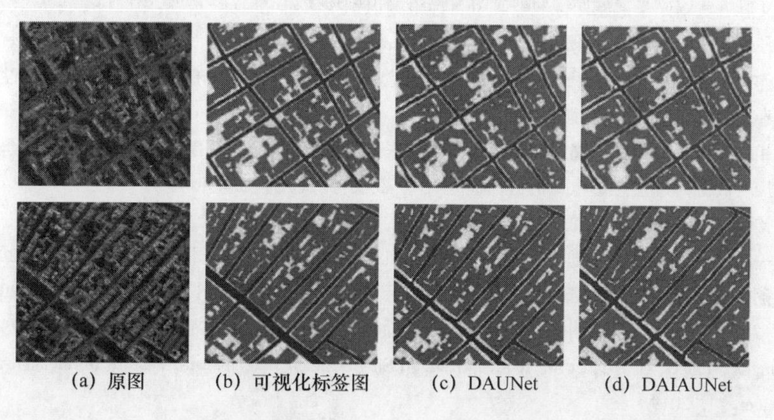

图 6.29 （见彩图）不同网络在 Vaihingen 测试集上的分割预测结果图

参考文献

[1] 李彤．高分遥感图像场景理解及识别方法研究[D]．哈尔滨:哈尔滨工业大学,2020.

[2] 张晨露．遥感图像飞机目标检测方法研究[D]．西安:中国科学院大学(中国科学院西安光学精密机械研究所),2019.

[3] MingJun L, Yun Z, Rui Z, et al. Remote sensing image object detection algorithm based on receptive field enhancement[C]. //International Conference on Autonomous Unmanned Systems. Singapore: Springer Singapore, 2021.

[4] 宦海,朱蓉蓉,张浩,等．多尺度特征融合网络的遥感图像林地检测[J]．现代电子技术,2022, 45(4): 165-170.

[5] Liang P, Shi W, Ding Y, et al. Road extraction from high resolution remote sensing images based on vector field learning[J]. Sensors, 2021, 21(9): 3152.

[6] Xiao Y, Tian Z, Yu J, et al. A review of object detection based on deep learning[J]. Multimedia Tools and Applications, 2020,79(33):23729-23791.

[7] Yin S,Li H, Teng L. Airport Detection Based on Improved Faster RCNN in Large Scale Remote Sensing Images[J]. Sensing and Imaging, 2020,21(1).

[8] 刘焕才,崔敏华,李园园,等．汾河流域中游地区土地利用变化对生态系统服务价值的影响[J]．安徽农业大学学报,2021,48(04), 635-640.

[9] Mei J, TangY,Zhang H. Fast aircraft target edge feature extraction based on multi-scale and multi-directional Haar wavelets[J]. In Proceedings of the IEEE Conference on Computer Vision and Pattern Recognition (CVPR), 2004, 179-184.

[10] 韩现伟．大幅面可见光遥感图像典型目标识别关键技术研究[D]．哈尔滨:哈尔滨工业大学,2013.

[11] 田建东,王占鹏,唐延东．静态阴影检测的研究进展[J]．信息与控制,2015,44(2): 215-222,256.

[12] 王文胜．宽幅光学遥感图像舰船飞机目标检测识别技术研究[D]．长春:中国科学院大学(中国科学院长春光学精密机械与物理研究所), 2018.

[13] 陈鑫．基于可见光遥感图像的典型目标自动检测技术研究[D]．长春:中国科学院大学(中国科学院长春光学精密机械与物理研究所),2022.

[14] 姚相坤．基于卷积神经网络的高分辨率遥感影像机场与飞机检测[D]．上海:上海交通大学,2016.

[15] 冯辰．高分辨率遥感影像飞机目标检测[D]．武汉:武汉大学,2017.

[16] 刘铭剑．基于深度学习的遥感图像目标检测的研究[D]．北京:北京理工大学,2018.

[17] 杨一丁．光学遥感图像复杂机场背景下的飞机检测算法研究[D]．北京:北京理工大学,2018.

[18] 颜荔．基于卷积神经网络的遥感图像飞机目标识别研究[D]．合肥:中国科学技术大学,2018.

[19] 任瑞龙．高分辨率遥感图像中飞机目标自动检测方法研究[D]．成都:电子科技大学,2019.

[20] Yang X, Liu Q, Yan J, et al. R^3Det: Refined Single-Stage Detector with Feature Refinement for Rotating Object[J]. 2019.

[21] 毛嘉兴．遥感影像飞机目标检测和细粒度识别方法研究[D]．武汉:华中科技大学, 2020.

[22] 曹旭．高分辨率光学影像飞机检测与细粒度识别方法研究[D]．长沙:国防科技大学, 2021.

[23] 周育榕．基于深度卷积网络的遥感图像飞机检测方法研究[D]．西安:西安电子科技大学, 2021.

[24] 彭娜．基于深度学习的遥感图像飞机检测方法研究[D]．邯郸：河北工程大学,2022.

[25] 李冠典．遥感图像飞机目标检测与识别关键技术研究[D]．长春：长春理工大学, 2022.

[26] Krizhevsky A, Sutskever I, Hinton G. ImageNet Classification with Deep Convolutional Neural Networks [J]. Advances in neural information processing systems, 2012, 25(2).

[27] Deng J, Dong W, Socher R, et al. ImageNet：A large-scale hierarchical image database[J]. Proceedings of the 2009 IEEE Conference on Computer Vision and Pattern Recognition. IEEE, 2009：248-255.

[28] Liu Z, Hu J, Weng L, et al. Rotated region based CNN for ship detection[C]. 2017 IEEE International Conference on Image Processing (ICIP), 2017.

[29] Girshick R. Fast R-CNN[J]. Proceedings of the IEEE International Conference on Computer Vision, 2015.

[30] Ren S, He K, Girshick R, et al. Faster R-CNN：Towards real-time object detection with region proposal networks[J]. IEEE transactions on pattern analysis and machine intelligence, 2016, 39(6)：1137-1149.

[31] Li J, Qu C, Shao J. Ship detection in SAR images based on an improved Faster R-CNN[J]. Proceedings of 2017 SAR in Big Data Era：Models, Methods and Applications (BIGSARDATA), 2017：1-6.

[32] Redmon J, Divvala S, Girshick R, et al. You Only Look Once：Unified, Real-Time Object Detection[J]. Proceedings of the IEEE Conference on Computer Vision and Pattern Recognition, 2016：779-788.

[33] Liu W, Anguelov D, Erhan D, et al. SSD：Single Shot MultiBox Detector[J]. Proceedings of the 14th European Conference on Computer Vision (ECCV), Amsterdam, The Netherlands, October 11-14, 2016. Springer International Publishing, 2016：21-37.

[34] Lin T-Y, Goyal P, Girshick R, et al. Focal Loss for Dense Object Detection[J]. Proceedings of the IEEE International Conference on Computer Vision, 2017：2980-2988.

[35] Bochkovskiy A, Wang C-Y, Liao H-Y M. YOLOv4：Optimal speed and accuracy of object detection[J]. arXiv preprint arXiv:2004. 10934, 2020.

[36] Redmon J, Farhadi A. YOLOv3：An incremental improvement[J]. arXiv preprint arXiv:1804. 02767, 2018.

[37] Wang J, Chen Y, Dong Z, et al. Improved YOLOv5 network for real-time multi-scale traffic sign detection [J]. Neural Computing and Applications, 2022：1-13.

[38] Xu H, Li B, Zhong F. Light-YOLOv5：A Lightweight Algorithm for Improved YOLOv5 in Complex Fire Scenarios[J]. Applied Sciences, 2022, 12(23)：12312.

[39] Wang Y, Wang C, Zhang H, et al. Automatic ship detection based on RetinaNet using multi-resolution Gaofen-3 imagery[J]. Remote Sensing, 2019, 11(5)：531.

[40] Chen L, Shi W, Deng D. Improved YOLOv3 based on attention mechanism for fast and accurate ship detection in optical remote sensing images[J]. Remote Sensing, 2021, 13(4)：660.

[41] Liu R W, Yuan W, Chen X, et al. An enhanced CNN-enabled learning method for promoting ship detection in maritime surveillance system[J]. Ocean Engineering, 2021, 235：109435.

[42] Yang Y, Pan Z, Hu Y, et al. CPS-Det：An anchor-free based rotation detector for ship detection[J]. Remote Sensing, 2021, 13(11)：2208.

[43] Xu X, Zhang X, Zhang T. Lite-yolov5：A lightweight deep learning detector for on-board ship detection in large-scene Sentinel-1 SAR images[J]. Remote Sensing, 2022, 14(4)：1018.

[44] Zhou Z, Rahman Siddiquee M M, Tajbakhsh N, et al. U-Net++：A nested U-Net architecture for medical image segmentation[C].//Deep Learning in Medical Image Analysis and Multimodal Learning for Clinical Decision Support：4th International Workshop, DLMIA 2018, and 8th International Workshop, ML-CDS

2018, Held in Conjunction with MICCAI 2018, Granada, Spain, September 20, 2018, Proceedings 4. Springer International Publishing, 2018: 3-11.

[45] Zheng Z, Ma A, Zhang L, et al. Change is everywhere: Single-temporal supervised object change detection in remote sensing imagery[C].//Proceedings of the IEEE/CVF international conference on computer vision. 2021: 15193-15202.

[46] YANG J, YU X. Semantic Segmentation of High-Resolution Remote Sensing Images Based on Improved FuseNet Combined with Atrous Convolution[J]. Geomatics and Information Science of Wuhan University, 2022, 47(7): 1071-1080.

[47] Kaviani Baghbaderani R, Qu Y, Qi H, et al. Representative-discriminative learning for open-set land cover classification of satellite imagery[C].//Computer Vision-ECCV 2020: 16th European Conference, Glasgow, UK, August 23-28, 2020, Proceedings, Part XXX 16. Springer International Publishing, 2020: 1-17.

[48] Lee K, Lee H, Hwang J Y. Self-mutating network for domain adaptive segmentation in aerial images[C].//Proceedings of the IEEE/CVF international conference on computer vision. 2021: 7068-7077.

[49] Justice C O, Townshend J R G, Vermote E F, et al. An overview of MODIS Land data processing and product status[J]. Remote sensing of Environment, 2002, 83(1-2): 3-15.

[50] 吴薇,张源,李强子,等. 基于迭代 CART 算法分层分类的土地覆盖遥感分类[J]. 遥感技术与应用, 2019,34(01):68-78.

[51] Antonarakis A S, Saatchi S S, Chazdon R L, et al. Using Lidar and Radar measurements to constrain predictions of forest ecosystem structure and function[J]. Ecological Applications, 2011, 21(4): 1120-1137.

[52] Pradhan R, Pradhan M P, Ghose M K, et al. Estimation of rainfallrunoff using remote sensing and GIS in and around Singtam, East Sikkim[J]. International journal of Geomatics and geosciences, 2010, 1(3): 466-476.

[53] Hansen M C, Townshend J R G, DeFries R S, et al. Estimation of tree cover using MODIS data at global, continental and regional/local scales[J]. International Journal of Remote Sensing, 2005, 26(19): 4359-4380.

[54] Liu Y, Zhang B, Wang L, et al. A self-trained semisupervised SVM approach to the remote sensing land cover classification[J]. Computers & Geosciences, 2013, 59: 98-107.

[55] Santara A, Mani K, Hatwar P, et al. Bass Net: Band-adaptive spectral-spatial feature learning neural network for hyperspectral image classification[J]. IEEE Transactions on Geoscience and Remote Sensing, 2017, 55(9): 5293-5301.

[56] Ulmas P, Liiv I. Segmentation of satellite imagery using U-Net models for land cover classification[J]. arXiv preprint arXiv:2003.02899, 2020.

[57] Hu J, Cui G, Qin L. A new method of multispectral image processing with camouflage effect detection[C].//AOPC 2015: Image Processing and Analysis. SPIE, 2015, 9675: 259-264.

[58] Wang Y. A new concept using LSTM Neural Networks for dynamic system identification[C].//2017 American control conference (ACC). IEEE, 2017: 5324-5329.

[59] 邱锡鹏. 神经网络与深度学习[M]. 北京:机械工业出版社,2020.

[60] Culloch W, Pitts W S. A logical calculus of the ideas immanent in nervous activity [J]. The Bulletin of Mathematical Biophysics, 1943, 5(4): 113-115.

[61] He K, Zhang X, Ren S, et al. Deep residual learning for image recognition[C].//Proceedings of the IEEE conference on computer vision and pattern recognition. 2016: 770-778.

[62] Zhao H, Shi J, Qi X, et al. Pyramid scene parsing network[C].//Proceedings of the IEEE conference on computer vision and pattern recognition. 2017: 2881-2890.

[63] Lin T Y, Dollár P, Girshick R, et al. Feature pyramid networks for object detection[C].//Proceedings of the IEEE conference on computer vision and pattern recognition. 2017: 2117-2125.

[64] Itti L, Koch C, Niebur E. A model of saliency-based visual attention for rapid scene analysis[J]. IEEE Transactions on pattern analysis and machine intelligence, 1998, 20(11): 1254-1259.

[65] Hu J, Shen L, Sun G. Squeeze-and-excitation networks[C].//Proceedings of the IEEE conference on computer vision and pattern recognition. 2018: 7132-7141.

[66] Fu J, Liu J, Tian H, et al. Dual attention network for scene segmentation[C].//Proceedings of the IEEE/CVF conference on computer vision and pattern recognition. 2019: 3146-3154.

[67] He K, Zhang X, Ren S, et al. Deep residual learning for image recognition [C]. Proceedings of the IEEE conference on computer vision and pattern recognition, 2016: 770-778.

[68] Huang G, Liu Z, Van Der Maaten L, et al. Densely connected convolutional networks[C].//Proceedings of the IEEE conference on computer vision and pattern recognition. 2017: 4700-4708.

[69] 高晗,田育龙,许封元. 深度学习模型压缩与加速综述 [J]. 软件学报,2021, 32(01): 68-92.

[70] Howard A G, Zhu M, Chen B, et al. MobileNets: Efficient convolutional neural networks for mobile vision applications [J]. arXiv preprint arXiv:1704.04861, 2017.

[71] Dai J, Qi H, Xiong Y, et al. Deformable convolutional networks[C].//Proceedings of the IEEE international conference on computer vision. 2017: 764-773.

[72] Zhang X, Zhou X, Lin M, et al. ShuffleNet: An extremely efficient convolutional neural network for mobile devices[C].//Proceedings of the IEEE conference on computer vision and pattern recognition. 2018: 6848-6856.

[73] Iandola F N, Han S, Moskewicz M W, et al. SqueezeNet: AlexNet-level accuracy with 50x fewer parameters and < 0.5 MB model size [J]. arXiv preprint arXiv:1602.07360, 2016.

[74] Karen S. Very deep convolutional networks for large-scale image recognition[J]. arXiv preprint arXiv: 1409.1556, 2014.

[75] Han K, Wang Y, Tian Q, et al. GhostNet: More features from cheap operations [C]. Proceedings of the IEEE/CVF conference on computer vision and pattern recognition, 2020: 1580-1589.

[76] Xia G S, Bai X, Ding J, et al. DOTA: A large-scale dataset for object detection in aerial images [C]. In: Proceedings of the IEEE conference on computer vision and pattern recognition. 2018: 3974-3983.

[77] Xie X, Cheng G, Wang J, et al. Oriented R-CNN for object detection[C].//Proceedings of the IEEE/CVF international conference on computer vision. 2021: 3520-3529.

[78] Yun S, Han D, Oh S J, et al. Cutmix: Regularization strategy to train strong classifiers with localizable features [C]. In: Proceedings of the IEEE/CVF international conference on computer vision. 2019: 6023-6032.

[79] Hou Q, Zhou D, Feng J. Coordinate attention for efficient mobile network design [C]. In: Proceedings of the IEEE/CVF conference on computer vision and pattern recognition. 2021: 13713-13722.

[80] Selvaraju R R, Cogswell M, Das A, et al. Grad-cam: Visual explanations from deep networks via gradient-based localization[C].//Proceedings of the IEEE international conference on computer vision. 2017: 618-626.

[81] Xia G-S, Bai X, Ding J, et al. DOTA: A large-scale dataset for object detection in aerial images [C]. In: Proceedings of the IEEE conference on computer vision and pattern recognition. 2018: 3974-3983.

[82] Shi P, Zhao Z, Fan X, et al. Remote sensing image object detection based on angle classification [J]. IEEE Access, 2021, 9: 118696-118707.

[83] Yang X, Yan J. Arbitrary-oriented object detection with circular smooth label [C]. In: Computer Vision-ECCV 2020: 16th European Conference, Glasgow, UK, August 23-28, 2020, Proceedings, Part Ⅷ 16. Springer International Publishing, 2020: 677-694.

[84] 胡凯旋. 基于 YOLOv5 的航拍图像旋转目标检测算法[D]. 成都:电子科技大学,2022.

[85] Zhou D, Fang J, Song X, et al. Iou Loss for 2d/3d object detection [C]. In: 2019 International Conference on 3D Vision (3DV). IEEE, 2019: 85-94.

[86] Yang X, Zhou Y, Zhang G, et al. The KFIoU Loss for rotated object detection[J]. arXiv preprint arXiv: 2201.12558, 2022.

[87] Barron J T. Squareplus: A softplus-like algebraic rectifier[J]. arXiv preprint arXiv:2112.11687, 2021.

[88] Dubey S R, Singh S K, Chaudhuri B B. Activation functions in deep learning: A comprehensive survey and benchmark[J]. Neurocomputing, 2022, 503: 92-108.

[89] 王浩,尹增山,刘国华,等. 轻量化的光学遥感影像目标检测方法 [J]. 激光与光电子学进展. 2022, 59(22): 110-121.

[90] Liu Z, Li J, Shen Z, et al. Learning efficient convolutional networks through network slimming[C].//Proceedings of the IEEE international conference on computer vision. 2017: 2736-2744.

[91] Zhou Y, Yang X, Zhang G, et al. MMRotate: A rotated object detection benchmark using pytorch [C]. In: Proceedings of the 30th ACM International Conference on Multimedia. 2022: 7331-7334.

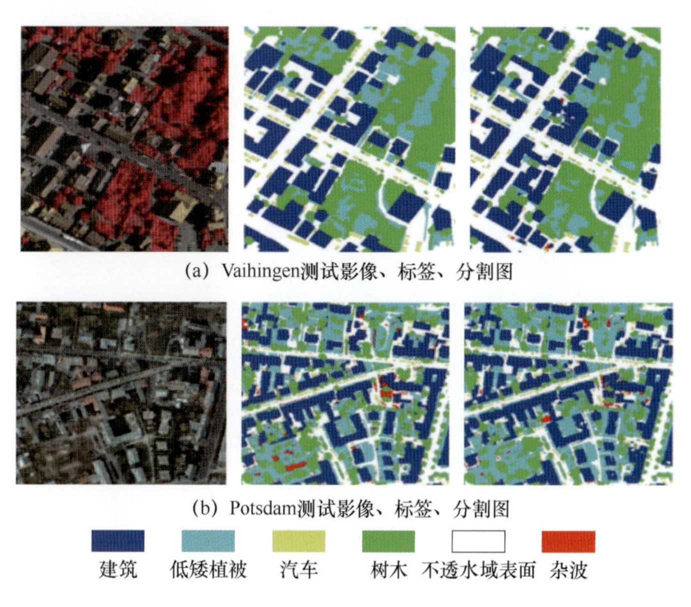

(a) Vaihingen测试影像、标签、分割图

(b) Potsdam测试影像、标签、分割图

图 1.6　IFA-CNN 网络识别结果

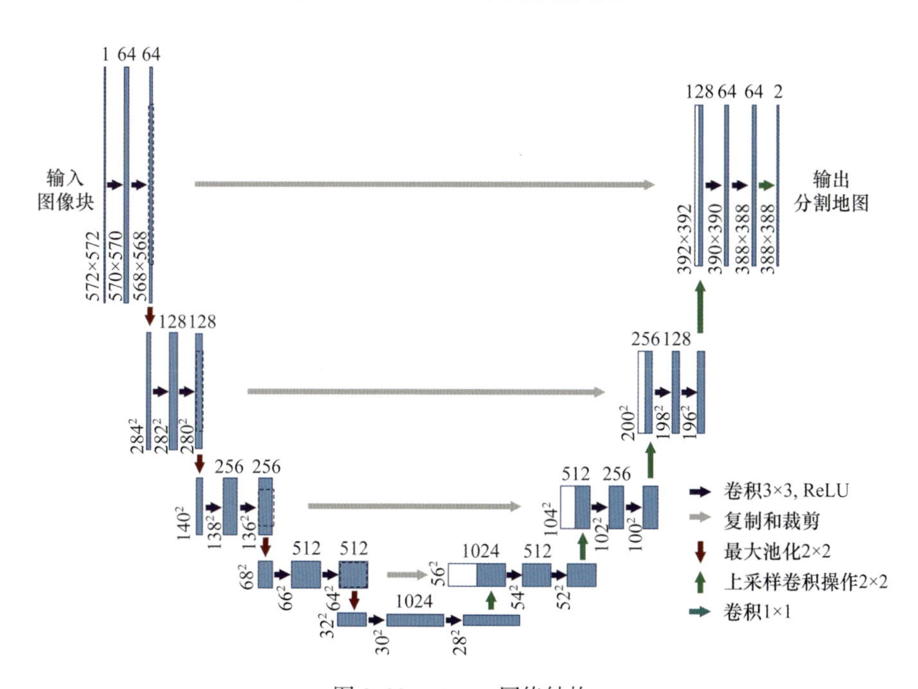

图 2.29　U-Net 网络结构

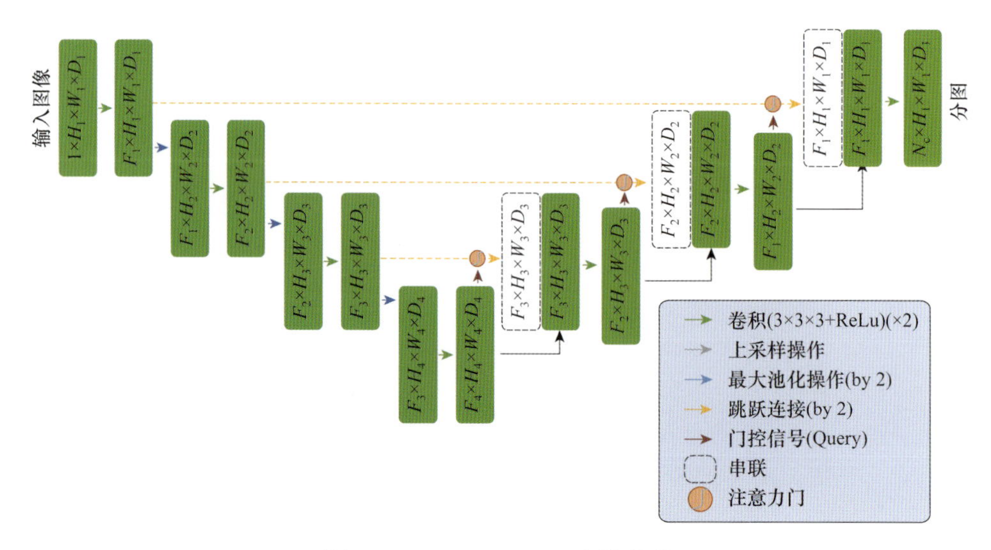

图 2.30　Attention U-Net 网络结构

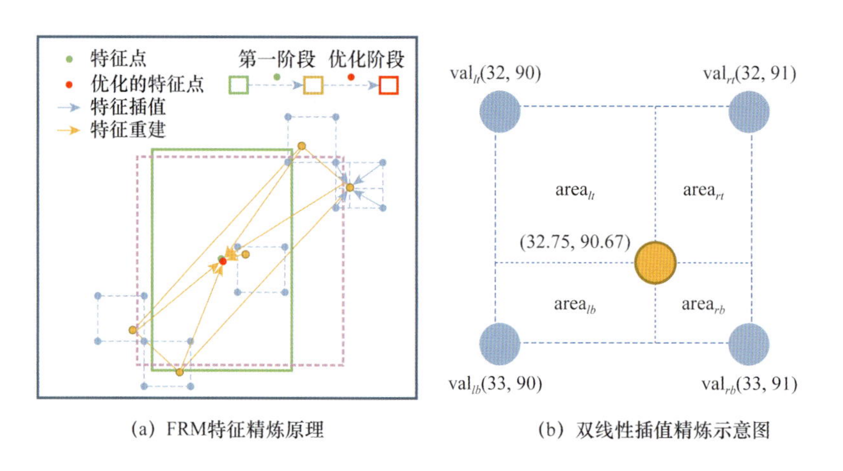

(a) FRM特征精炼原理　　(b) 双线性插值精炼示意图

图 3.20　FRM 精炼对齐原理示意图

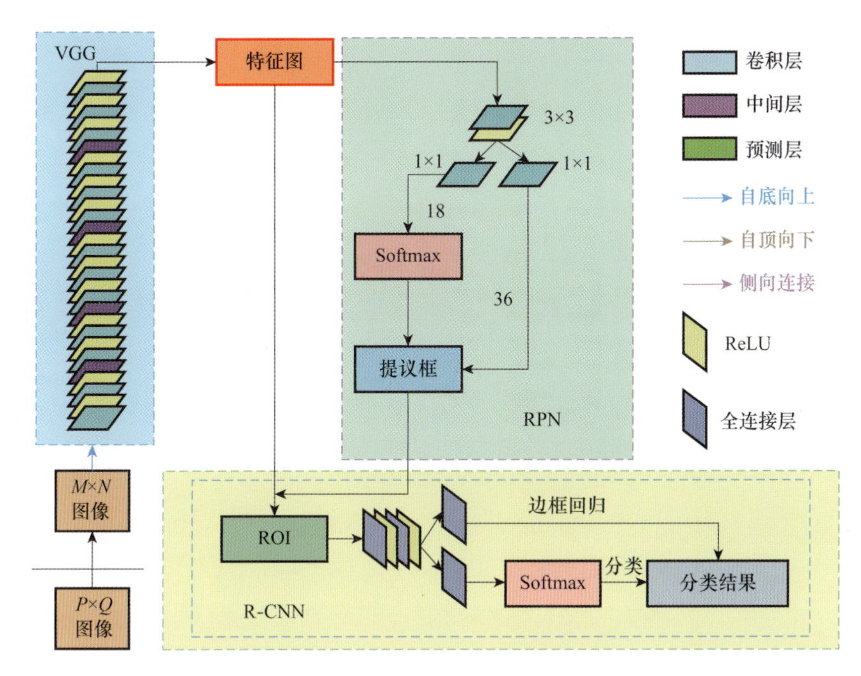

图 3.25　Faster R-CNN 网络结构图

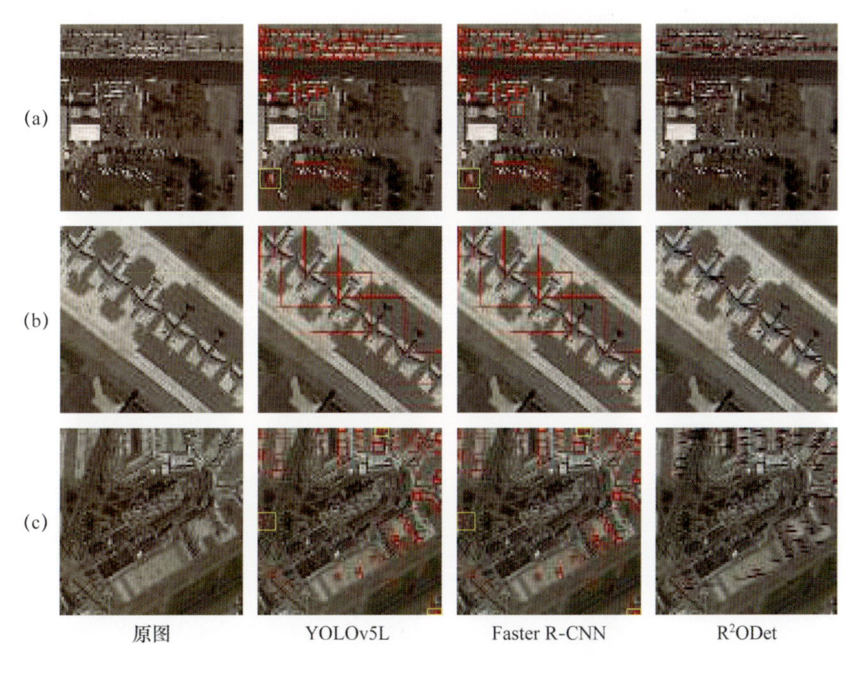

图 3.31　不同算法对飞机目标检测识别结果图

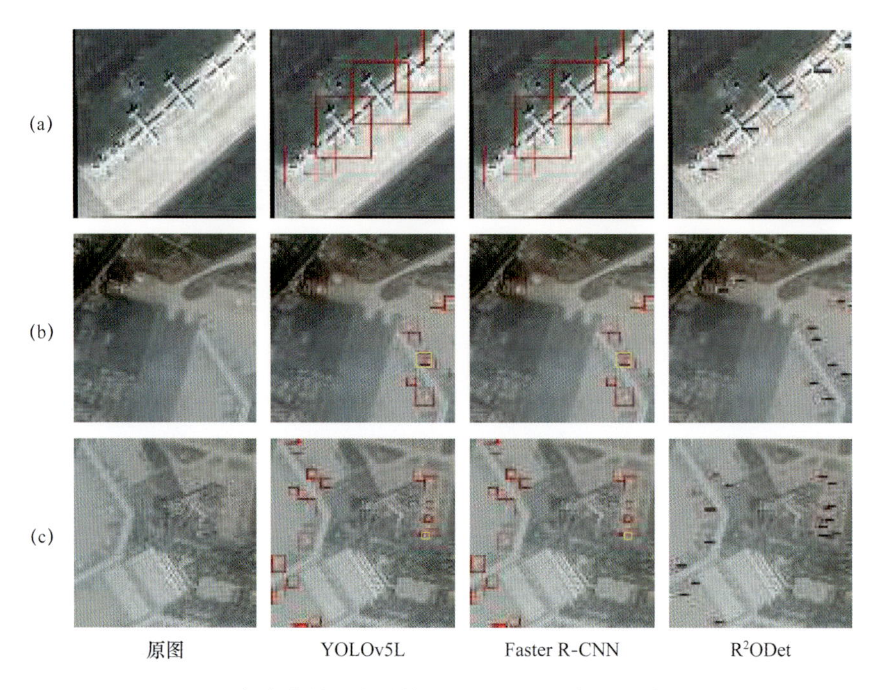

图 3.32　复杂背景下各种算法对飞机目标检测识别结果图

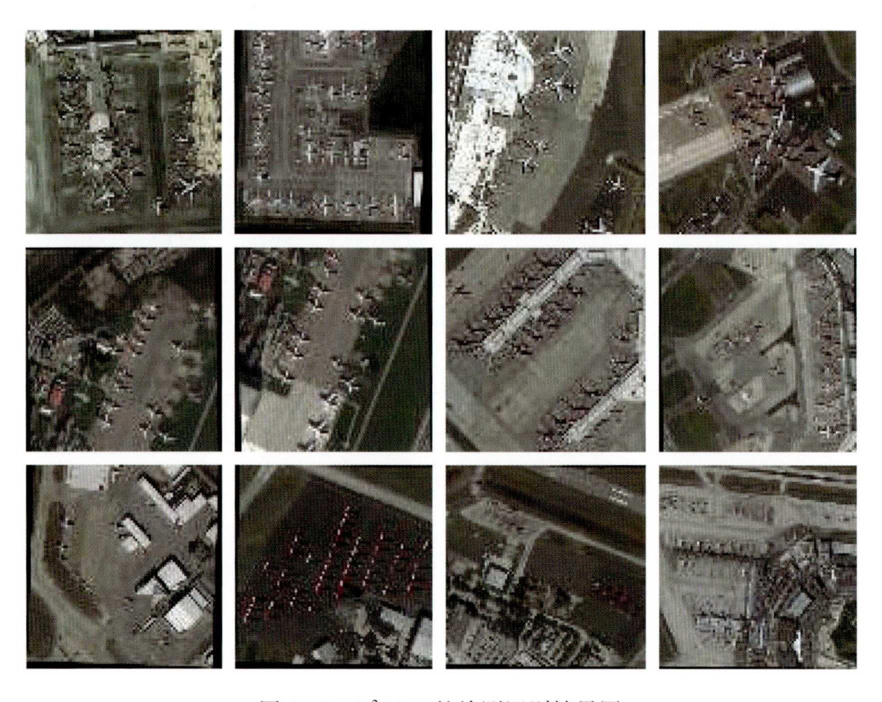

图 3.33　R^2ODet 的检测识别结果图

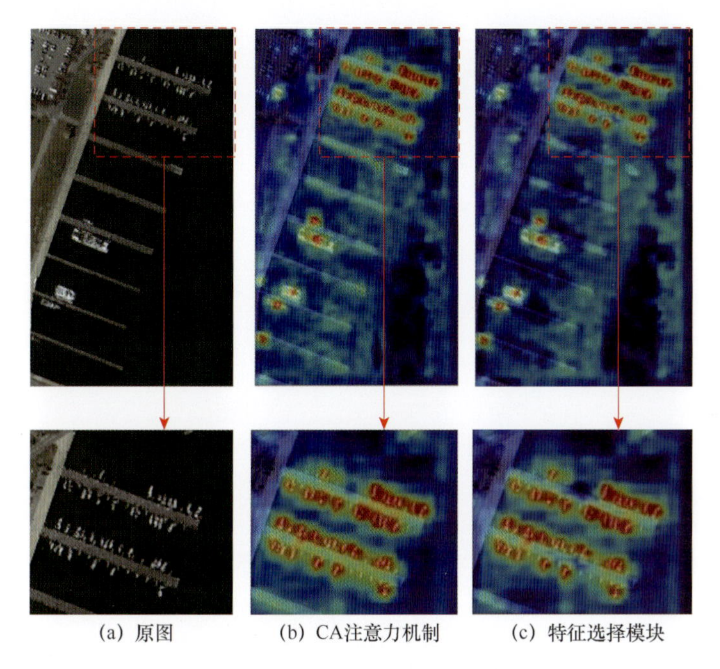

(a) 原图　　(b) CA注意力机制　　(c) 特征选择模块

图 4.9　可视化注意力热图

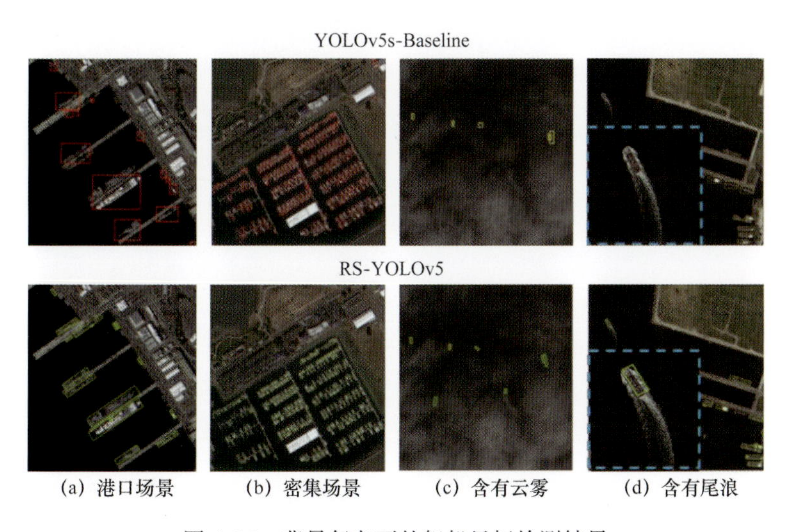

(a) 港口场景　　(b) 密集场景　　(c) 含有云雾　　(d) 含有尾浪

图 4.32　背景复杂下的舰船目标检测结果

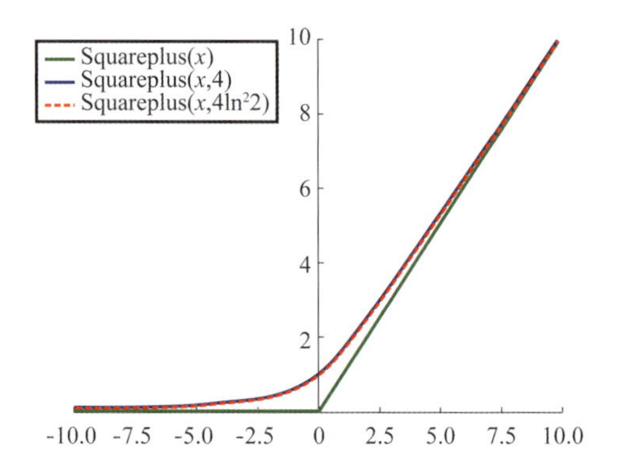

图 4.36 Squareplus 函数图像

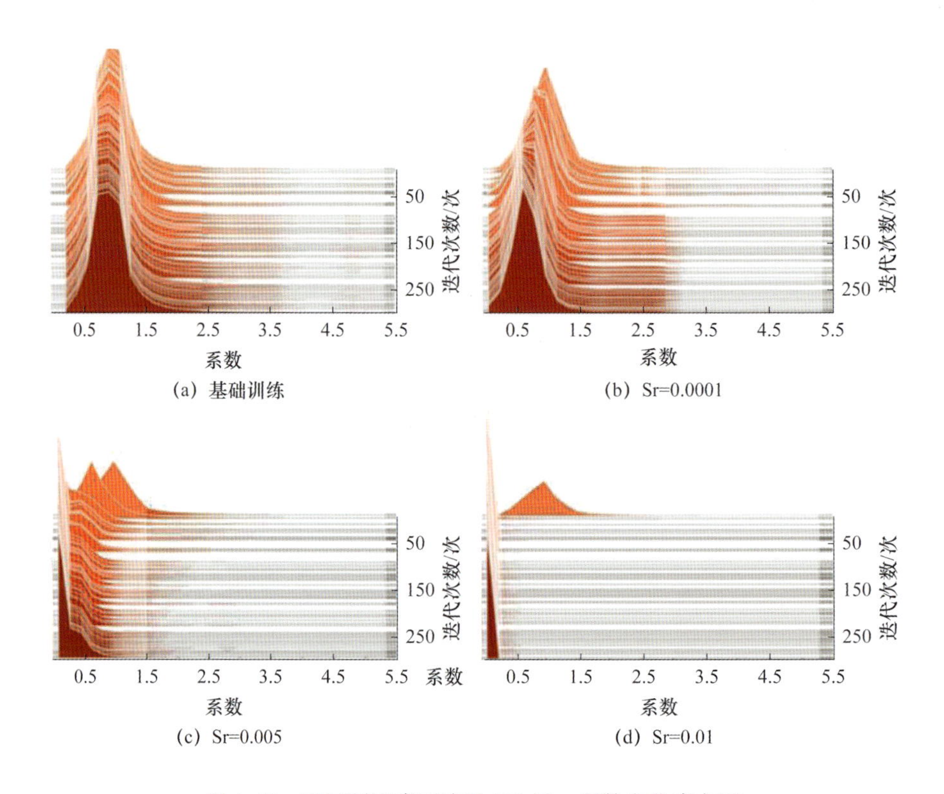

图 4.41 不同稀疏率对应的 BN 层 γ 系数变化直方图

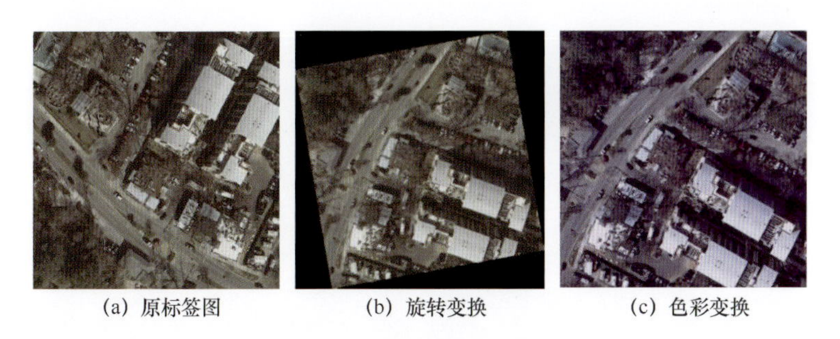

图 5.5　图像变换示意图

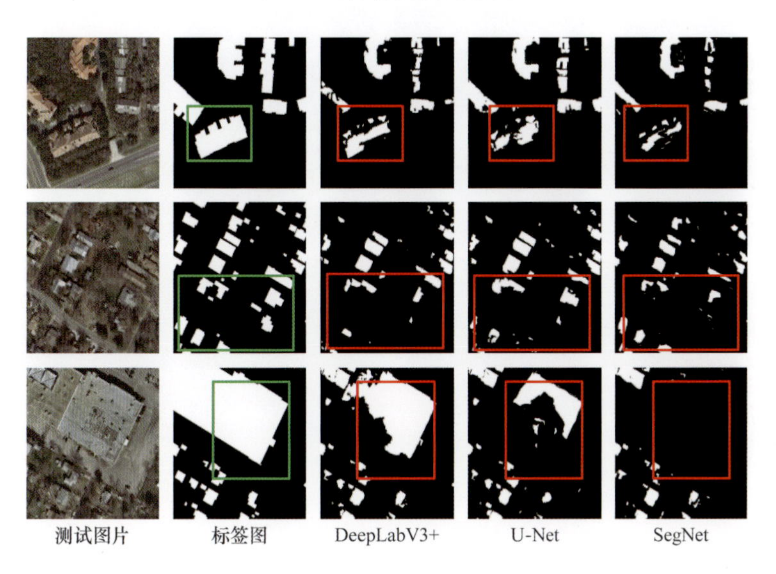

图 5.7　网络可视化结果

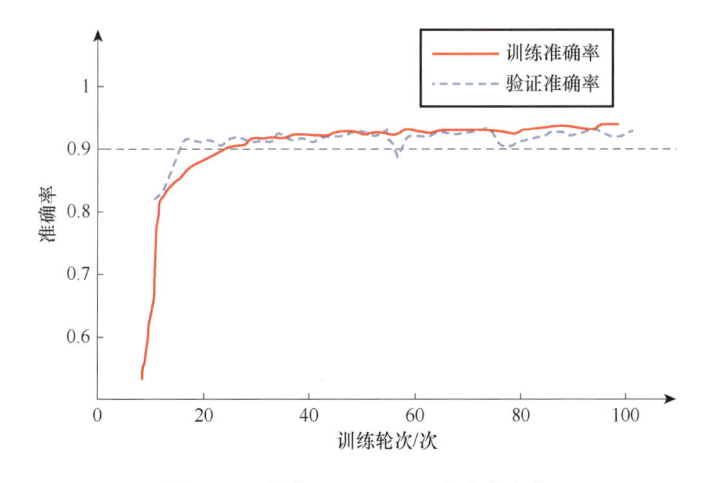

图 5.14　改进 DeepLabV3+准确率变化

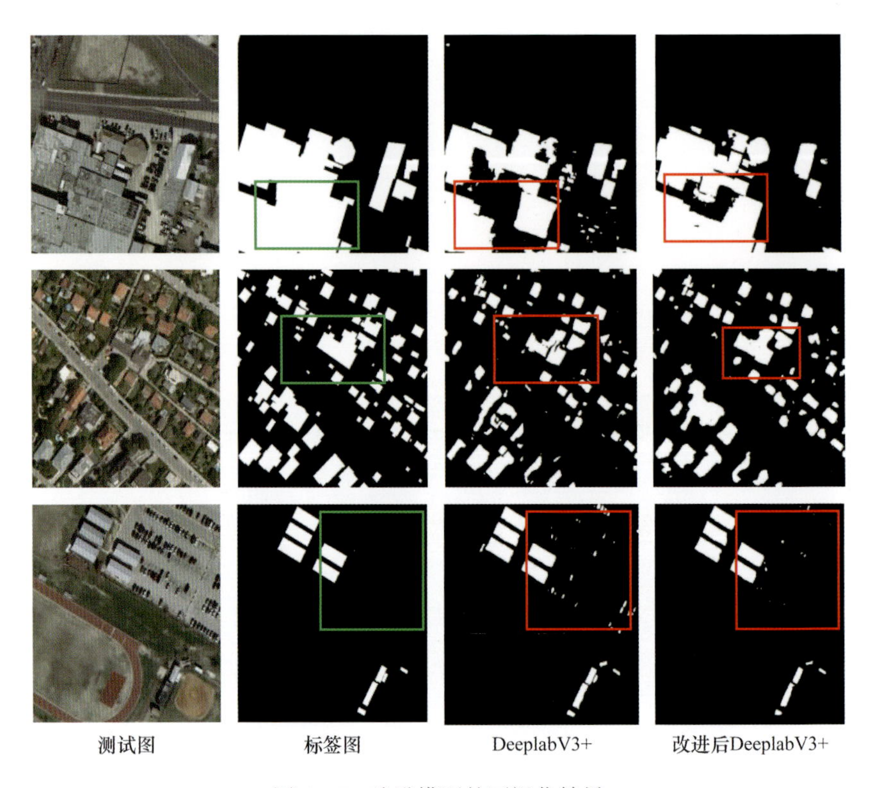

图 5.15　改进模型的可视化结果

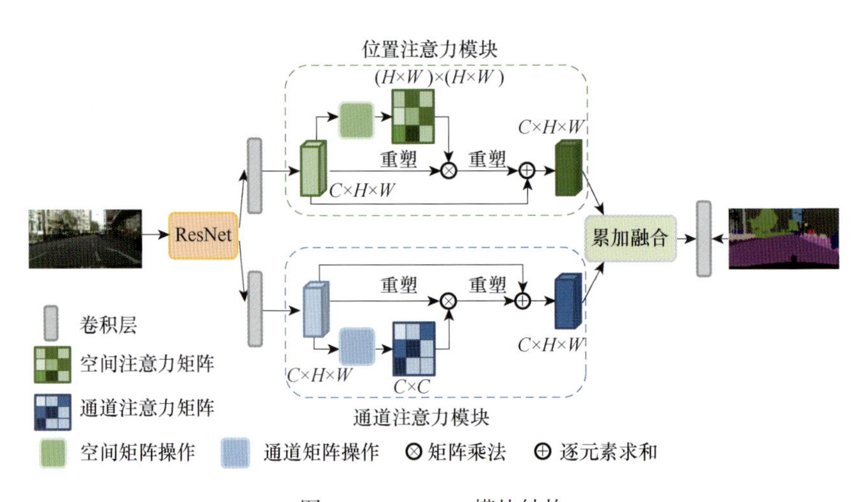

图 5.19　DANet 模块结构

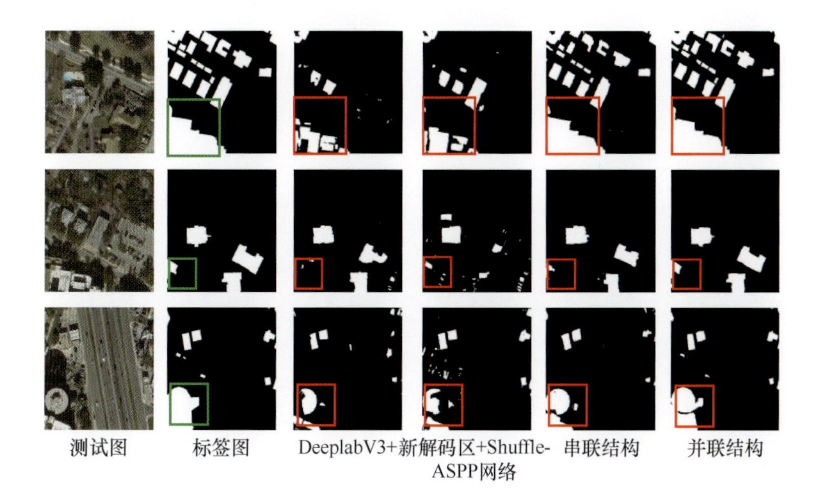

图 5. 24　提出的两种结构与 DeepLabV3+原模型在边缘目标分割中的效果

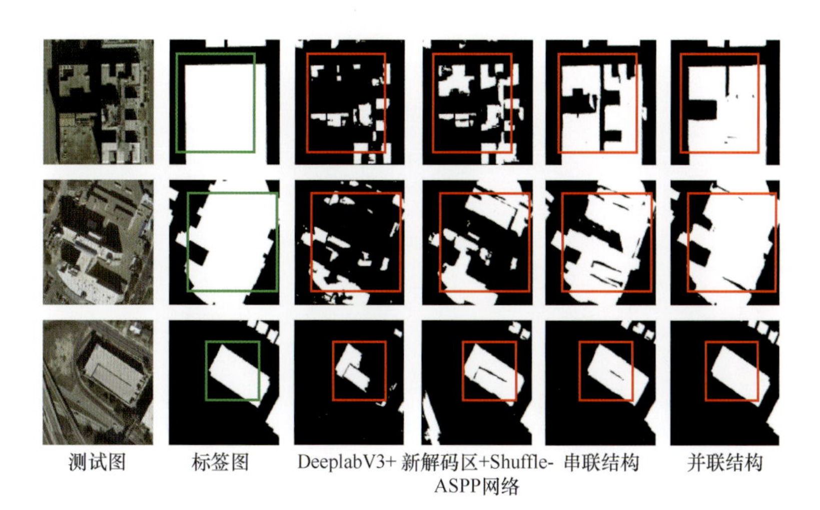

图 5. 25　本节所提出的两种网络与原始网络对遥感影响大尺度房屋识别结果

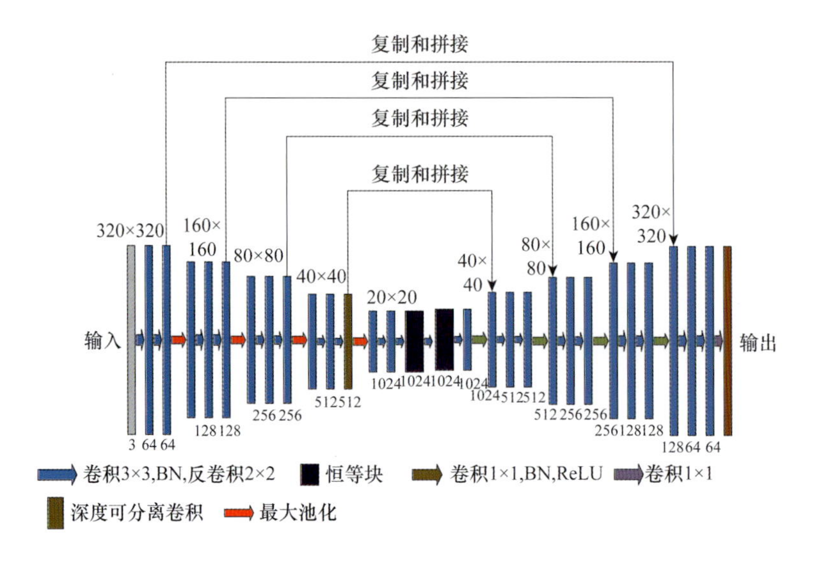

图 6.11　DUNet 网络结构

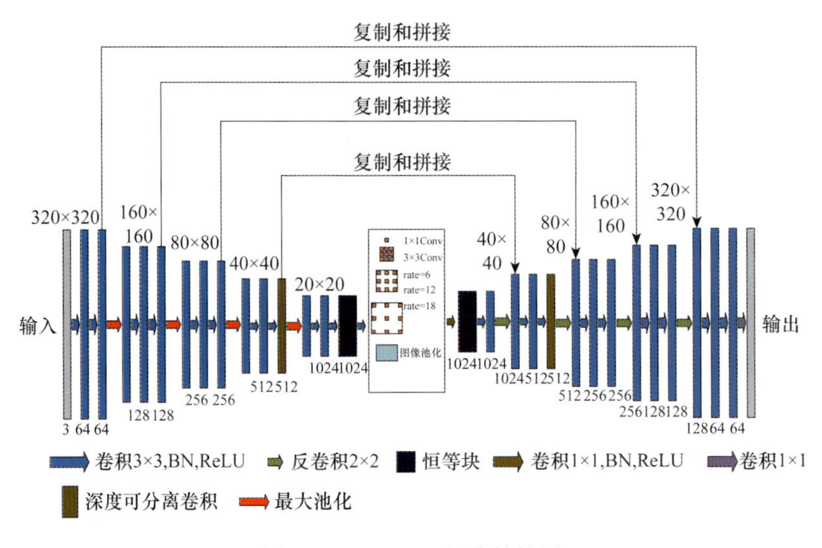

图 6.19　DAUNet 网络结构图

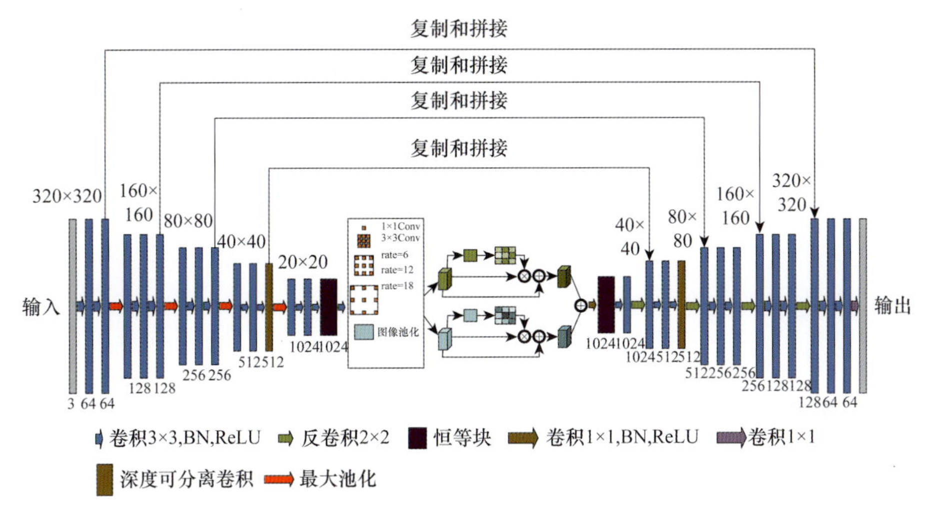

图 6.23　DAIAUNet 网络结构图

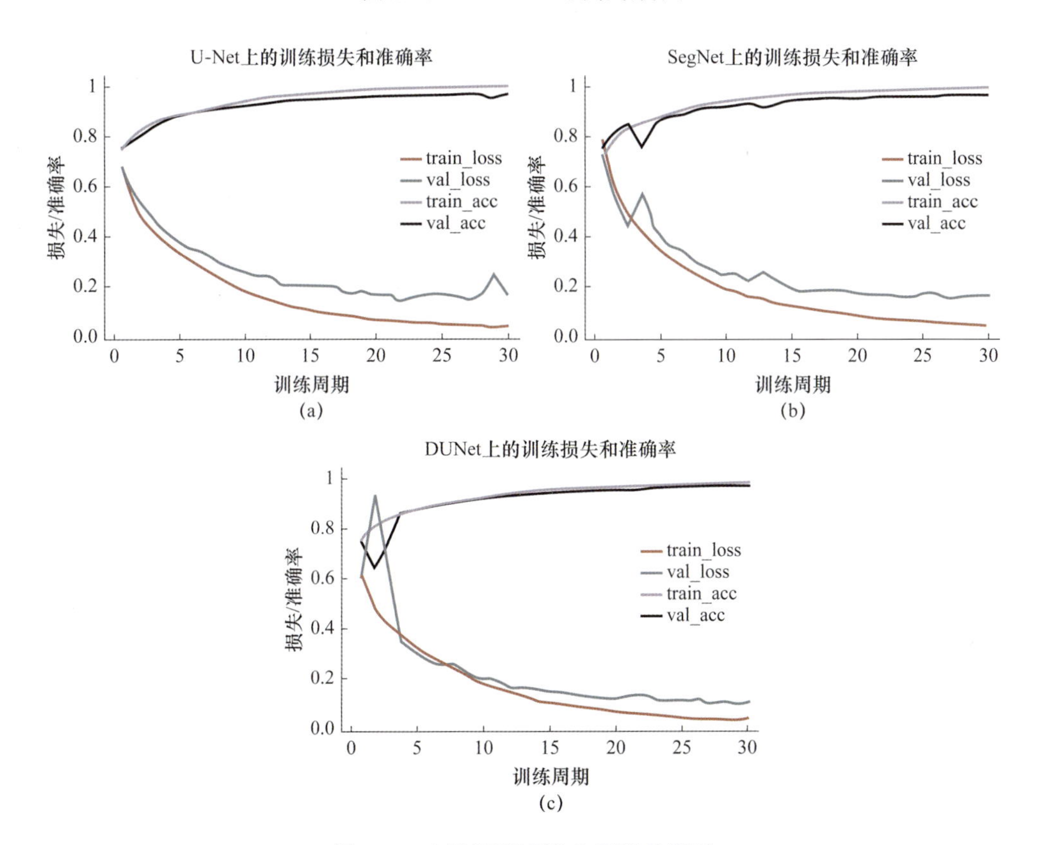

图 6.26　不同网络损失和精度曲线图

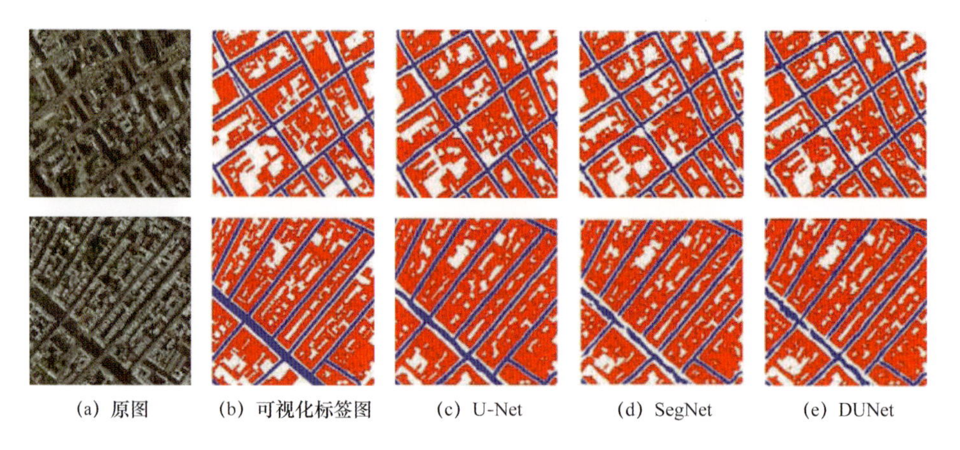
(a) 原图　(b) 可视化标签图　(c) U-Net　(d) SegNet　(e) DUNet

图 6.27　不同网络的分割预测结果对比图

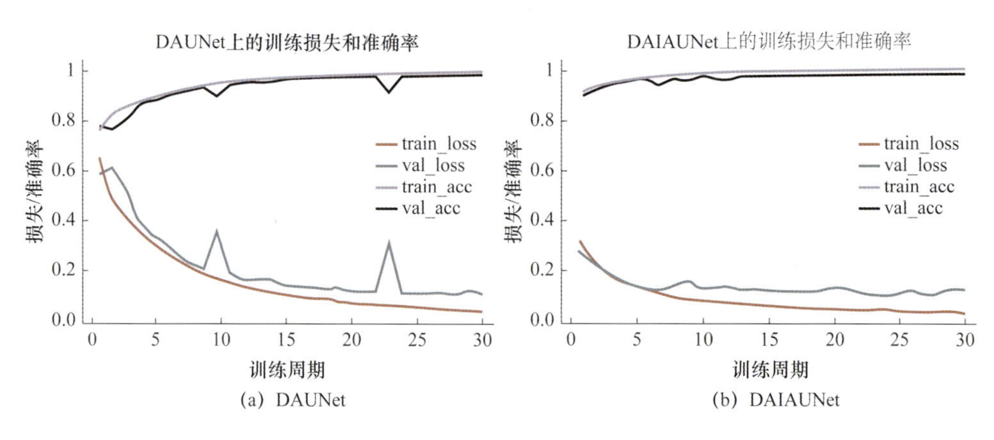

(a) DAUNet　(b) DAIAUNet

图 6.28　不同网络损失和精度曲线图

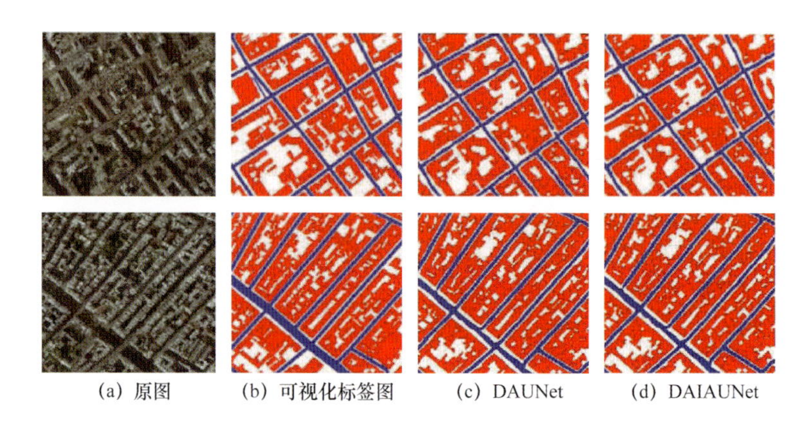
(a) 原图　(b) 可视化标签图　(c) DAUNet　(d) DAIAUNet

图 6.29　不同网络在 Vaihingen 测试集上的分割预测结果图